Nika Chitadze

Geografia Mundial. Dimensões políticas, económicas e demográficas

Nika Chitadze

Geografia Mundial. Dimensões políticas, económicas e demográficas

ScienciaScripts

Imprint

Cover image: www.ingimage.com

This book is a translation from the original published under ISBN 978-3-330-65237-8.

Publisher:
Sciencia Scripts
is a trademark of
Dodo Books Indian Ocean Ltd. and OmniScriptum S.R.L publishing group

120 High Road, East Finchley, London, N2 9ED, United Kingdom
Str. Armeneasca 28/1, office 1, Chisinau MD-2012, Republic of Moldova, Europe
Printed at: see last page
ISBN: 978-620-8-36368-0

Geografia Mundial

Dimensões políticas, económicas e demográficas

Nika Chitadze

Sobre o autor:

O Dr. Nika Chitadze é especialista em geopolítica do Cáucaso, política mundial e assuntos estratégicos. Atualmente, é Professor Associado na Faculdade de Ciências Sociais da Universidade Internacional do Mar Negro em Tbilisi, Geórgia. É também Presidente da George C. Marshall Alumni Union, Geórgia - Centro de Investigação Internacional e de Segurança. O Dr. Chitadze foi anteriormente conselheiro sénior do Conselho de Segurança Nacional da Geórgia e chefe da Divisão de Relações Públicas da Agência Estatal de Regulação dos Recursos de Petróleo e Gás da Geórgia. Ocupou também cargos superiores no Departamento de Política Estratégica e Militar do Ministério da Defesa da Geórgia e no Centro de Investigação e Análise de Política Externa do Ministério dos Negócios Estrangeiros. O Dr. Chitadze recebeu as suas credenciais académicas na Geórgia (Universidade Estatal de Tbilisi e Academia Diplomática da Geórgia), bem como em várias instituições internacionais de ensino superior, incluindo a Universidade de Oxford no Reino Unido, o Colégio Europeu George C. Marshall de Estudos de Segurança (Alemanha) e várias outras instituições de ensino europeias de renome. É autor de cerca de 140 investigações e artigos e de cinco livros sobre geopolítica e relações internacionais.

Sobre o Editor:

A Dra. Lela Abdushelishvili é Professora Associada na Universidade Internacional do Mar Negro e na Universidade do Cáucaso, dirigindo cursos como comunicação empresarial e intercultural, escrita académica, liderança, tradução escrita, oral, jurídica e simultânea e supervisionando o trabalho de campo em tradução, métodos de investigação e metodologia de ensino. Além disso, presta serviços de formação a várias organizações, como o British Council, a USAID, a Westminster Foundation, a Tegeta Motors e o Banco Nacional da Geórgia, numa variedade de áreas como recursos humanos, desenvolvimento e formação de pessoal, comportamento organizacional, liderança, inglês geral e de negócios, escrita empresarial e organizacional. É formadora da Associação de Professores de Inglês do Estado da Geórgia. Lela supervisiona a direção de tradução jurídica para estudantes de mestrado na Universidade Estatal de Tbilisi. Para além de ensinar na universidade, Lela é formadora/consultora profissional certificada pela UE/BC e tradutora/intérprete para diferentes organizações, incluindo o Banco Mundial e a UE. Participou em numerosas conferências e eventos educativos, tanto dentro como fora do país. É autora de mais de 20 artigos em várias publicações locais e internacionais. Também faz traduções literárias e é membro da direção de vários comités educativos. A sua tradução literária da conhecida escritora georgiana Manana Dumbadze, "Afganistan through the Keyhole of Baron Compound", foi publicada na Alemanha em 2016.

Premiado: Beka Chedia. Doutor em Ciências Políticas

Introdução

As disciplinas "Geografia Mundial" e "Geografia geral económica, social e política do mundo" foram introduzidas no currículo das especialidades geográficas das universidades pedagógicas nos anos 70 do século passado. Geralmente, esta disciplina é leccionada no 2º ou 3º anos nas faculdades apropriadas de diferentes universidades, quando os estudantes entram no mundo dos principais aspectos da geografia económica, social e política enquanto tal. No entanto, seria errado considerar este curso como introdutório, porque este material examina muitas das questões-chave da preparação de cursos regionais para o estudo da geografia económica e social de diferentes Estados e de todo o mundo.

A disciplina de geografia económica, social e política mundial inclui os seguintes temas:

1. Introdução teórica.
2. Introdução histórica e geográfica.
3. Formação do mapa político mundial.
4. Mapa político do mundo moderno.
5. Geografia dos Recursos Naturais do Mundo.
6. Geografia da População do Mundo.
7. Revolução científica e tecnológica.
8. A economia mundial moderna.
9. Geografia dos principais sectores da economia mundial.

CAPÍTULO 1
Formação e desenvolvimento da geografia socioeconómica e política mundial

É um facto que a geografia é uma das ciências mais antigas e pode afirmar-se que é tão antiga como a própria humanidade. Assim, pode assumir-se que a geografia tem aproximadamente 2,5 mil anos (Bonnett, Alastair. 2008) e, ao longo do tempo dos seus processos de formação e desenvolvimento, reflecte o povoamento, o desenvolvimento agrícola e industrial da Terra, a formação de uma divisão geográfica do trabalho e a especialização de regiões e países, as mudanças na estrutura social da sociedade e o progresso científico e técnico.

Nos seus primeiros anos de existência, a geografia estava nas profundezas da filosofia e depois tornou-se uma esfera independente de conhecimento, permanecendo uma ciência única e indiferenciada, ou seja, a geografia económica e mais socioeconómica, como tal, não existia. No entanto, alguns dos seus elementos foram apresentados nas profundezas do cultivo da terra e dos estudos regionais.

Neste sentido, a era antiga é a mais significativa, pois deu ao mundo um perfil alargado - um vasto leque de cientistas, que, juntamente com as outras ciências, se dedicavam à geografia. Por exemplo, Heródoto, que acreditava que a história devia ser considerada geograficamente e a geografia - historicamente, é muitas vezes chamado o "pai da história" e "o pai da geografia (Chitadze N. 2011. p. 46). "Estrabão também deixou a obra multivolume "História" e a obra multivolume "Geografia" (Strabonis Geographica, Livro 17, Capítulo 7). Para Aristóteles, a investigação natural-geográfica foi combinada com aspectos filosóficos. Eratóstenes pode ser considerado geógrafo, astrónomo, matemático, físico, filólogo, etc. (Duane W. Roller. 2010) e Ptolomeu considerado astrónomo, cartógrafo e geógrafo.

Na Antiguidade, existiam na geografia dois grandes domínios - as ciências da terra e os estudos regionais. De facto, outro tipo de função de inventário associada à resposta às perguntas "o quê" e "onde?" prevalecia em ambas as direcções. Alguns geógrafos da época, como Heródoto e Estrabão, viajavam muito e extraíam toda a informação sobre o mundo dos inquéritos de pessoas conhecedoras.

Na primeira metade da Idade Média não se registaram mudanças fundamentais no desenvolvimento da geografia. Por exemplo, no início da Idade Média, observou-se um declínio completo do conhecimento geográfico e as conquistas da Antiguidade foram esquecidas. Além disso, as ciências da terra surgiram inteiramente sob o poder do dogma bíblico. Durante este período, a geografia árabe e chinesa estava muito mais avançada do que a europeia.

A situação só melhorou com a transição para o desenvolvimento do período medieval, quando a expansão do comércio e as viagens para as diferentes regiões do mundo se tornaram bastante comuns. Como resultado, surgiu a literatura de viagens com informações pormenorizadas sobre a geografia física e a etnografia.

Na era do início do período moderno, que na Europa coincidiu com o florescimento do Renascimento e as grandes descobertas geográficas, a geografia adquiriu uma nova direção - passou para uma nova dimensão de desenvolvimento. O renascimento da geografia antiga esteve ligado ao Renascimento, quando a comunidade académica voltou a investigar as obras dos grandes estudiosos da Antiguidade. As grandes descobertas geográficas levaram à produção de uma nova literatura sobre viagens que, tal como foi apresentada por muitos geógrafos importantes, podia incluir informações económicas e geográficas.

No entanto, para nós, esta época é a mais interessante, porque neste período, tal como é referido por muitos geógrafos e historiadores famosos, foi produzido o primeiro trabalho sobre geografia

socioeconómica. Trata-se do livro do florentino Ludovico Guicciardini, que representava na Flandres (Antuérpia) as companhias de comércio da cidade e do campo toscano. O livro intitula-se "Descrição dos Países Baixos" e é composto por duas partes. Na primeira, o autor caracterizava a natureza, as pessoas e a economia dos Países Baixos no seu conjunto, enquanto a segunda parte descrevia as 17 províncias do país. O facto de este último livro ter sido reimpresso 35 vezes e em diferentes línguas (Oxford University Press, 2007) prova a popularidade das obras de Guicciardini.
No início do período moderno, surgiu uma outra obra geográfica - "Geografia Geral" (ou "Geografia Universal"). O seu autor, Bernhard Waren (Varenius), era de origem alemã e vivia e trabalhava nos Países Baixos. Infelizmente, morreu muito jovem - exatamente no ano da publicação do seu livro (1650). As obras de Varenius foram repetidamente publicadas em muitas línguas, incluindo o inglês (editado por I. Newton). Mas o conteúdo da investigação científica centrava-se mais nas Ciências da Terra, nas quais a vida e as actividades humanas quase não eram consideradas (Rebok. S. 2007).
Depois veio a era dos tempos modernos, associada à vitória do modelo de produção capitalista, à revolução industrial e à aceleração do desenvolvimento das forças produtivas, às revoluções sociais e ao início do domínio colonial. Esta época apresentou exigências completamente diferentes para a geografia, trazendo à vida, em muitos aspectos, uma geografia completamente nova. Vale a pena referir que duas escolas geográficas - a alemã e a francesa - tiveram a maior influência no desenvolvimento da ciência geográfica, que, em certa medida, se complementam mutuamente, incluindo o desenvolvimento da geografia socioeconómica e política.
O desenvolvimento da chamada estatística cameral começou na Alemanha no século XVIII, que representava, em parte, estudos regionais descritivos. A sua principal tarefa era recolher e organizar vários tipos de informação de referência para as necessidades de gestão e formação dos funcionários do aparelho de Estado - sobre a dimensão do território, as suas fronteiras, a divisão administrativo-territorial, a política interna, as finanças, os sectores da economia, a política externa, a política militar, etc.
Ao mesmo tempo, a geografia comercial dos Estados Unidos começou a ser ensinada, primeiro em França e depois na Alemanha e em Inglaterra. Distingue-se da estatística cameral por uma descrição mais pormenorizada das condições naturais e das áreas de atividade económica e dos países que já tinham uma maior aproximação à geografia humana.
Na primeira metade do século XIX, outros representantes da escola alemã, como I. Thunen, tiveram o maior impacto na emergência da geografia económica. I. Thunen, que viveu e trabalhou durante o tempo dos grandes geógrafos alemães Humboldt e Karl Ritter, que estavam longe dos problemas da geografia económica, não era um geógrafo. Era o senhorio de Mecklenburg - cadete que, tendo decidido explorar a sua propriedade Telly, publicou em 1826 o livro "O Estado Isolado". Utilizando a teoria da renda diferencial, Thunen identificou as zonas concêntricas de especialização agrícola mais rentáveis em torno da cidade. Assim, surgiu um novo termo - "anel de Thunen" (Fujita Masahisa. 2011).
No que diz respeito à geografia política - é a ciência da diferenciação territorial dos fenómenos e processos políticos.
A estrutura interna da geografia política tornou-se ultimamente demasiado complicada. O lugar principal que ocupa nos estudos político-geográficos é a investigação sobre: 1) caraterísticas do sistema político e estatal, formas de governo e divisão administrativa - territorial do país; 2) a formação do território nacional, sua localização e limites políticos e geográficos; 3) a classe social, nacional, composição religiosa da população e a relação entre esses grupos sociais; 4) colocação do partido - forças políticas, incluindo partidos políticos, organizações públicas; etc. 5) campanhas e eleições nas instâncias estaduais, municipais e interestaduais. Esta direção ganhou o nome de geografia eleitoral (Taylor P.J./Flint C. 2000. p. 4-5).
De facto, outra direção - a geopolítica - desenvolve-se em paralelo com a geografia política, que

teve origem no Ocidente na viragem dos séculos XIX e XX (conceitos geopolíticos de F. Ratzel e Mackinder). Os conceitos e abordagens que foram desenvolvidos no período entre guerras na Alemanha nazi (Karl Haushofer) e durante o período pós-guerra, por exemplo, o conceito de "guerra fria", são representados e podem ser mencionados como "geopolítica da força". No entanto, nos anos 80-90 do século XX, a imagem geopolítica do mundo mudou drasticamente, pelo que os conceitos geopolíticos modernos diferem das teorias tradicionais e clássicas. No entanto, nos numerosos livros sobre questões geopolíticas publicados recentemente, os conceitos clássicos são geralmente considerados em pormenor e, ao mesmo tempo, têm um interesse puramente histórico. Os conceitos e situações geopolíticos contemporâneos raramente são descritos. É também de referir que as maiores escolas de geopolítica se formaram nos Estados Unidos, na Europa Ocidental e, mais recentemente, na Rússia. A escola russa dedica-se sobretudo a analisar as ambições imperialistas de Moscovo oficial.

Além disso, nos últimos anos, surgiu uma outra linha de investigação no âmbito da geografia política e da geopolítica, que ficou conhecida como conflitos geopolíticos. Esta linha analisa a emergência e o desenvolvimento da política no mundo e inclui conflitos militares, surtos de separatismo, diferentes tipos de entidades territoriais auto-proclamadas mas não reconhecidas. Apesar de todos os esforços da comunidade internacional para extinguir as bolsas de conflitos deste tipo (tanto "quentes" como "incandescentes"), o número total destes conflitos no mundo continua a ser elevado e alguns deles estão direta ou indiretamente relacionados com as acções do terrorismo internacional (Dahrendorf R. 1959. pp. 241-248).

Outra direção da geografia política - a geografia militar, que existe na junção da geografia política e da ciência militar, é também digna de nota. No âmbito da geografia militar, decide-se afetar o estudo das seguintes questões: 1) condições político-militares (o número de unidades militares, a força durante as tensões políticas, a estrutura das forças armadas); 2) o potencial económico-militar do país; 3) geografia militar, onde são considerados os potenciais teatros de guerra (Galgano, Francis A., e Eugene J. Palka. 2011)

CAPÍTULO 2
Introdução histórica e geográfica
A era do mundo antigo

No início do capítulo 1, foi abordada a história da formação e do desenvolvimento da geografia socioeconómica e política mundial, ou seja, a história do pensamento geográfico, que está estruturalmente incluída no conjunto das SEPG. Ao mencionar as áreas fronteiriças da SEPG, a geografia histórica também deve ser mencionada. Esta estuda processos históricos específicos e a formação do mapa político mundial durante um período diferente do passado. Nomeadamente, o método do historicismo, a abordagem histórica - é um dos clássicos da ciência geográfica. Vale a pena mencionar a frase do especialista francês em estudos regionais Reclus: "A história é a geografia do tempo e a geografia é a história no espaço" (Ishill, Joseph 1927) ou a declaração de muitos geógrafos famosos, que chamavam à geografia e à história "irmãs". Infelizmente, existe uma falta de literatura relacionada com a geografia histórica. Por exemplo, o livro de I. Witwer "Historical and geographical introduction to the economic geography of the foreign world", que foi publicado durante a sua vida, tornou-se uma raridade (Maksakovski, 2009. p. 2).

Analisando os principais aspectos da geografia histórica, convém discutir a periodização convencional na ciência histórica da história mundial, que geralmente distingue as seguintes épocas históricas sucessivas: 1) Mundo Antigo; 2) Idade Média; 3) Início dos Tempos Modernos; 4) Nova Era; 5) Contemporânea. Analisemos esses períodos.

O período do Mundo Antigo é o mais longo da história da humanidade. O início deste período remonta à origem da humanidade, quando nasceu a raça humana. Após as sensacionais descobertas do arqueólogo e antropólogo inglês L. Leakey no desfiladeiro de Olduvai (Quénia), na década de 30 do século XX, acreditava-se que os primeiros antropóides tinham surgido há cerca de 2,5 milhões de anos. Mas escavações relativamente recentes na Etiópia aumentaram esta idade para 4 e no Chade - 7,5 milhões de anos. Mas a época do mundo antigo terminou no século V d.C., durante o colapso do Império Romano do Ocidente. Assim, nenhuma das eras subsequentes pode sequer remotamente comparar-se com a duração do mundo antigo (Maksakovski, 2009. p. 2).

Por sua vez, o mundo antigo pode ser subdividido em duas partes - a era primitiva e a era das civilizações antigas, mas a sua duração é quase incomparável.

A era primitiva (selvageria, barbárie) durou milhões de anos. Durante este período, houve uma transição dos primeiros antropóides, o "homem-macaco", para o "Homo habilis" e o "Homo erectus". Durante 600-700 mil anos a.C., os arqui-antropinos foram trocados por outros povos antigos - os paleantropinos (Pithecanthropus, Neandertais). Só há 30-40 mil anos é que foram substituídos pelos neantropinos. Finalmente, surgiu o "homem razoável" (homo sapiens). A partir daí, iniciou-se o processo de sapientação (Maksakovski, 2009. p.2).

As zonas tropicais de África e da Ásia tornaram-se o lar ancestral do "homo sapiens", que se espalhou por toda a terra (Fig. 1). Na América do Norte, os povos primitivos vieram da Ásia através do Estreito de Bering, bem como da Austrália através do arquipélago de Sunda. Assim, no final da era paleolítica, ou seja, cerca de 10 mil anos a.C., todos os continentes, exceto, claro, a Antárctida, estavam povoados em diferentes graus. No Paleolítico Superior, a desunião de grandes grupos humanos isolados, apanhados num habitat completamente diferente, levou gradualmente à formação de três grandes raças humanas.

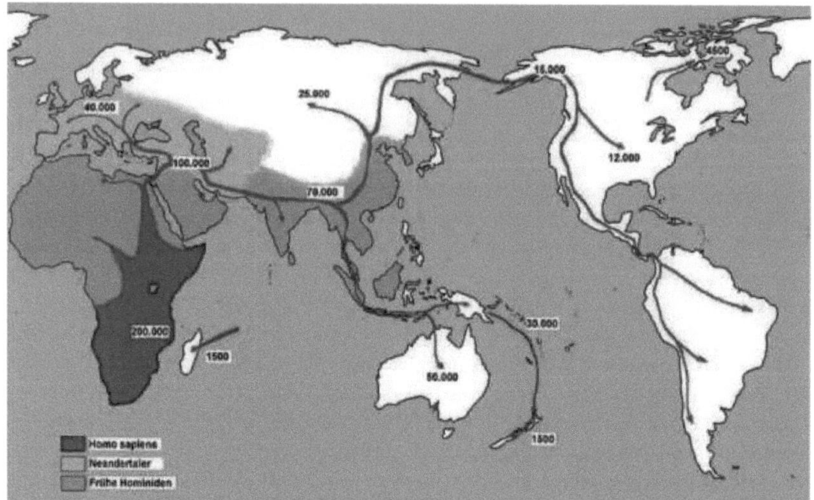

Figura 1. As principais caraterísticas da disseminação da população na era primitiva. Fonte: Espalhando homo sapiens.svg

Em primeiro lugar, o número geral da população em plena conformidade com o arquétipo dominante de reprodução cresceu muito lentamente. Os cientistas acreditam que, por volta de 15 mil anos a.C., cerca de 3 a 7 milhões de pessoas viviam na Terra, enquanto 10 milhões e 20 milhões o faziam em sete e cinco mil anos a.C., respetivamente. A distribuição destas pessoas na superfície do planeta era muito desigual e a densidade média da população era de apenas 8-10 por 100 km^2. (Maksakovski, 2009. p. .[2])

Em segundo lugar, os povos primitivos dependiam em grande medida da natureza. Mas, gradualmente, as pessoas aprenderam a ultrapassar muitas dificuldades e a adaptar-se ao ambiente.

Em terceiro lugar, o homem primitivo infligia, nessa altura, grandes danos ao ambiente e, na maioria das vezes, como resultado de incêndios, como consequência do manuseamento descuidado do fogo, que o homem aprendeu a utilizar há cerca de 60 mil anos.

Em quarto lugar, o tipo de economia primitiva é caraterístico da era primitiva. Na primeira fase, limitava-se à recolha de frutos e plantas silvestres e só mais tarde surgiu o tipo de economia mais produtivo - a caça e a pesca.

Em quinto lugar, na era primitiva existia o tipo mais baixo de relações sociais. No início do Paleolítico, era o rebanho humano primitivo. Gradualmente, transformou-se em comunidades com propriedade e trabalho colectivos. J.J. Rousseau chamou a este período da história a "idade de ouro" da humanidade, quando as pessoas não conheciam nem a civilização nem a exploração. Na primeira fase, o principal coletor era uma mulher, o que levou ao estabelecimento do matriarcado, e a transição gradual para a caça e a pesca foi substituída pelo patriarcado (Rousseau, Discurso sobre a desigualdade, 72-73).

Em sexto lugar, a cultura do período primitivo foi determinada pela Idade da Pedra, que teve início há 2-2,5 milhões de anos, com a transição da Idade da Pedra Antiga (Paleolítico) para a Idade Média (Mesolítico) e o desenvolvimento de novas ferramentas de pedra (Neolítico). Com a sua ajuda, foram construídas na Europa estruturas megalíticas (grego: mega - grande e lithos - pedra) tão grandes como o famoso Stonehenge no sul de Inglaterra ou os megálitos na ilha de Malta.

Em sétimo lugar, durante este período da história, a cultura religiosa dos povos era muito primitiva. As suas crenças religiosas eram politeístas (muitos deuses). Dependendo de muitos fenómenos

naturais, os povos primitivos adoravam principalmente o sol, a lua, a terra ou a água. No entanto, com base neste contexto, a arte primitiva atingiu um nível bastante elevado. Toda a gente já deve ter ouvido falar das pinturas rupestres de artistas primitivos, que foram encontradas no Sara argelino (Tassili Addzher), no sul de França (Lascaux), no norte de Espanha (gruta de Altamira). Todos estes objectos estão agora incluídos na lista do Património Mundial da UNESCO como megálitos.
A era das civilizações antigas começou depois da era primitiva, durante um período de tempo muito mais curto. Deve-se acrescentar que a palavra "civilização" foi introduzida no uso científico no século XVIII, para indicar os limites entre a selvajaria e a barbárie e o surgimento de uma sociedade mais desenvolvida. A teoria da civilização foi gradualmente desenvolvida. Académicos ocidentais como o filósofo alemão Oswald Spengler, o historiador e sociólogo inglês Arnold Toynbee e o cientista político americano Samuel Huntington contribuíram grandemente para a sua criação. Nos seus trabalhos, referiram-se a diferentes tipos de civilizações. Por exemplo, Arnold Toynbee começou por destacar 21 civilizações e depois 33. O mesmo se aplica a Samuel 11
As 8 civilizações de Huntington. A discrepância deveu-se a diferenças nos critérios de seleção das civilizações. Além disso, existem diferentes escalas de civilização - regional, sub-regional, local (ChitadzeN. 2011. P. 187-204).
A civilização não durará para sempre. Recordemos a teoria dos super-etnos de L. Gumilev, as fases de desenvolvimento (como sinónimo de grande civilização). Segundo ele, cada civilização passa no seu desenvolvimento pelas seguintes fases: 1) nascimento, 2) ascensão passional, 3) desenvolvimento, 4) inércia ("civilização do outono dourado"), 5) obscurecimento (seu "Crepúsculo"), 6) memorial. Quando se fala de civilizações antigas, muitas delas já morreram. Mas muitas ainda estão vivas.
Quanto à principal força motriz que levou ao surgimento das civilizações antigas, foi a Revolução Neolítica, que começou em 6 -7 mil anos a.C. (no Velho Mundo) e continuou durante os 2-3 mil anos. Esta revolução foi considerada como uma tremenda revolução sócio-económica que afectou todas as esferas da vida.
A questão mais importante é que a Revolução Neolítica levou à transição da antiga economia de atribuição para a de produção, ou seja, a agricultura e a criação de animais, o que significou a formação do sector da economia - o primeiro na história da divisão social do trabalho.
Quanto aos principais centros geográficos da revolução neolítica, foram, de facto, os sete centros de origem das plantas cultivadas, que foram assinalados por vários grupos de cientistas notáveis. O mais antigo deles foi obviamente o centro do sudoeste asiático, que foi o berço do trigo, do centeio, da cevada, da aveia, de muitos tipos de legumes, frutos e bagas. O Centro Mediterrânico tornou-se o berço das azeitonas e do linho, o Sul da Ásia - arroz, cana-de-açúcar, a China - chá, soja, painço, a Abissínia - café, o Sul do México - milho, a América do Sul - batata, tomate, algodão. Para além disso, os cientistas identificaram os principais locais de domesticação dos animais: os animais domésticos, tais como cães, ovelhas e cabras, porcos, vacas e cavalos foram acrescentados à lista há 13, 10, 9, 8 e 5 mil anos, respetivamente.
Ao mesmo tempo, a Revolução Neolítica conduziu a melhorias drásticas nas ferramentas e nos utensílios manuais. Foi durante este período que a Idade da Pedra foi substituída pela Idade do Cobre. É importante reler "A Odisseia", de Homero, e em quase todas as páginas encontramos menções à "lança afiada de cobre", à "cidade de Sidon, rica em cobre", etc. No final do IV milénio a.C., surgiu a Idade do Bronze e, no início do I milénio, a Idade do Ferro. O consumo de ferro tornou-se um poderoso estímulo para o desenvolvimento. Acelerou a lavoura, a desflorestação, a exploração de minas e pedreiras. Ao mesmo tempo, foi inventada a roda, as pessoas aprenderam a utilizar a energia do vento e da água (moinhos de água e de vento, barcos à vela). Para além disso, a economia têxtil e da olaria foi melhorada. Mesas, cadeiras, pratos e utensílios semelhantes foram incluídos na rotina doméstica.

A produção de uma cultura material mais complexa e diversificada de produtos metálicos já não podia continuar a ser uma atividade secundária dos agricultores. O resultado foi a segunda grande divisão social do trabalho - a separação entre o artesanato e a agricultura.
A criação de instrumentos mais complexos e variados da cultura material não podia continuar a ser apenas uma atividade dos agricultores. Seguiu-se a segunda fase da divisão do trabalho. Nomeadamente, a separação do artesanato da agricultura. Como resultado, a riqueza material da época aumentou significativamente e foram criadas cidades, o que é um fenómeno extremamente significativo do ponto de vista da geografia histórica. A revolução demográfica que conduziu à explosão demográfica do Neolítico pode ser considerada como uma outra consequência da revolução neolítica. De facto, já há 2 mil anos a.C. o número de pessoas no mundo aumentou para 50 milhões e no início da nossa era - para 200 milhões de pessoas. No entanto, há que ter em conta o facto de a taxa média anual de crescimento da população ter sido de apenas 0,1%. Então, durante este período, estabeleceu-se o tipo concreto de reprodução da população com uma elevada taxa de natalidade e uma taxa de mortalidade muito elevada. Este tipo pode ser designado por tradicional e a esperança média de vida era de apenas 25 anos (Maksakovski, 2009. p.10).
A taxa de mortalidade muito elevada explica-se pela propagação da fome, das doenças, das epidemias e das catástrofes naturais. As guerras de conquista, que se distinguem pela sua extrema crueldade, causaram enormes prejuízos: só a conquista da Gália por Júlio César destruiu cerca de um milhão de pessoas. Estas perdas eram compensadas por casamentos muito precoces. Assim, de acordo com a antiga lei romana, a idade mínima para o casamento das raparigas era fixada em 12 anos, enquanto a dos rapazes era de 14 anos. A rainha egípcia Cleópatra já tinha quatro filhos aos 22 anos. Quanto à esperança de vida, é claro que havia excepções. Por exemplo, o faraó egípcio Ramsés II viveu 90 anos com as suas mulheres e concubinas e teve mais de 200 filhos. Os túmulos de 52 filhos de Ramsés II foram recentemente encontrados no Vale dos Reis, na margem ocidental do Nilo, perto da cidade de Luxor. O líder egípcio viveu mais do que a maioria dos seus sucessores (Maksakovski, 2009. P. 11).
O crescimento das forças produtivas, que foi causado pela Revolução Neolítica, teve as mais importantes consequências socioeconómicas e políticas. O facto é que conduziu a um excedente do produto e, consequentemente, à exploração do homem pelo homem. Esta, por sua vez, foi uma consequência da desintegração gradual da comunidade primitiva e do surgimento da primeira na história da sociedade de classes - a escravatura. Inicialmente, um número limitado de pequenas civilizações de escravos - as cidades-estado - começou a cobrir todas as grandes áreas. No segundo milénio a.C., a cintura dos Estados-escravos já se estendia pelo território do Próximo Oriente (Fig.2) e, no início da nossa era, foram fundados novos Estados nos territórios do Atlântico ao Pacífico (Fig.2).

Fig.2. O cinturão dos Estados antigos
Fonte: Próximo_Leste_em_1300bc_(en).jpg

Finalmente, durante a análise das civilizações antigas, é sem dúvida impossível não mencionar as mudanças no domínio da cultura espiritual. Uma das caraterísticas mais importantes, se não mesmo essencial, da transição da civilização primitiva esteve relacionada com o aparecimento da escrita, que abriu possibilidades inteiramente novas de armazenamento e transmissão do património espiritual. As civilizações antigas tiveram uma enorme influência no desenvolvimento subsequente da cultura mundial. É igualmente importante o facto de estarem também relacionadas com o nascimento das religiões mais antigas - a nível mundial (cristianismo, budismo) e nacional (hinduísmo, confucionismo, xintoísmo, judaísmo). A influência destas religiões manifesta-se também muito fortemente nos nossos dias.

De acordo com a Figura 2, é possível determinar os estados mais antigos que ocorreram nas áreas das civilizações fluviais. No vale do Nilo, encontrava-se o Antigo Egito, cuja história remonta a milhares de anos. Nos vales do Tigre e do Eufrates - a Suméria, a Assíria e a Babilónia, enquanto nos vales do Indo e do Ganges - os antigos Estados indianos. Nas bacias do rio Amarelo e do rio Yangtze, foi fundado o antigo império chinês Qin (do inglês - "China", do francês - "Shin", do italiano - "Hin"), a que se seguiu o Han. Mais tarde, os grandes Estados, como o reino persa, desenvolveram-se fora dos grandes rios históricos.

De acordo com a forma do sistema político, a maioria dos antigos Estados do Próximo Oriente era uma variedade de despotismo oriental. É o caso dos faraós no Egito, dos "reis dos reis" na Babilónia e dos imperadores na China. É bastante difícil definir a população destes Estados antigos. No entanto, na China antiga viviam supostamente 50-70 milhões de pessoas (Maksakovski, 2009.P.12).

Vamos agora tentar ter uma ideia do património das antigas civilizações do Oriente no domínio da cultura material e espiritual. Para compreender melhor a ideia da herança das antigas civilizações do Oriente no domínio da cultura material e espiritual, é necessário prestar atenção ao seguinte: as cidades fundadas antes e depois da fundação dos primeiros Estados do mundo poderiam servir de prova da cultura material das civilizações mais antigas. No entanto, da maior parte delas não resta nada ou quase nada. Mais concretamente, não existem Mênfis ou Tebas no Egito ou Babilónia na Mesopotâmia e as cidades antigas só existem na China com nomes diferentes.

No entanto, alguns objectos da cultura material deste período, que se tornaram famosos por essa época, estavam muito melhor preservados. Muitas pessoas conhecem provavelmente a infância das três grandes pirâmides nos arredores do Cairo, a maior das quais, a pirâmide de Quéops, tem cerca de 150 m de altura e é constituída por 2,3 milhões de blocos de calcário. A construção da Grande Muralha construída durante a dinastia Qin da China, que atualmente continua a ser um grande monumento da construção dessa época longínqua, é muito conhecida pela sociedade. Muitas pessoas conhecem, sem dúvida, o túmulo do primeiro imperador da dinastia Qin, Shi Huang, descoberto acidentalmente nos anos 70 do século XX. A sua vida após a morte foi guardada por mais de 8 mil guerreiros de terracota. Todos estes objectos estão também incluídos na lista do Património Cultural da Humanidade (Maksakovski, 2009. P.12). O legado das civilizações antigas é também enorme no domínio da cultura espiritual. Praticamente, quase todos os povos do antigo Oriente tiveram os seus escritos: O cuneiforme sumério, os hieróglifos dos egípcios e dos chineses, o sânscrito na Índia. A escrita deu um impulso ao desenvolvimento da educação e da ciência, nomeadamente da matemática, da astronomia, da geografia e da medicina.

Desde os antigos sumérios e babilónios até à época moderna, foi adotado o sistema sexagesimal - divisão das horas em 60 minutos e dos minutos em 60 segundos. O sistema de decimais criado pelos antigos indianos foi preservado até hoje. Eles ofereceram o seu sistema de números, que foi depois emprestado pelos povos da Ásia Central e, a partir deles, pelos europeus. São os mesmos números que temos agora em uso e que os europeus não designaram corretamente por árabe. Acrescente-se que os sumérios, os egípcios, os babilónios, os indianos e os chineses, na Antiguidade, começaram a dividir o ano em 12 meses.

Passemos agora à caraterização das antigas civilizações do Mediterrâneo, que muitos cientistas atribuem às civilizações marinhas. De facto, o Mediterrâneo desempenhou um papel importante na vida das civilizações antigas (do Lat. Anticuus - antigo). Daí a designação colectiva geral dos povos costeiros - "Povos do Mar".

Cronologicamente, os primeiros destes povos foram os cretenses, que criaram a sua cultura creto-minésia (nome do lendário rei Minos). A partir daí, podem ser chamados de fenícios, que viviam na costa leste do mar, eram excelentes marinheiros e fundaram as suas colónias ao longo das suas costas. A maior delas foi Carthagen, no atual território da Tunísia.

Os gregos antigos eram os típicos povos do mar que se estabeleceram não só no extremo sul da Península Balcânica, mas também nas ilhas do Mar Egeu, na costa da Pequena Ásia, tendo também conquistado a ilha de Creta, Rodes e colonizado Chipre. Na era da chamada Grécia Homérica (séculos XII-VIII a.C.), os gregos alargaram o seu Oecúmeno graças à campanha marítima contra Troia, descrita na "Ilíada" e à viagem de Odisseu ("Odisseia"). Nos séculos VIII-V a.C., teve início o grande processo de colonização grega (Fig. 3), centrado em três áreas principais: A ocidental - no sul de Itália, Sicília, sul da Gália, Espanha, a oriental - para as margens do Ponto (Mar Negro) e a meridional - para as margens de África. Assim, é necessário lembrar que a Grécia Antiga (Hellas) era um conglomerado de políticas individuais, estados muitas vezes hostis entre si (Atenas e Esparta) e que também sobreviveu à devastadora invasão dos persas. Mais tarde, porém, o Império Persa foi derrotado durante a campanha oriental de Alexandre, o Grande.

Fig. 3. Colónias de gregos em VIII-V cc. A.C.

Fonte: http://www.rationalrevolution.net/articles/ten_commandments.htm

A vida da Roma antiga tem estado intimamente associada ao Mar Mediterrâneo. Na sequência das três guerras púnicas com Cartago (os romanos chamavam aos cartagineses os púnicos), o Império Romano reforçou a sua posição no Mediterrâneo Oriental. Depois, passo a passo, Roma começou a alargar o seu domínio ao Mediterrâneo Ocidental, após o que todo o espaço marítimo recebeu dos romanos o nome de Mare nostrum ("O nosso mar"). Este termo é utilizado na "Geografia" de Estrabão. No período de apogeu do Império Romano, no século I d.C., as suas fronteiras deslocaram-se muito para norte e leste (Fig. 4) e a população atingiu 60 milhões de pessoas. Mas, de seguida, começou um lento declínio do império, que se completou em 476 com a sua queda. Esta data é considerada como o fim da Antiguidade.

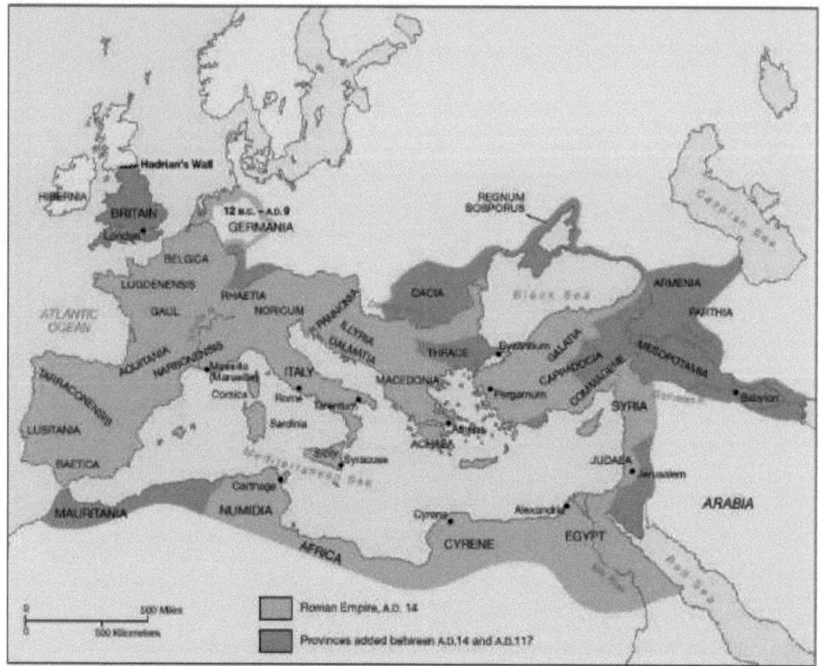

Império Romano, 14 e 117 d.C. Na sua extensão máxima, o Império Romano incluía todo o mundo mediterrânico e do Mar Negro e toda a Europa Ocidental, bem como as antigas civilizações *do Egito e da* Mesopotâmia.

Fig. 4. Expansão territorial do Império Romano
Fonte: http://www.rationalrevolution.net/articles/ten_commandments.htm

Em quase todos os países do Mediterrâneo, durante a era das civilizações antigas, a agricultura, como espinha dorsal da economia, manteve-se, cujo perfil era bastante semelhante em todo o lado: azeitonas, uvas, cereais, ovelhas e cabras. Mas os sectores do artesanato - olaria, cerâmica, têxtil, couro, metal - continuaram a desenvolver-se juntamente com a agricultura. E isto para não falar da construção das famosas estradas romanas. A construção naval registou enormes progressos, sendo a mais utilizada a trirreme - barcos a remos de combate com três filas de remos.

Ao apreciar a contribuição dos Estados antigos para a civilização mundial, é necessário dar alguns exemplos.

O primeiro exemplo diz respeito à esfera do sistema estatal. É importante recordar que a Grécia Antiga foi o berço da democracia (Atenas de Péricles), da oligarquia (Esparta) e da tirania (Samos). A Roma Antiga viveu longos períodos de poder real, seguidos do republicano (respublica - coisa pública) e terminando com o tempo imperial.

O segundo exemplo vem do domínio da divisão do trabalho. Durante esse período, já se tinham desenvolvido algumas caraterísticas importantes do comércio internacional. Desenvolveram-se relações comerciais entre as civilizações fluviais do antigo Oriente e as civilizações do Mediterrâneo. Mas, a par disso, foram também criadas rotas comerciais entre a Ásia e a Europa. Uma delas era a via marítima e a outra a via terrestre, que ficou conhecida na história como a Grande Rota da Seda (Fig. 5). Durante milénios, ligou a capital do império chinês, Changan, aos mares Mediterrâneo e Negro. O transporte de mercadorias por esta via demorava normalmente cerca de 200 dias.

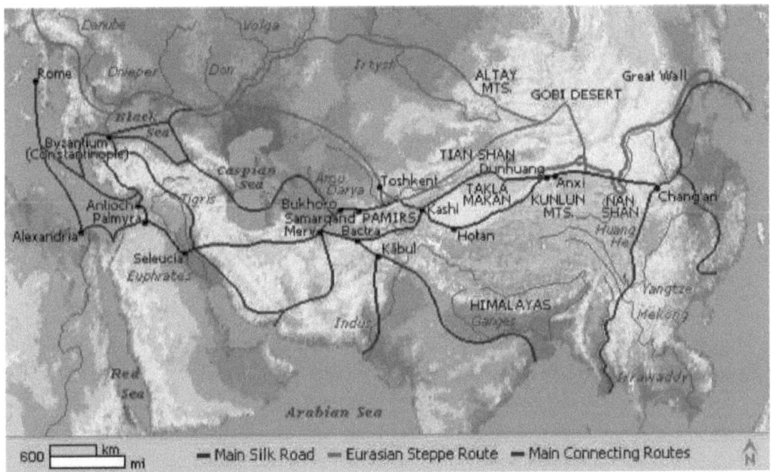

Fig. 5. Grande Rota da Seda
http://www2.kenyon.edu/Depts/Religion/Fac/Adler/Asia201/links201.htm

O terceiro exemplo é da esfera da cultura material. As sete maravilhas do mundo são conhecidas de toda a gente desde a infância e estão sobretudo relacionadas com a Grécia antiga: Mykonos e Troia, Acrópole de Atenas e Olímpia. É certo que no Louvre, em Paris, é possível ver obras-primas da escultura grega antiga, como a "Vénus de Milo" e a "Nike de Samotrácia", e no Museu do Vaticano - o grupo escultórico "Laocoonte". Em Roma, a chamada "cidade eterna", o Fórum, o Coliseu, o Panteão, os arcos triunfais, as termas e os palácios são vestígios da época das civilizações antigas. O mesmo se aplica à sobrevivência de mais estradas romanas, pontes, aquedutos, "actuados ainda por escravos de Roma". Um facto importante é que, fora da Itália moderna, cidades como Londres, Paris, Lyon, Colónia, Genebra, Toledo, Viena, Budapeste, Belgrado e Sófia foram fundadas pelos romanos.

O quarto exemplo vem do domínio da cultura espiritual. Durante a Antiguidade, o alfabeto grego tornou-se um poderoso meio de progresso cultural (e a própria palavra vem das suas primeiras letras - o "alfa" e o "beta"). As tragédias de Ésquilo, Sófocles e Eurípides são representadas nos teatros actuais. A Grécia antiga deu ao mundo a galáxia de cientistas brilhantes nos domínios da filosofia, história, geografia, matemática, mecânica, astronomia, medicina, cujas obras continuam a ser importantes até aos dias de hoje.

Quanto à língua latina, tornou-se conscientemente a base para a formação de muitas outras línguas que hoje se incluem na lista do grupo romano da família indo-europeia. Os poetas romanos Virgílio, Horácio e Ovídio utilizaram a língua latina para escrever as suas obras. Os estudiosos romanos contribuíram para o desenvolvimento da astronomia, da geografia, da história e da filosofia. As ciências aplicadas relacionadas com as necessidades da agricultura, da navegação, da construção e do desenvolvimento urbano e dos assuntos militares registaram um maior desenvolvimento na Roma antiga. O calendário juliano foi também criado na época romana.

É esta a quantidade de pontes que se podem lançar desde a era das civilizações antigas até aos nossos dias. Mas não se deve esquecer que fora da cintura da escravatura, que cobria os estados da antiguidade, e que é mostrada na Figura 2, havia um mundo "bárbaro" muito mais extenso de tribos nómadas e semi-nómadas. Só na América Central e nos Andes, na América do Sul, se desenvolveram os três focos das primeiras civilizações dos povos indígenas - os Astecas, os Maias e os Incas.

A era da Idade Média

A contagem começa normalmente a partir do século V, dada a cronologia desta época. Época em que se dá o desmoronamento do Império Romano do Ocidente. Relativamente ao final da Idade Média, é habitualmente o período compreendido entre os séculos XV e XVI, ou seja, o início dos Grandes Descobrimentos Geográficos. Esta cronologia refere-se sobretudo à Europa, onde a Idade Média durou mil anos. No Oriente, começou mais cedo e terminou mais tarde.

Na Idade Média, a civilização regional e sub-regional estendeu-se muito para além da faixa familiar dos Estados da Eurásia com o sistema de escravatura. Abrangeram outras partes do continente, bem como algumas partes de África, da América Central e do Sul. Mas as diferenças entre as civilizações ocidental (europeia) e oriental (asiática) aumentaram ainda mais.

Considerando alguns traços gerais do desenvolvimento do Mundo na Idade Média, aparentemente, há que ter em conta o seguinte.

Em primeiro lugar, a Idade Média é a era da dominação e já não da escravatura. Pelo contrário, foi o início do período do feudalismo, cuja base na Europa era a propriedade exclusiva dos senhores feudais individuais (do lat. Feodum - propriedade da terra), relacionada com a dependência pessoal dos camponeses em relação ao feudal. Nos países de Leste, o Estado feudal era frequentemente o proprietário da terra, da água e das instalações de irrigação conexas. É de notar também que os povos das antigas civilizações do Oriente e do Mediterrâneo chegaram ao feudalismo passando por todo o caminho das relações de produção escravistas. Quanto às restantes nações da Eurásia, fizeram essa transição diretamente do sistema comunal primitivo.

Em segundo lugar, o feudalismo deixou a sua marca nos caracteres do sistema estatal da Idade Média. Na Europa, a economia feudal, com o predomínio da economia natural, determinou em grande medida a natureza da superestrutura política da sociedade, quando a fragmentação económica determinou a política. As grandes terras feudais representavam frequentemente uma unidade administrativa praticamente autónoma. Quanto ao Oriente, à semelhança do período do sistema escravista, na maioria dos casos, o sistema estatal caracterizava-se por uma forma diferente de centralização governamental, associada à preservação da propriedade estatal da terra.

Em terceiro lugar, durante toda a Idade Média no mundo, a economia agrária dominou. Foi acompanhada pela expansão das terras cultivadas e pela melhoria dos instrumentos de trabalho, uma vez que os cavalos e os bois começaram a ser utilizados como principal força de tração. A especialização das áreas agrícolas começou juntamente com a agricultura, continuando a desenvolver uma variedade de artesanato, mineração e navegação.

Em quarto lugar, a época feudal, bem como o período da escravatura, foram caracterizados pelo tipo tradicional de reprodução da população. Isto significa que a taxa de natalidade continuava a ser muito elevada, devido ao casamento precoce e às famílias numerosas, e que a mortalidade era muito elevada, devido às guerras constantes, às epidemias e às quebras de colheitas na agricultura. Consequentemente, a taxa média anual de crescimento da população manteve-se muito baixa (0,1%). De acordo com as investigações dos demógrafos europeus, a população mundial ascendia a 265 e 425 milhões de pessoas nos anos 1000 e 1500, respetivamente. A Ásia representava quase 70%, a Europa e a África - 12-13%, enquanto a América do Norte e a Austrália se distinguiam por um número muito baixo de habitantes (Neidze V. 2004. P. 39).

Em quinto lugar, durante toda a Idade Média, registou-se um processo de formação de nacionalidades com base nas antigas tribos e nas suas uniões. No final da época, este processo estava basicamente concluído e algumas grandes nacionalidades já tinham começado a transformar-se em nações. Nos países que passaram do feudalismo para as relações primitivas, já se tinha iniciado um processo étnico semelhante.

Em sexto lugar, foram alcançados grandes progressos no domínio da cultura material. A construção e a arquitetura medievais deixaram uma enorme marca nos territórios das regiões civilizadas da

Europa, da Ásia e de outras partes do mundo, o que determinou substancialmente a sua cultura material. Entre os objectos do Património Cultural da Humanidade, predominam as cidades medievais da Europa e da Ásia.

Em sétimo lugar, promoveu-se a cultura espiritual de diferentes nações. A Idade Média foi uma época de alfabetização generalizada e, por conseguinte, de educação. Nasceram culturas nacionais que encontraram expressão na literatura, na arte e na arquitetura. Foram feitos novos progressos na ciência. Além disso, na Idade Média, assistiu-se a uma maior cristianização da Europa, o que determinou em grande medida todo o carácter da civilização ocidental. No que diz respeito ao Oriente, durante a Idade Média, foi fundada outra religião mundial, o Islão.

Estas são as principais caraterísticas comuns do desenvolvimento do mundo na Idade Média. Mas, nesta época, como referiu I. Witwer no início da sua investigação "introdução histórica", o espaço mundial ainda estava muito fragmentado pelos oceanos Atlântico e Pacífico do Velho Mundo e ainda não tinha aberto o Novo Mundo. Quanto ao Velho Mundo, existiam ainda duas grandes civilizações - a europeia e a asiática (I. Witwer. 1963).

Ao considerar a região europeia, é importante prestar atenção a um facto importante. Durante o período da Idade Média na Europa, já é aceite a subdivisão desta época em Idade Média inicial e avançada (clássica).

A Alta Idade Média (V-X cc.) foi a época de um profundo declínio da civilização europeia. Como bem descreve o escritor Zweig, foi uma época em que o "sonho pesado e opressivo se apoderou do mundo ocidental", em que "tudo o que as pessoas sabiam antes disso foi inexplicavelmente esquecido", em que "esqueceram como ler, escrever, contar", em que "as ciências se tornaram múmias da teologia" (S. Zweig. 2010). As forças produtivas na Europa durante este período também estavam em declínio acentuado, quando entre os sectores económicos a agricultura de subsistência dominava completamente. Em contraste com o desenvolvimento inicial da Idade Média (séculos XI-XV), mais tarde veio a época do crescimento das forças produtivas, a transição da agricultura de subsistência para uma divisão geográfica fechada do trabalho e das relações mercadoria-dinheiro, para o crescimento dos centros urbanos com a cultura material e espiritual mais elevada.

Na Idade Média e, sobretudo, no período medieval desenvolvido, as povoações da Europa expandiram-se significativamente. Na parte sul, muitas novas descobertas tiveram lugar nos séculos XIXIII. Durante as expedições militares das Cruzadas, os senhores feudais, com o apoio da Igreja Católica, organizaram a conquista da Palestina para a libertação da Terra Santa dos infiéis. No norte da Europa, os normandos - "povos do norte" (dinamarqueses, noruegueses e suecos) desempenharam o papel de pioneiros, que alargaram consideravelmente as suas fronteiras a norte, oeste e leste.

No que diz respeito ao mapa político da Europa na Idade Média, este caracterizava-se por duas caraterísticas principais: instabilidade e fragmentação.

No início da Idade Média, a instabilidade do mapa político esteve sobretudo relacionada com a Grande Migração, em especial com a invasão dos hunos em V a.c. e com a formação e decadência dos vários reinos bárbaros, enquanto que nos séculos VIII-IX foi a fundação do Império Franco de Carlos Magno. Além disso, no século VII, os búlgaros turcos vieram das estepes asiáticas para os Balcãs. Foram assimilados com a população eslava local. Além disso, no século VIII, os conquistadores árabes vieram do Norte de África para a Península Ibérica, enquanto no século IX as tribos magiares (húngaras) se estabeleceram da Ásia para a mesma planície do Médio Danúbio. Conseguiram preservar a sua língua. A esta lista juntam-se as numerosas conquistas dos normandos guerreiros.

As invasões provenientes da Ásia continuaram durante o desenvolvimento do período medieval. Muitas pessoas conhecem provavelmente a invasão mongol-tártara no século XIII na China, na Ásia

Central, no Cáucaso, na Rússia e depois na Europa Ocidental. Este processo foi iniciado por Genghis Khan e o seu neto Batu. Mas, em comparação com a Rússia, na Polónia e na Hungria, Batu não permaneceu durante muito tempo.

Falando de invasões vindas de leste, é importante prestar atenção às acções dos turcos otomanos, que, no final da Idade Média, estabeleceram o controlo de toda a península balcânica e chegaram a Viena. Como resultado das guerras de conquista, as próprias nações europeias foram formatadas. Exemplos deste fenómeno são o conceito alemão de "Drang nach Osten" ("A Pressão para Leste"), a atividade da Ordem Teutónica na Polónia, a Ordem da Espada na região do Báltico.

Quanto à fragmentação do mapa político da Europa, o conceito de "fragmentação feudal" já se tornou um termo habitual. Foi especialmente verdadeiro para o início da Idade Média, mas sobreviveu também nos países desenvolvidos. Em primeiro lugar, foi aplicado à Itália e à Alemanha, que era então oficialmente designada por Sacro Império Romano-Germânico, porque os imperadores alemães reivindicavam o papel dos imperadores da antiga Roma. Mas é ainda mais importante sublinhar que, gradualmente, na Europa, começaram a surgir grandes Estados centralizados - França, Inglaterra, Dinamarca, Espanha, Áustria - enquanto no Oriente surgiu o Estado russo (este termo entrou em uso no século XV em vez do termo "Rus").

A forma de governo mais comum na Idade Média era a monarquia nas suas diversas variedades - Império, reinos, ducados, principados, etc. Também prevaleceu a forma de monarquia de propriedade, em que os interesses da classe feudal dominante eram representados principalmente pelo próprio monarca, enquanto os dos cidadãos (burgueses) - habitantes das zonas urbanas - eram encarnados no parlamento. Em Inglaterra e em França, o parlamento existia desde os séculos XIII e XIV, respetivamente. Existiam cidades-repúblicas, como Veneza, Génova e Florença, em Itália.

A economia da Europa no início da Idade Média registou uma estagnação total. Mas com a transição para o desenvolvimento do período medieval, a situação mudou para melhor. Como já foi referido, a principal ocupação das pessoas na Idade Média continuou a ser a agricultura, na qual se verificou uma mudança gradual de um sistema de dois para três campos, ao mesmo tempo que detinha a maior parte das culturas industriais, hortas, horticultura, viticultura e pecuária. Áreas agrícolas como a cerealicultura, a viticultura, a produção de leite (Países Baixos) e a criação de ovinos (Espanha, Inglaterra) ganharam maior expressão.

O artesanato também se desenvolveu juntamente com a agricultura, principalmente na produção de produtos têxteis (tecidos). Duas regiões - a Toscana, em Itália, e a Flandres, nos Países Baixos - foram as que mais se manifestaram. Depois vem a metalurgia, incluindo a produção de armas. No século XIV, quando a humanidade aprendeu a utilizar a pólvora, foi também registada a transição da arma fria para a arma de fogo. No sector da metalurgia, existem vários centros famosos, como Nuremberga, Liège, Milão. A exploração mineira desenvolveu-se especialmente na Alemanha (cobre, prata), Inglaterra (estanho, minério de ferro, carvão), Polónia e Áustria (sal). Veneza, Génova e as cidades de Portugal lideravam a indústria da construção naval no flanco sul da Europa, enquanto no norte, os Países Baixos e a Inglaterra eram os capitães.

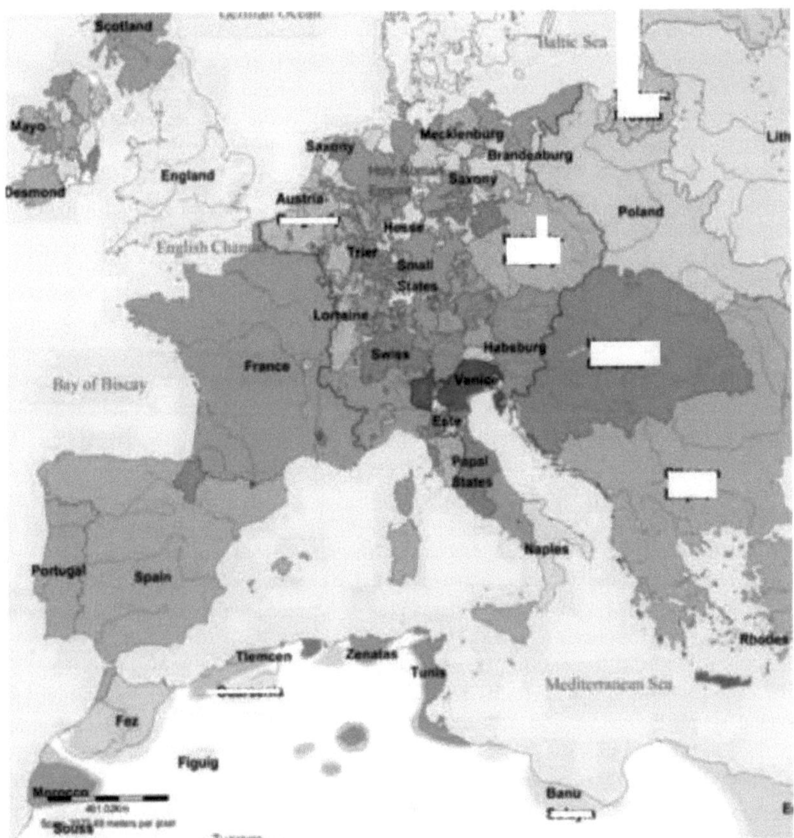

Europe Main Map at the Beginning of the Year 1500

Fig. 6. Mapa político da Europa no início do século XVI
Fonte: http://users.humboldt.edu/ogayle/histllO/expl.html

De 1000 a 1500, a população da Europa quase duplicou, passando de 42 para 80 milhões de pessoas. Este crescimento contribuiu para uma certa melhoria das condições de vida, bem como para a preservação do tipo de reprodução tradicional. Mas é preciso compreender que o crescimento da população na Europa medieval seria muito maior se não fossem as frequentes quebras de colheitas e anos de fome, as epidemias de várias doenças, as invasões militares permanentes. Estes factores já foram 25

acima mencionadas. A isto juntaram-se as guerras internas (por exemplo, a guerra das rosas brancas e vermelhas em Inglaterra), as guerras religiosas (guerras hussitas no Reino da República Checa) e outras. A Inquisição, levada a cabo pela Igreja Católica, veio juntar-se a este problema. Com o veredito da inquisição, não só as famílias de pessoas famosas, como Joana d'Arc, Giordano Bruno e João Huss, foram queimadas, mas também centenas de milhares de pessoas comuns foram encarceradas. (É sintomático que o Papa de Roma, João Paulo II, tenha recentemente pedido desculpas oficiais pela Inquisição Católica da Idade Média) e, claro, o que veio juntar-se a tudo isto foi a pandemia da "Peste Negra" - a peste - no século XIV, que levou um terço das pessoas em toda a Europa, enquanto em Itália e França - metade da população (Maksakovski, 2009. P.21).

Nessa altura, a população de cada país era ainda relativamente pequena. Assim, em 1500, a França e a Rússia, a Alemanha e a Itália, a Espanha e a Inglaterra registaram 15 milhões, 11 milhões, 6,5 e 5 milhões de habitantes, respetivamente, vivendo a grande maioria em zonas rurais. A população urbana prevalecia apenas na Toscana e na Flandres. No entanto, o papel das cidades no desenvolvimento da civilização ocidental da Idade Média era já muito elevado. Em termos de área e de número de habitantes, as cidades dessa época eram relativamente pequenas. Por exemplo, a população de Paris no século XV ascendia a 250 mil pessoas, Veneza - 200 mil, mais de cem mil pessoas viviam em Milão, Génova, Florença, Sevilha, Bruges, Viena, Praga. Em Londres e Moscovo, foram registadas cerca de 20-25 mil pessoas (Maksakovski, 2009. P.22).

A cultura material da Idade Média na Europa tem sido associada principalmente às construções urbanas, que no século XI eram feitas não só de madeira, mas também de pedra - para as quais se utilizava não só madeira, mas também pedra. Por "pedras antigas da Europa" entendem-se sobretudo as grandes catedrais românicas e depois as catedrais góticas e as outras construções que não adornavam as cidades. Exemplos de edifícios como a Catedral de Notre Dame, Rheims, Canterbury, a Abadia de Westminster, Colónia, Milão, São Marcos em Veneza, a Catedral de São Vito em Praga confirmam que continuam a ser muito impressionantes até aos dias de hoje. A Câmara Municipal e o Bairro Latino em Paris, a Torre de Londres, o Palácio Ducal em Veneza, o Castelo de Praga são exemplos de fortificações seculares.

É também importante mencionar a cultura espiritual da Europa Medieval, que contribuiu para o desenvolvimento da difusão da escrita: os alfabetos latino e cirílico (baseado no latim).

Em suma, para terminar a descrição da cultura espiritual, é preciso dizer que, na Idade Média, o cristianismo se espalhou por toda a Europa. Mas deixou de ser uma religião única e dividiu-se em dois ramos - o Ocidente católico e o Oriente ortodoxo.

Em conclusão, vale a pena mencionar a divisão geográfica do trabalho na Europa medieval. No início da Idade Média, sob o domínio da economia de subsistência, a divisão inter-regional e internacional do trabalho mantinha-se quase ao mesmo nível baixo da Antiguidade. Com a transição para o período medieval desenvolvido, com o renascimento das cidades e das relações mercadoria-dinheiro, a divisão do trabalho e as relações comerciais começaram a desenvolver-se rapidamente. Na Europa, por exemplo, desenvolveram-se duas zonas principais de comércio marítimo: o norte e o sul. A região norte abrangia a costa do Báltico e do Mar do Norte e as zonas circundantes. Nos séculos XIII-XIV, formou-se neste território uma grande aliança comercial e política de cidades, denominada Liga Hanseática ou Hansa. Era liderada por duas cidades portuárias alemãs - Lübeck e Hamburgo. Esta era a zona sul - a região mediterrânica, onde se desenvolveram laços comerciais marítimos desde a Antiguidade. Duas repúblicas mercantis do Norte de Itália - Veneza e Génova - desempenhavam um papel importante no comércio da zona sul. Estavam em confronto devido às suas esferas de influência. Estas duas áreas de comércio marítimo estavam ligadas entre si por várias rotas comerciais fluviais do Reno, Elba, Vístula, Volkhov e Dnieper, Volga.

Segue-se uma breve descrição da Idade Média no Oriente, incluindo a Ásia e o Médio Oriente.

As povoações foram-se desenvolvendo e espalhando nesta vasta região de civilização. Tal deveu-se principalmente ao desenvolvimento não só dos vales dos rios, mas também de extensas bacias hidrográficas. Isto contribuiu para a promoção - avanço dos chineses (Han) a sul, dos japoneses - a norte, e para a ocupação das regiões setentrionais da Sibéria pelos Novgorodianos e da Ásia Central, do planalto iraniano, da Arábia, do Norte de África pelos povos nómadas. É importante avaliar a contribuição dos viajantes árabes, especialmente o famoso Ibn Battuta, que no século XIV visitou 29 países na Ásia e em África. Dos viajantes europeus no Oriente, o mais famoso é o veneziano Marco Polo, que no século XIII fez a sua longa viagem à China, que mais tarde descreveu no seu livro "Sobre a diversidade do mundo".

No mapa político do Oriente, em comparação com a Europa, uma forte fragmentação feudal não era típica. Aqui tudo era muito mais em "grande escala", devido ao domínio de grandes e até enormes (embora muitas vezes de curta duração) entidades estatais. Na parte ocidental da região, foi o primeiro Império Bizantino (Romano do Oriente), centrado em Constantinopla, que funcionou como Estado entre os séculos IV e XV. Em certa medida, foi sucedido pelo Califado Árabe, formado como resultado das conquistas árabes, que começaram no século VII e cobriram a área de Gibraltar até ao Hindu Kush. Os turcos otomanos, criados na parte do território da Europa, Ásia e África do Império Otomano, iniciaram as suas guerras de conquista no século XIV. Em 1453, conseguiram estabelecer o controlo sobre Constantinopla, o que significou o colapso final da já enfraquecida Bizâncio. Na Ásia - no território do Próximo Oriente, no século XIV, existia um país tão grande como o Império de Timur (Tamerlão). Na Ásia Oriental, a China continuou a existir (o Celestial) como Império, que já era governado por outras dinastias - Sui, Tang, Song, Qin, Yuan e Ming. O Império Mongol de Genghis Khan, com capital em Karakorum, formou-se na Ásia Central no século XIII.

Início da era moderna

A época seguinte do desenvolvimento humano é a era do início do período moderno. Considera-se que o seu início se situa na fronteira entre os séculos XV e XVI e, de acordo com a maioria dos investigadores, o fim deste período situa-se em meados do século XVII. Por conseguinte, esta época durou apenas um século e meio.

Para começar, vamos tentar determinar as caraterísticas comuns do desenvolvimento do mundo no início do período moderno.

Em primeiro lugar, foi um maior desenvolvimento das forças industriais, aprofundando a divisão social e geográfica do trabalho e a difusão da economia de mercadorias. Em grande medida, o progresso afectou o artesanato, cujo desenvolvimento foi acompanhado por uma série de melhorias técnicas. A agricultura desenvolveu-se lentamente, mas o progresso também foi determinado neste sector da economia. Foram especialmente notáveis as conquistas no domínio marítimo, que determinaram em grande medida as grandes descobertas geográficas.

Em segundo lugar, foi a época em que nasceram as relações capitalistas. No entanto, não só no Leste, mas também na maioria dos países europeus, o feudalismo continuava a dominar. Quanto aos países avançados, já tinham começado a sua desintegração. A manufatura (traduzido literalmente do latim - "manual do produto") tornou-se a forma original do modo de produção capitalista. Por sua vez, a transição para a manufatura levou ao aparecimento da classe burguesa e dos trabalhadores contratados e, no final da época, à primeira revolução burguesa.

Em terceiro lugar, o tipo de "prelúdio" do capitalismo era a chamada concentração básica de capital. Entre os principais métodos de tal acumulação, contavam-se a expropriação forçada de camponeses e artesãos, a criação de um exército de reserva de trabalhadores, a exploração das colónias ultramarinas já existentes na época.

Em quarto lugar, o Mapa Político Mundial do início da era moderna demonstra a eliminação gradual da antiga desunião feudal e o reforço do processo de centralização política. Mas a superestrutura política da sociedade feudal - o Estado feudal - ainda era suficientemente forte.

Em quinto lugar, o número da população mundial na era do início do período moderno aumentou de 425 milhões em 1500 para 575 milhões em 1650. Isto significa que o crescimento da população acelerou. Mas a fixação das pessoas continuou a ser muito desigual. A Ásia representava 70% de todos os residentes, seguida pela Europa e África e os EUA representavam apenas 3% da população mundial (Neidze, 2004. P. 39).

Em sexto lugar, foram alcançados novos progressos no domínio da cultura material e espiritual. Na Europa, esses progressos foram associados principalmente ao advento do Renascimento e da Reforma no século XVI. Apesar de alguns atrasos no desenvolvimento socioeconómico, a civilização oriental contribuiu significativamente para a cultura e a civilização mundiais.

Passemos de novo à análise regional do mundo e comecemos pela Europa. A principal razão é que, durante a transição para os primeiros tempos modernos, o papel de liderança da Europa no mundo foi reforçado. Este papel foi promovido por factores como a consolidação ainda maior do seu espaço histórico, o crescimento das forças produtivas, as mudanças na estrutura social da sociedade, a emergência da figura dos proprietários e empresários livres e a nova ideologia.

Em primeiro lugar, tudo o que foi dito acima aplica-se à parte ocidental da Europa, onde existiram as condições mais favoráveis para o desenvolvimento. É por isso que a própria civilização europeia é frequentemente designada por ocidental.

Quanto ao mapa político da Europa, a instabilidade e a fragmentação continuavam a ser caraterísticas, embora não na mesma medida que na Idade Média.

Além disso, a instabilidade da nova era estava associada às guerras constantes entre os próprios países europeus e não às invasões estrangeiras. No Norte da Europa, a principal luta era entre a Dinamarca e a Suécia, na parte oriental - entre a Comunidade Polaco-Lituana e a Rússia, enquanto no Sul - entre Veneza e o Império Otomano e os imperadores alemães lutavam com a França pela hegemonia na Europa. O mapa político da região também foi fortemente alterado após a Guerra dos Trinta Anos, na primeira metade do século XVII, que foi considerada na história como a primeira guerra europeia.

Quando se fala da fragmentação do mapa político da Europa no início do período moderno, à semelhança da Idade Média, o que primeiro nos vem à mente é sobretudo a Itália e especialmente a Alemanha (então designada por "Sacro Império Romano da Nação Alemã"), que, no século XVII, reunia até 300 (!) entidades estatais diferentes (Encyclopedia of the World History. 2009. p. 253). A Áustria, governada pelos Habsburgos austríacos, era a maior de entre elas, estando à frente de todo o império juntamente com Brandeburgo, Saxónia e Baviera (Fig. 7). A falta de clareza do mapa político da Europa intensificou-se - O mapa político da Europa tornou-se ainda mais obscuro devido aos casamentos dinásticos e às heranças. Em primeiro lugar, estava relacionado com as possessões do ramo espanhol dos Habsburgos, que, para além da própria Espanha, incluía a parte do Sul de Itália, os Países Baixos, etc.

Fig. 7. Mapa político da Europa em meados do século XVII.
A Europa no século XVII, no final do Renascimento. Grande parte do norte da Europa está visivelmente dividida em pequenos Estados e, ao longo de algumas centenas de anos, houve muitas guerras e revoluções
Fonte: http://www.dailymail.co.uk/sciencetech/article-2424361/As-time-goes-The-mesmerising-video-documents-MILLENNIUM-European-history-just-minutes.html

A figura acima ilustra claramente que a França, a Inglaterra, a Espanha e a Dinamarca eram os maiores Estados centralizados da Europa medieval. Mas no que diz respeito à Rzeczpospolita (Polónia), só superficialmente parecia um grande Estado. De facto, a anarquia no seu interior estava associada ao confronto pelo poder entre o rei e os grandes magnatas. Na Europa de Leste, a Rússia tornou-se o maior Estado, onde se verificou o processo de ocupação de novas terras e o reforço do poder central. Ao mesmo tempo, as fronteiras do Estado russo expandiram-se tanto para oeste como para leste e sul. Por exemplo, no século XVI, sob o domínio de Ivan Grozny (Terrível), o Principado de Moscovo ocupou Kazan e o Canato de Astrakhan e, no início do século XVII, a Rússia entrou em guerra com a Polónia.

No início do período moderno, após uma longa e sangrenta guerra com Espanha, os Países Baixos do Norte tornaram-se uma república; normalmente, esta vitória é também considerada como o processo de início das reformas burguesas neste país. Na verdade, o sistema republicano ganhou a vitória na Suíça.

Neste período, a agricultura continuou a ser o principal sector da economia europeia, ainda dominada pelas relações feudais, mas nos Países Baixos e em Inglaterra surgiu a agricultura. O arsenal de culturas tradicionais foi enriquecido com milho, batata, tomate e tabaco, importados do Novo Mundo para a Europa. A lavoura, a melhoria dos instrumentos de trabalho, a rotação das culturas, a especialização das áreas agrícolas - cereais, viticultura e vinificação, linho, com predominância da criação de ovinos, a criação de gado leiteiro e, por vezes, indústrias específicas, como a floricultura, continuaram a desenvolver-se.

Surgiram muitas inovações técnicas na produção artesanal. Continuaram a formar-se zonas de concentração. Por exemplo, na indústria têxtil, o Norte de Itália e a Flandres ocuparam posições de liderança, a que se juntaram, numa fase posterior, o Lancashire e o Yorkshire ingleses. No sector da metalurgia, a Inglaterra, os Países Baixos, a Alemanha e a Suécia ocupavam as primeiras posições, enquanto a Alemanha e a Inglaterra lideravam a indústria mineira. Os Países Baixos, antes de Veneza, foram pioneiros na indústria naval.

A população da Europa aumentou de 85 milhões em 1500 para 5 milhões em 1650, enquanto a sua quota na população mundial aumentou para 20%. Os factores que determinaram o aumento do número de habitantes estavam ainda ligados aos casamentos precoces (recorde-se que a Julieta de Shakespeare tinha 14 anos) e à existência de muitos filhos nas famílias. No entanto, a esperança média de vida manteve-se nos 30-35 anos, com algumas excepções, como é óbvio. Por exemplo, Martinho Lutero e Rembrandt viveram até aos 63 anos, Leonardo da Vinci até aos 67, Cervantes até aos 69, Copérnico e Erasmo até aos 70, Galileu até aos 78, Miguel Ângelo até aos 89 e Ticiano até aos 99. Vários factores, como a fome, a peste e outras doenças, bem como as guerras permanentes, impediram significativamente o crescimento da população. Estima-se que as baixas militares na Europa no século XVII tenham sido de 3 milhões de pessoas (Maksakovsky, 2009. p.27).

No que respeita à distribuição da população, os maiores países foram a Rússia (20 milhões) e a França (19 milhões) e a densidade populacional média na Europa Ocidental aumentou para 30-35 pessoas por 1 km^2 . A população rural não era inferior a 80-90% e a urbana predominava nos Países Baixos e no Norte de Itália, com as suas 300 cidades. Paris continuava a ser a maior cidade com 300 mil habitantes, seguida de Nápoles (270), Londres e Amesterdão (200), Veneza e Antuérpia (150 mil) (Maksakovsky, 2009. P.27).

Além disso, o processo de formação de nações foi mais rapidamente observado em Estados grandes e centralizados como a França e a Inglaterra. Nas regiões oriental e sudeste da Europa Ocidental, foi mais lento devido à opressão nacional dos povos pelos principais impérios.

As grandes mudanças na cultura material e espiritual da Europa estiveram associadas a grandes mudanças ideológicas que marcaram o início do Renascimento. Foi o apogeu do humanismo, da cultura material e espiritual de afirmação da vida. O Renascimento substituiu o estilo gótico, que

teve origem na pátria do Renascimento - a Itália. Assim, a Catedral de São Pedro e os palácios do Vaticano, muitos edifícios eclesiásticos e seculares de Florença, Veneza e outras cidades do país, bem como Paris, Londres, Bruxelas e Madrid, são exemplos claros desta época.
A ascensão da cultura espiritual da Renascença está ligada à difusão da imprensa e à transição de uma literatura predominantemente religiosa para uma literatura predominantemente secular. As artes visuais também se desenvolveram substancialmente (Rafael, Miguel Ângelo, Leonardo da Vinci, Ticiano, Rembrandt, Rubens, Velázquez, El Greco, Durer, etc.). A verdadeira revolução teve lugar nesta época em ciências como a astronomia (Copérnico, Galileu, Bruno, Kepler, Tycho Brahe), a matemática, a física, a mecânica, a geografia e a cartografia, as humanidades.
O movimento da Reforma, que preconizava a reforma da Igreja Católica, desempenhou um papel importante na luta contra a ideologia feudal, que se prolongou durante o Renascimento. Durante a Reforma, surgiu a terceira direção do Cristianismo - o Protestantismo, com os seus três ramos principais - o Luteranismo (nomeado em homenagem a Martinho Lutero), o Calvinismo (nomeado em homenagem a João Calvino) e a Igreja Anglicana, criada em Inglaterra pelo rei Henrique VIII.
Assim, para a comparação com o início da era moderna da Idade Média, é importante salientar as mudanças na distribuição geográfica do trabalho. Se nos limitarmos à discussão apenas sobre o comércio internacional - Se a discussão se limitar apenas ao comércio internacional, as mesmas duas principais zonas de comércio marítimo - norte e sul - continuaram a existir na Europa Ocidental. Mas, por esta altura, a primeira delas, a Liga Hanseática, tinha perdido a sua importância e as posições de liderança eram ocupadas por Antuérpia, Amesterdão e Londres. Simultaneamente, a região meridional foi entrando em declínio gradual. Este facto deveu-se ao florescimento da pirataria no Mediterrâneo Oriental.
Passando da Europa para a Ásia, especificaremos apenas algumas alterações importantes.
A conquista da Índia por Babur - neto de Timur, que fundou o Império Mughal - o estado dos Mughals também deve ser discutido no mapa político da Ásia. A China foi conquistada pelos manchurianos e, em vez da dinastia Ming, a dinastia Quing ("luz") passou a governar o país. O Japão foi finalmente unido, mas não sob a autoridade do imperador, que tinha residência em Quioto, mas sob o domínio do chefe feudal - Shogun, cuja capital era a cidade de Edo, a atual Tóquio.
Durante este período, os principais tipos de produção agrícola desenvolveram-se ainda mais substancialmente no sector agrícola da Ásia. As indústrias, tais como a produção de artesanato, os têxteis, a tecelagem de seda, a cerâmica, o couro, a estampagem de metais, o fabrico de facas e de artigos para o lar desenvolveram-se ainda mais na maioria dos países. A Índia e a China são os países com maior variedade de artesanato.
A população da Ásia, segundo as estimativas dos cientistas, ascendia a cerca de 380 milhões de pessoas em 1600. À semelhança da situação atual, a China era o maior país da Ásia e do mundo, de acordo com o número de habitantes, com a Índia em segundo lugar. A densidade populacional nas zonas de cultivo de arroz dos vales e deltas dos rios da Ásia das monções aumentou para 300-400 pessoas por 1 km^2 e, noutras regiões, as zonas de pastoreio nómada permaneceram (Maksakovsky, 2009. P. 29). A percentagem de habitantes urbanos era ainda relativamente pequena, mas neste contexto surgiram grandes cidades como Pequim, na China, e Ahmedabad e Agra, na Índia. Os elementos da cultura material conhecidos em todo o mundo e preservados até aos tempos modernos estavam intimamente ligados às cidades, como a mesquita de Istambul, o Taj Mahal em Agra (Índia), em construção nessa altura, a construção da Cidade Imperial no centro de Pequim, as mesquitas e as Madras em Samarcanda e Bukhara. Cidades, sobretudo na capital, que determinaram a geografia da cultura.
A conclusão geral é óbvia: enquanto o desenvolvimento do novo sistema capitalista começava na Europa, o reforço do sistema feudal continuava na Ásia e os rebentos do capitalismo, pelo menos como manufatura, não se desenvolveram. Este facto fez com que a Ásia ficasse relativamente atrás

da Europa na fase inicial da Nova História. Por conseguinte, a glória dos descobrimentos foi conquistada pelos países europeus.

Grandes Descobertas Geográficas

As grandes descobertas geográficas também ocorreram no início do período moderno e serão consideradas separadamente devido ao significado geográfico especial destes acontecimentos, que alargaram substancialmente a perceção europeia do mundo e contribuíram para o desenvolvimento das povoações e da economia da Europa.

As grandes descobertas geográficas (GGD) são um assunto verdadeiramente vasto, que ao mesmo tempo é fornecido por diversa literatura. Vamos agora considerar apenas os principais pré-requisitos da GGD, que na sua "Introdução Histórica" foi analisada por I. Witwer e concentrarmo-nos nas consequências da GGD.

As razões para o arranque e a aplicação do DGC são as seguintes

Em primeiro lugar, havia condições económicas prévias. Tendo em conta o desenvolvimento das relações mercadoria-dinheiro e do comércio mundial, a Europa do século XVI começou a registar uma grande escassez de recursos financeiros. Há que ter em conta que, nas suas relações com a Europa de Leste, tinha uma balança comercial negativa, ou seja, o volume de importações do Oriente prevalecia sobre o volume de exportações da Europa. Em consequência, a procura de ouro nos países de Leste tornou-se um dos mais importantes estímulos da GGD.

Em segundo lugar, havia antecedentes políticos e religiosos. A fundação de grandes Estados centralizados, que dispunham dos fundos necessários para a organização das viagens ultramarinas na Europa, já foi discutida anteriormente. A Igreja Católica, que tinha a intenção de converter os gentios à fé cristã tanto quanto possível, desempenhou um papel significativo na implementação de uma política agressiva.

Em terceiro lugar, havia um contexto social. O facto de a Reconquista - a reconquista da Península Ibérica aos árabes - ter acabado há pouco tempo, quando os nobres espanhóis e portugueses tentaram libertar os seus países dos conquistadores, no final do século XV. Estes espanhóis e portugueses, cujo principal ofício era a guerra, constituíram a maior parte dos conquistadores, que foram conquistar as novas terras.

Em quarto lugar, o contexto técnico - foram criados novos instrumentos de navegação (bússola, astrolábio), mapas de bússolas marítimas e novos tipos de navios - as caravelas.

Em quinto lugar, havia pré-requisitos académicos, que incluíam avanços na geografia, na astronomia, para provar a esfericidade da Terra, o que estava diretamente relacionado com a ideia da possibilidade de Colombo encontrar o caminho marítimo ocidental para a Índia através do Atlântico. Uma espécie de base cartográfica da viagem pode ser considerada um mapa do mundo, composto pelo astrónomo e geógrafo italiano Paolo Toscanelli.

A principal consequência política da GGD foi a formação dos três primeiros impérios coloniais. O maior deles - o espanhol - após a descoberta e a conquista de Colombo, Cortes, Pizarro e muitos outros pioneiros - promoveu o alargamento do Império no Novo Mundo. Na primeira fase de desenvolvimento, os espanhóis interessaram-se sobretudo pelo ouro e pela prata dos Incas e dos Astecas, na segunda fase começaram a extrair prata no México e no Peru e na terceira fase deram início ao desenvolvimento da agricultura de plantação. Para repor a mão de obra nas minas e nas plantações, as autoridades espanholas começaram a importar escravos negros de África. Na Ásia, a Espanha ganhou a posse das ilhas Filipinas após a viagem de Magalhães.

O império colonial português no século XVI incluía o território de três continentes - Ásia, África e América do Sul. Mas as bases das suas possessões situavam-se na Ásia - parte da Índia, Ceilão, Malaca, ilhas Sunda Maior e Sunda Menor. Em África, os portugueses possuíam Angola, a oeste, e Moçambique, na costa leste. E na América do Sul, após a viagem de Cabral, estabeleceram-se em partes do litoral do Brasil.

Os holandeses seguiram em grande parte o caminho dos portugueses e conseguiram gradualmente retirar a Portugal muitas possessões na Ásia, incluindo as Molucas - as Ilhas das Especiarias. A ilha de Java tornou-se o núcleo do seu império colonial.

Durante esse período, a Inglaterra também se juntou à luta pelas colónias, mas, inicialmente, os britânicos limitaram as suas actividades à pilhagem das possessões espanholas. Apanhando-o neste negócio, Francis Drake no seu "Golden Hind" fez uma segunda circum-navegação depois de Magalhães. O principal acontecimento do confronto entre os dois países foi a derrota da Armada do rei espanhol Filipe II em 1588 pela Grã-Bretanha. A morte da Grande Armada minou o poder marítimo da Espanha e a Inglaterra ganhou a oportunidade de estabelecer a sua primeira colónia na costa atlântica da América do Norte. A França estabeleceu as suas primeiras colónias no Canadá e nas Caraíbas.

Por último, o principal impacto económico da GGD foi a formação do comércio mundial e do mercado mundial. A composição deste comércio era ainda muito limitada pelas chamadas mercadorias coloniais - ouro, prata, pedras preciosas, pérolas, diamantes, marfim, especiarias.

Gradualmente, o café, o cacau, o açúcar, o tabaco, o peixe e as peles foram-se juntando ao número de produtos coloniais.

No que diz respeito à geografia do comércio mundial, este era realizado segundo um esquema muito simples: colónia - metrópole. Em especial, a Espanha exportava uma grande quantidade de mercadorias das suas colónias no Novo Mundo. Todos os anos eram enviadas caravanas navais especiais de Havana com ouro e prata para os portos espanhóis, que mais tarde adquiriram os nomes de "Frota de Ouro" e "Frota de Prata".

Este esquema talvez só tenha sido violado pelo comércio de "ébano" - escravos que foram levados de África para a América. A política de comércio de escravos foi inicialmente iniciada pelos colonizadores portugueses, seguidos pelos britânicos, franceses e holandeses numa fase posterior. Além disso, a pirataria, conhecida como filibustering, floresceu literalmente no espaço marítimo durante a GGD, com o Mar das Caraíbas a tornar-se a principal área.

Em conclusão, para compreender verdadeiramente a experiência inicial dos tempos modernos, devemos voltar-nos para a ficção e ler pelo menos uma trilogia de Alexandre Dumas, "Till Eulenspiegel" de Charles de Coster, "A Balada Espanhola de Leon Feuchtwanger", "A Ilha do Tesouro" de Robert Louis Stevenson e "A Filha de Montezuma" de Henry Rider Haggard.

Fig. 8. As quatro viagens de Cristóvão Colombo 1492-1503
Fonte: Viajes_de_colon.svg.

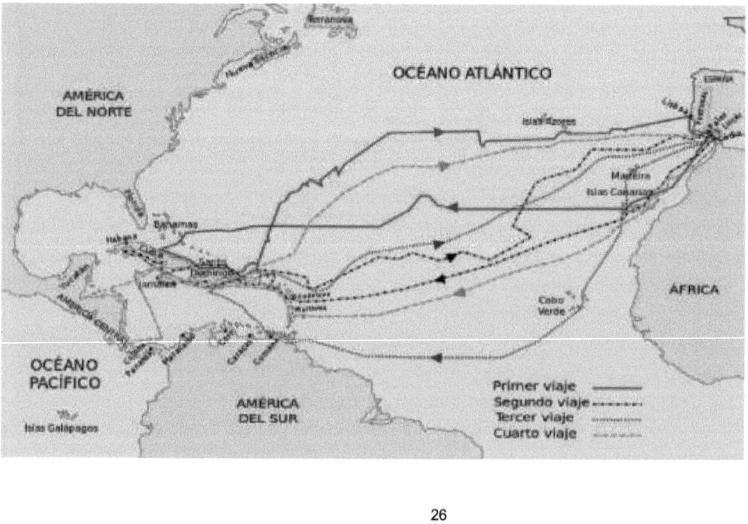

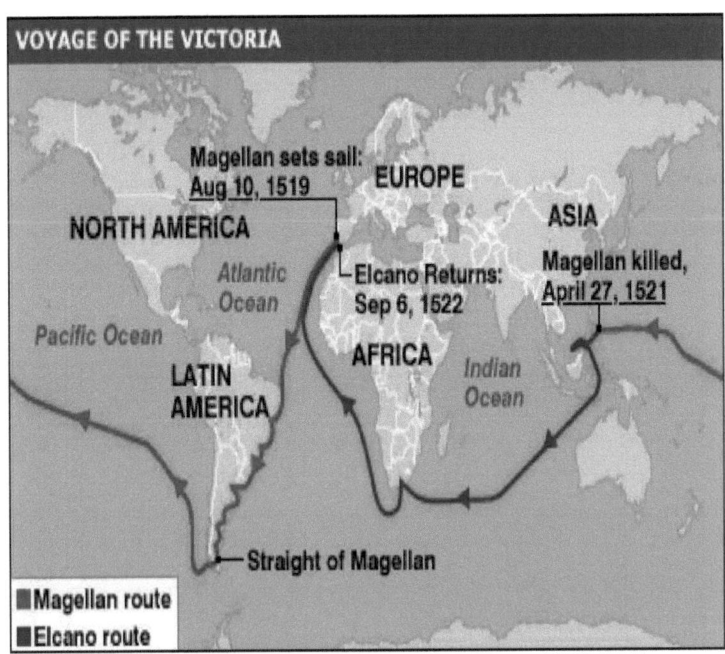

Fig. 9. Rota da circum-navegação mundial Magalhães-Elcano (1519-1522)

Fonte: http://news.bbc.co.uk/2Zhi/science/nature/6170346.stm

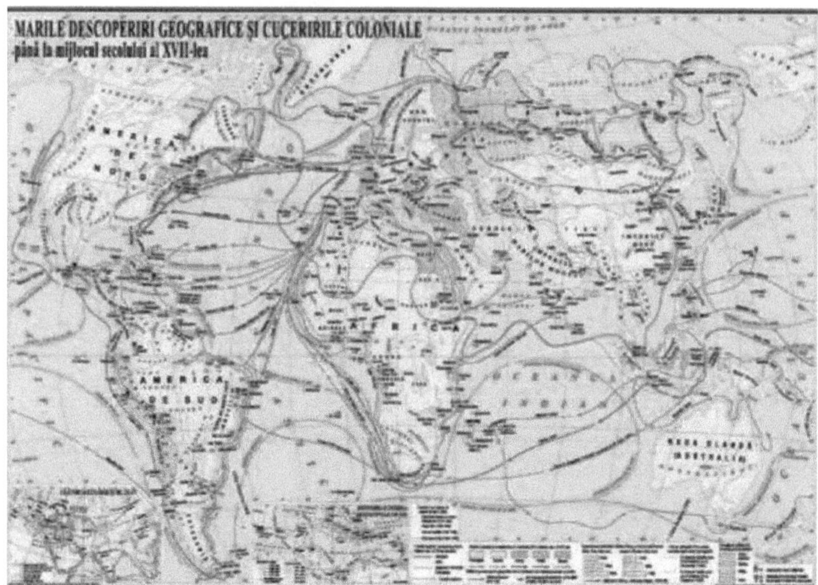

Fig. 10. Grandes Descobertas Geográficas
Fonte: http://www.alfavega.ro/en/produse/detalii/693-Great_geographical_discoveries

Tempos Modernos

Os quadros cronológicos da época moderna são suficientemente claros: de 1740 a 1918, ou seja, desde o início da revolução burguesa inglesa até ao fim da Primeira Guerra Mundial. Esta época, que durou quase três séculos, foi marcada por um salto no desenvolvimento da humanidade, semelhante ao que não tinha sido observado anteriormente. Por sua vez, esta descontinuidade pode ser classificada em várias componentes.

Em primeiro lugar, foi o passo para a obtenção de conhecimentos adicionais sobre os assentamentos humanos. Na segunda metade do século XVII e no século XVIII, a promoção das costas dos continentes no interior continuou no terreno. Foram lançadas várias novas viagens marítimas à volta do mundo, sendo as mais famosas as três viagens do capitão inglês James Cook. No século XIX, prosseguia o processo de apagamento das "manchas brancas" no interior dos continentes, nomeadamente em África. O início do século foi marcado pelas actividades oceânicas dos marinheiros (I. Kruzenshtern, F. Bellingshausen e M. Lazarev, etc.). Na segunda metade do mesmo século, a expedição naval britânica no navio "Challenger" tornou-se especialmente famosa. Introduziu os fundamentos da Oceanologia: A investigação dos cientistas britânicos incluiu 50 volumes! E no final do século XIX - início do século XX, foram efectuadas descobertas fundamentais (F. Nansen, R. Amundsen, R. Scott, R. Peary) no Ártico e no Antártico. No final da Nova Era, quase todo o Ojkumena era conhecido pelas pessoas.

Em segundo lugar, as forças industriais progrediram e desenvolveram-se significativamente quando a humanidade passou do moinho de água para as máquinas de dínamo, das carruagens puxadas por cavalos para os automóveis e os aviões, do brigantino para o navio, do arado simples para o trator, do mosquete para a pistola e os canhões de longo alcance. O principal é que a manufatura se transformou em fábrica. As revoluções industriais ocorreram nos países industrializados avançados, em resultado das quais, durante os anos 1800-1913, a produção mundial de carvão aumentou de 1 para 1,3 milhões de toneladas, enquanto a produção de aço cresceu de 1 para 90 milhões de toneladas (Maksakovsky. 2009. P. 33).

Em terceiro lugar, registou-se um salto na base política da sociedade. A Nova Era foi a época das revoluções burguesas que quebraram o sistema feudal e transferiram o poder para a burguesia.
Em quarto lugar, entre 1650 e 1910, a população mundial aumentou rapidamente, passando de 575 para 1750 milhões de pessoas, o que representa um crescimento três vezes maior, levando a um crescimento médio anual de 1%. Isto significa que se iniciou a transição do tipo tradicional (acima mencionado) para o tipo moderno da sua reprodução e que o processo de urbanização foi acelerado. Se, em 1800, nas áreas urbanas viviam apenas 3% de todas as pessoas, em 1913 - já eram 14%. Surgiram também as primeiras cidades - milionárias - primeiro Londres, depois Paris e em 1913 o número destas cidades no Mundo ascendia a 13. Além disso, na era moderna, começou a nova fase de migração em grande escala (Maksakovsky. 2009. P. 33).
Em quinto lugar, foram registados grandes progressos no desenvolvimento da cultura material e espiritual. De alguma forma, os símbolos da cultura material desta época são bem conhecidos, incluindo a Torre Eiffel em Paris ou a Estátua da Liberdade em Nova Iorque. É importante notar que, na esfera da cultura espiritual dos tempos modernos, foram observados novos progressos na educação, na ciência e na cultura.
Em sexto lugar, foi o salto na divisão geográfica do trabalho que abrangeu o mundo inteiro. Por sua vez, teria sido impossível sem um rápido progresso no domínio dos transportes. Em 1913, a extensão dos caminhos-de-ferro no mundo ascendia já a 1100 mil quilómetros e, no mar, assistiu-se à transição da vela para a frota a vapor. Nos anos 40 do século XIX, quando foram instaladas as primeiras linhas, o telégrafo elétrico iniciou uma revolução no domínio da comunicação, tendo essas linhas atravessado continentes e oceanos (Maksakovsky. 2009. P. 33).
I. Witwer apresentou um exemplo muito óbvio. As notícias sobre a Guerra da Crimeia, em 1854, chegaram à Austrália em 114 dias, ao passo que sobre a guerra franco-prussiana, em 1870, viajaram em 45 dias e o início da Primeira Guerra Mundial, em 1914, no mesmo dia (Maksakovsky. 2009. P. 34).
Mas a principal conclusão para nós é - a principal conclusão é que na viragem dos séculos XIX e XX, formou-se a economia mundial, que consistia em três componentes principais: 1) indústria de máquinas em grande escala; 2) transportes modernos; 3) comércio mundial. Mas com tudo isto, as diferenças entre as civilizações ocidental e oriental aumentaram ainda mais. A civilização ocidental foi muito mais revolucionária e progressista. O tipo de civilização oriental nos tempos modernos caracterizou-se por ser mais conservador, preservando as ideias anteriores sobre o mundo e o homem. Assim, a nossa breve panorâmica regional, tal como anteriormente, pode ser iniciada com a Europa. - Por isso, tal como antes, podemos começar a nossa breve panorâmica regional pela Europa.
O mapa político da Europa na era moderna foi redesenhado várias vezes. Houve uma série de razões para tal. Na primeira metade do século XVIII, foi o resultado das guerras dinásticas pela sucessão espanhola, austríaca e polaca. Na segunda metade do século XVIII, a Guerra dos Sete Anos e as três partições da Polónia levaram a isso. No início do século XIX, as guerras napoleónicas contribuíram para esta tendência. Na segunda metade do século XIX, esta tendência deveu-se à formação da Alemanha e da Itália unificadas, à criação do Império Austro-Húngaro e ao colapso do domínio otomano na parte sudeste da Europa. Tudo isto se reflecte no mapa político da Europa no início do século XX (Fig.ll).

Fig . 11. Europa Ocidental em 1914

Fonte: http://www.diercke.com/kartenansicht.xtp?artId=978-3-14-100790-9&seite=36&id=17469&kartennr=1

A monarquia continuou a ser a forma dominante de governação na Europa Ocidental, embora constitucional e não absoluta nesta fase, tendo sido estabelecida em Inglaterra, Alemanha, Espanha, Áustria-Hungria, Escandinávia e países dos Balcãs. Na primeira metade da nova era, as monarquias absolutas ainda persistiam/prevaleciam no mapa político da Europa.

O exemplo mais evidente deste tipo de governação foi em França, onde Luís XIV foi o primeiro governante a subir ao trono com cinco anos de idade e reinou 72 (!) anos. Durante a sua presença no poder, a personalidade do rei foi objeto de um culto complexo, que demonstrava todos os pormenores: levantar, vestir, pequeno-almoço, saídas, recepções, almoço, caça, jantar, dormir - tudo isto acompanhado de cerimónias solenes que envolviam centenas de cortesãos. Depois, o trono foi subido pelo seu bisneto, Luís XV, que esteve no poder durante 59 anos. Durante o seu governo, o pessoal da corte atingiu 14-15 mil pessoas. Frases atribuídas a este rei: Luís XIV - "Estado - sou eu!" (Catholic Encyclopedia. 2007) e Luís XV - "Depois de mim, o dilúvio!" podem servir como uma espécie de personificação do absolutismo francês. (J. H. Shennan 1995. pp. 44-45).

A monarquia absoluta em França deixou de existir na sequência da Revolução Francesa de 1789-1794, quando o país foi declarado uma república. Mas, em breve, Napoleão Bonaparte tornou-se o "Imperador de França" e restaurou a monarquia. Finalmente, o sistema republicano neste país só foi estabelecido nos anos 70' do século XIX.

A revolução industrial foi o principal fenómeno do desenvolvimento económico da Europa nos novos tempos. A primeira ocorreu em Inglaterra durante a segunda metade do século XVIII - início do século XIX. A revolução burguesa inglesa, bem como a revolução agrária (a chamada "ring-fencing"), que levou à desapropriação do campesinato e ao reforço do poder centralizado, serviram de pré-requisitos. O cientista I. Witwer referiu-se especificamente ao contexto geográfico da transição, como a posição geográfica da Inglaterra nas saídas para o Atlântico e a combinação territorial dos depósitos de carvão e minério de ferro (I.A. Vitwer. 1963). A revolução industrial em Inglaterra conduziu a muitas invenções técnicas importantes (máquina a vapor, locomotiva, barco) e geograficamente - à formação dos primeiros grandes centros e regiões industriais (Fig. 12). Na Alemanha, a revolução industrial só teve lugar em meados do século XIX e, sobretudo, após a unificação política do país.

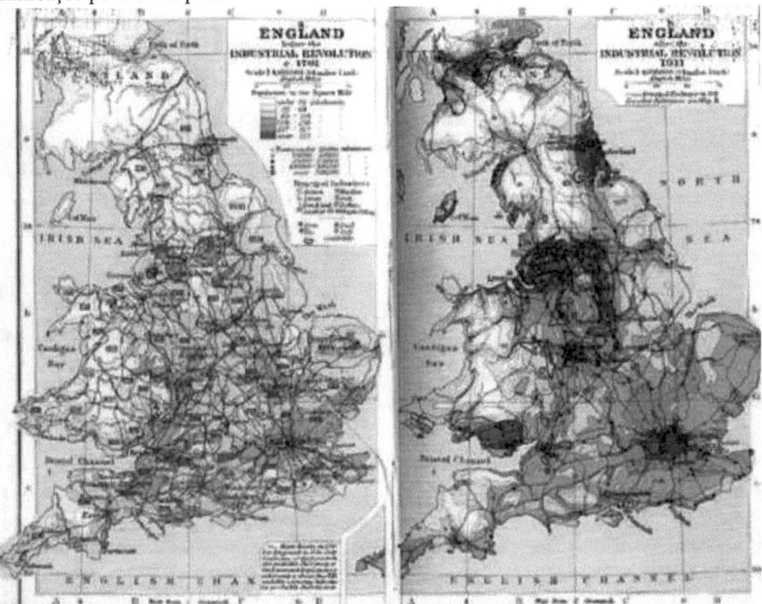

Fig.12. Inglaterra antes (1701) e depois (1911) da Revolução Industrial.
Fonte: http://www.culturalresources.com/MP_Muir24.html
Philips' New Historical Atlas for Students Por Ramsay Muir, M.S., Professor de História Moderna na Universidade de Manchester, Primeira Edição, 1911, George Philip & Son, Ltd., Londres: The London Geographical Institute, 32 Fleet St., E.C.

Há que ter em conta que, apesar de estes processos serem designados por revoluções industriais, abrangeram totalmente - englobaram também o sistema de transportes.

O primeiro caminho de ferro, construído entre Liverpool e Manchester em 1830, utilizado por George Stephenson para viajar, tinha o nome de "Rocket". O verdadeiro boom ferroviário que se seguiu fez com que, no início da Primeira Guerra Mundial, a extensão dos caminhos-de-ferro na Europa ascendesse já a 325 mil quilómetros (Maksakovsky. 2009. P. 38). No final do século XIX foram construídos túneis de muitos quilómetros (Gotthard e Simplon) nos Alpes. Assim, segundo H. Heine, os caminhos-de-ferro na Europa "mataram o espaço" (Maksakovsky, 2009. P. 38). A marinha desenvolveu-se muito rapidamente. A construção de grandes transatlânticos começou em meados do século XIX. O célebre "Titanic", lançado no Reino Unido em 1912, podia transportar 66 mil toneladas e, ainda hoje, esses navios de passageiros não abundam.

O desenvolvimento económico da Europa neste período não foi determinado apenas pela revolução industrial. A partir de meados do século XIX, a crise económica tornou-se um concomitante inevitável do modo de desenvolvimento capitalista em alguns países.

A população da Europa aumentou de 100 para 290 milhões de pessoas entre 1700 e 1900, ou seja, quase três vezes. Este facto indica a verdadeira revolução demográfica que varreu a região na transição para o capitalismo. Mas certas caraterísticas do método tradicional de reprodução, por exemplo, muitas crianças nas famílias e casamentos precoces, ainda existiam (Maksakovsky. 2009.P.39).

Sabe-se que a rainha inglesa Ana teve 17 filhos, a imperatriz austríaca Maria Teresa - 16, a rainha de Inglaterra Vitória, que, aliás, governou 64 anos - 9. Pedro I foi o 14º filho do seu pai Alexei (Maksakovsky.2009.P.39).

Não há dúvida de que o crescimento da população da Europa teria sido ainda maior se não fossem as frequentes epidemias de peste, cólera, varíola, bem como as guerras durante as quais, só no século XVIII, o número de vítimas ascendeu a 4 milhões de pessoas. A isto acresce o facto de, nos tempos modernos, a Europa se ter tornado a região da emigração em massa. Só no século XIX, mais de 30 milhões de pessoas emigraram para a América e outros países ultramarinos.

A Alemanha (65 milhões), o Reino Unido (41 milhões) e a França (39 milhões) eram os maiores países da Europa no que respeita à distribuição da população no início do século XX, com a população da Rússia a ascender a 169 milhões de pessoas em 1913. O nível mais elevado de urbanização foi observado em Inglaterra (78%). Seis cidades da Europa - Londres, Paris, Berlim, Viena, São Petersburgo e Moscovo - eram consideradas cidades de milionários antes da Primeira Guerra Mundial (Maksakovsky. 2009. P. 39).

As realizações da Europa no domínio da cultura material e espiritual também foram impressionantes. O Palácio de Westminster e a Catedral de S. Paulo em Londres, Versalhes perto de Paris, o Palácio dos Inválidos e a Torre Eiffel, Sanssouci em Potsdam - estes são apenas alguns exemplos de uma longa lista de locais e monumentos históricos. O mesmo se aplica à ciência. É especialmente importante recordar o Iluminismo em França no século XVIII, que está associado aos nomes de S. L. Montesquieu, Voltaire, Diderot, J.J. Rousseau e à revolução científica que ocorreu no final do século XIX e início do século XX e que está associada aos nomes de Charles Darwin, Louis Pasteur, D. Mendeleev, Pierre Curie, A. Einstein e outros grandes cientistas.

No que respeita à distribuição de forças na Europa, a era dos tempos modernos pode ser dividida em duas fases. A primeira delas, até aos anos 60 do século XIX, decorreu sob o signo da superioridade absoluta da Inglaterra, que evoluiu gradualmente para uma "oficina do mundo" e para o principal credor, que precedeu primeiro a Espanha, depois os Países Baixos e, por fim, a França e a Alemanha. No final da primeira fase, a França e a Alemanha ocupavam, respetivamente, o segundo e o terceiro lugares. Mas na segunda fase, que abrangeu a segunda metade do século XIX e o início do século XX, a Alemanha conquistou a posição dominante na economia (16% da produção industrial mundial), à frente da Inglaterra (14%) e da França (6%). No final do século XIX, a economia começou a desenvolver-se rapidamente na Rússia, que, de acordo com este indicador, partilhava o terceiro e quarto lugares com a França no início da Primeira Guerra Mundial (Maksakovsky. 2009. P. 39).

Continuando a análise regional, passamos agora à América do Norte.

Na era moderna, as descobertas geográficas neste continente foram feitas principalmente pelos britânicos, franceses e espanhóis no Canadá, no Lakeshire canadiano e na bacia do Mississipi (La Salle desceu o rio até ao seu início e anunciou a posse de uma enorme área da sua bacia em França sob o nome de Louisiana - em nome do rei de França Luís), na Califórnia e nas zonas interiores do Oeste, respetivamente. A isto há que acrescentar as descobertas russas no Alasca e na costa do Pacífico - a chamada América Russa.

O mapa político da América do Norte foi inicialmente determinado pelas 13 colónias britânicas que formavam uma cadeia contínua na costa atlântica. Estão geralmente divididas em sete colónias do norte e seis do sul e o seu desenvolvimento foi diferente desde o início. Durante a revolução burguesa inglesa de meados do século XVII, as colónias do norte (Nova Inglaterra, Nova Iorque, Pensilvânia, etc.) eram maioritariamente habitadas pelos seus apoiantes. Aqui, as cidades estavam a crescer e desenvolviam-se diferentes ofícios. As colónias do Sul (Virgínia, Carolina, Geórgia, etc.) receberam a corrente principal do exílio nobre e o principal ramo da economia era a agricultura de plantação. Em 4 de julho de 1776, as colónias declararam a sua independência da Inglaterra, mas só em 1783 obtiveram a liberdade efectiva, após o fim da guerra com a metrópole. Assim, 13 colónias tornaram-se os primeiros 13 estados dos EUA.

É por isso que o número 13 pode ser encontrado nos principais símbolos do Estado dos Estados Unidos. Nomeadamente, 13 riscas horizontais vermelhas e brancas são colocadas na bandeira e a águia nas armas, que segura um feixe de 13 setas. O número de faixas aumentou respetivamente após o aparecimento dos novos Estados. Mais tarde, apenas o número dos "estados iniciais" permaneceu na bandeira e, como novo acréscimo, o número de estrelas na parte superior esquerda da bandeira aumentou.

O que se seguiu depois foi uma rápida expansão dos EUA em direção ao Ocidente. (Fig.13). O Alasca foi comprado à Rússia em 1867. Após a declaração de independência, o sistema de governo dos Estados Unidos foi transferido para a forma de uma república federal liderada pelo Presidente. Muitas pessoas devem lembrar-se que George Washington foi o primeiro Presidente dos Estados Unidos e que a capital do país recebeu o seu nome.

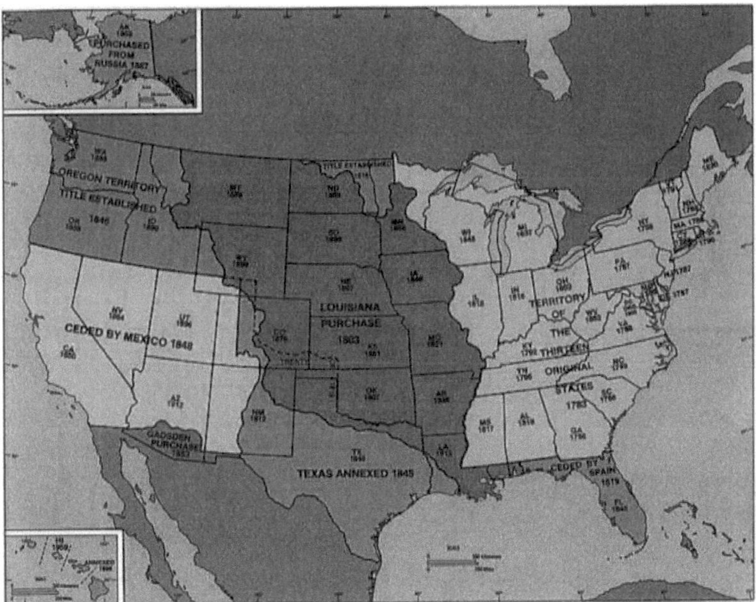

Fig. 13. Alargamento territorial dos EUA desde o período da independência
Fonte: Territorial-acquisition-uscensus-bureau.jpg

A Guerra da Independência, geralmente equiparada à revolução burguesa, conduziu a um rápido desenvolvimento económico de um novo país. No entanto, ao mesmo tempo, determinou de forma acentuada a distinção entre o Norte e o Sul. No Norte, nos anos 20-30 do século XIX, deu-se a revolução industrial e as grandes cidades começaram a crescer. O algodão, baseado no trabalho de escravos negros, era o principal ramo no Sul. Essas diferenças levaram à Guerra Civil entre o Norte e o Sul (1861-1865), que terminou com a vitória do Norte.

Posteriormente, nos Estados Unidos, iniciou-se um novo crescimento económico, que se deveu às seguintes razões:

1) Os Estados Unidos nunca conheceram o feudalismo e a servidão, a forma americana de desenvolvimento agrícola - é uma forma de agricultura;

2) Como resultado do movimento para o Oeste, as enormes terras devolutas foram colonizadas e as regiões ocidentais dos EUA, com ricos recursos naturais, desenvolveram-se;

3) Os imigrantes da Europa afluíam continuamente à capital;

4) Foram construídos caminhos-de-ferro transcontinentais, o primeiro dos quais ligou Nova Iorque e São Francisco em 1869;

5) Os Estados Unidos deram ao mundo muitas invenções técnicas importantes (Morse, Edison, etc.).

Como resultado da recuperação económica dos Estados Unidos no final do século XIX, este país ganhou vantagem sobre a Inglaterra no domínio da produção industrial. No início da Primeira Guerra Mundial, a quota dos EUA na produção industrial mundial já ascendia a 36%, enquanto que no campo da colheita mundial de trigo e algodão, 23% e 60%, respetivamente. A zona industrial foi formada na parte norte-oriental dos Estados Unidos em termos gerais, que ainda existe. Foi igualmente criado o mercado interno, que abrange todo o país (Dzneladze D. 1997. P. 217).

A população dos Estados Unidos cresceu muito rapidamente na era moderna. O Censo, que começou em 1790, era realizado de dez em dez anos. Se nessa data nos EUA viviam apenas 4 milhões de habitantes, em 1910 o número de habitantes ascendia já a 92 milhões - quase 23 vezes mais! Esta taxa de crescimento deveu-se, nomeadamente, a duas razões principais: o elevado crescimento natural da população (2-2,5% por ano) e a enorme escala de imigração. Ao mesmo tempo, a população urbana aumentou de 5% em 1790 para 46% em 1910. No início do século XX, havia três cidades milionárias: Nova Iorque (3,4 milhões), Chicago (1,7 milhões) e Filadélfia (1,3 milhões) (Maksakovsky, 2009. P. 41).

É também de notar que a nação se formou principalmente na segunda metade do século XVIII, em resultado da mistura de imigrantes de vários países do Velho Mundo, bem como de africanos - tendo sido trazidos de África, escravos que mais tarde se tornaram afro-americanos. Os romances de F. Cooper e M. Reid descrevem claramente a forma como esta nova nação se foi instalando e ocupando um vasto território dos EUA, na direção de Leste para Oeste.

A recuperação económica nos Estados Unidos teve uma grande influência no desenvolvimento da cultura material e espiritual. Os EUA foram o primeiro país onde foi iniciada a construção de caminhos-de-ferro com muitos ramais e auto-estradas. Mas a construção urbana, que se desenvolveu especialmente no início da segunda metade do século XIX e onde apareceram os primeiros arranha-céus, tornou-se ainda mais distintiva. No final da Nova Era, o mais alto deles, em Nova Iorque, tinha 58 andares. Os principais centros de educação e ciência dos EUA tornaram-se universidades. A mais antiga delas - Harvard, num subúrbio de Boston - foi fundada em 1636. Desta instituição de ensino, formaram-se cinco presidentes dos EUA e muitos futuros prémios Nobel.

Muitas semelhanças com os EUA na era moderna estão relacionadas com o desenvolvimento do Canadá, que, após a vitória britânica sobre a França em 1867, foi declarado como um domínio da Inglaterra. Primeiro, o Canadá especializou-se no comércio de peles e na pesca. Depois, juntaram-se a silvicultura, a exploração mineira e a cultura do trigo. A nação canadiana também pode ser chamada uma nação de imigrantes. Mas o total de 47

A população do Canadá no final da Nova Era era muito mais pequena - apenas 7-8 milhões de pessoas.

Vejamos agora a próxima parte do mundo - a Ásia. Em primeiro lugar, deve notar-se que, na era moderna, a descoberta geográfica que se relaciona principalmente com a Ásia Central, a Sibéria e o Extremo Oriente russo foi concluída.

A região estava a sofrer grandes mudanças no mapa político. Na parte sudoeste, o enfraquecido Império Otomano continuava a perder a sua posição. Na parte sul, o principal acontecimento foi a conquista da Índia pela Inglaterra. Na parte oriental, a situação no Japão e na China alterou-se. No Japão, em 1868, teve lugar a chamada revolução (restauração) Meiji, que resultou na abolição do regime feudal (shogunato) e no início do reinado exclusivo do imperador, cuja residência foi transferida para Tóquio. O país tornou-se uma monarquia constitucional e em breve começaram as conquistas territoriais do Japão na Ásia. Na China, na sequência da revolução burguesa de 1911, foi derrubada a monarquia da dinastia Ming e instalado o sistema republicano. Mas isso não impediu que as acções da Inglaterra, da França, da Alemanha, da Rússia e do Japão transformassem a fraca China numa semi-colónia, dividindo este país asiático sob a esfera de influência dos principais Estados europeus. Para além disso, a França apoderou-se da Indochina, o Japão da Coreia e os EUA das Filipinas (Fig. 14).

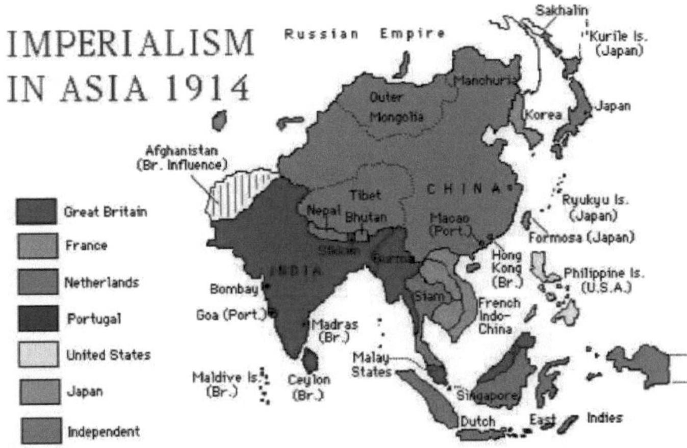

Fig. 14. Mapa político da Ásia em 1914
Fonte: http://imgarcade.com/l/asia-1914/

Esta evolução política reflectiu-se largamente na economia dos países asiáticos, que, em comparação com a Europa e a América do Norte, era muito mais atrasada devido ao predomínio das antigas relações feudais. Basicamente, a antiga especialização foi preservada: A Índia liderava a produção de têxteis de algodão, chá, fornecimento de pedras preciosas, enquanto a China produzia porcelana, papel, chá e algodão. Só o Japão, que entrou a partir de 1868 na via do desenvolvimento do capitalismo e dos monopólios, registou progressos no desenvolvimento da indústria pesada.

A população da Ásia aumentou de 410 milhões em 1700 para 950 milhões em 1900, enquanto a China (430 milhões) e a Índia (300 milhões) continuaram a ser os maiores países. No início do século XX, a percentagem da população urbana na maioria dos países continuava a ser muito baixa. No entanto, as cidades, sobretudo as grandes, já cumpriam as suas funções de comando na organização do território. É claro que isto se aplica, em primeiro lugar, à cidade - milionária - Tóquio, Xangai e Calcutá (Maksakovsky. 2009. P. 43).

O mapa étnico da Ásia formou-se no final da Nova Era em termos gerais. Aliás, uma das principais caraterísticas do desenvolvimento da cultura espiritual dos seus povos, as suas civilizações continuaram a preservar o papel das religiões que foram mencionadas acima por várias vezes.

Em África, a era dos tempos modernos é responsável por quase todas as descobertas geográficas, especialmente em meados do século XIX. As viagens de Livingstone, Stanley, Speke e muitos outros investigadores deste continente devem ser aqui recordadas, bem como o problema da resolução dos quatro mistérios de África - o Nilo, o Níger, o Congo, o Zambeze e o Grande Lago. São estas descobertas que se tornaram uma condição essencial para a conquista do continente africano pelos países europeus. Se, em 1870, as colónias dos países europeus cobriam apenas 11% do território africano, no final da Nova Era, toda a África estava efetivamente transformada num continente colonial (Fig. 15). A Libéria e a Abissínia (Etiópia) eram formalmente independentes. Este desenvolvimento político de África deixou uma marca na sua economia agrícola (Neidze V. 2004. P. 6). Em primeiro lugar, a África do Norte (árabe) estava muito à frente da África Tropical (negra). Em segundo lugar, durante muito tempo, os europeus em África só se interessaram pelo ouro e pelos escravos. Só muito mais tarde é que o seu interesse se deslocou para os recursos minerais e agrícolas do continente. No século XIX, começaram a formar-se as primeiras zonas mineiras que ainda existem. A maior delas teve origem na África do Sul.

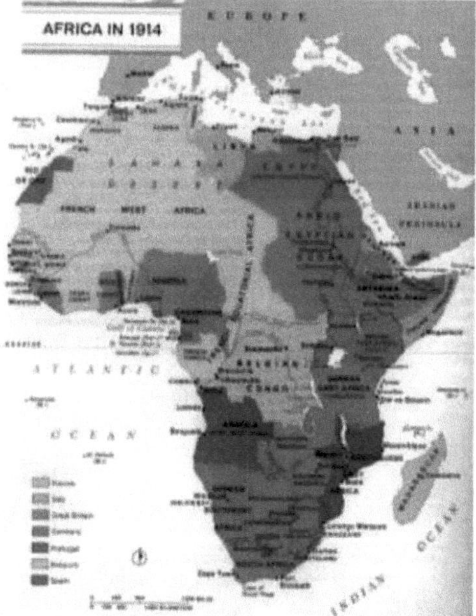

Fig . 15. Divisão colonial de África até 1914
Fonte: http://hrsbstaff.ednet.ns.ca/bkhan/images/hgs_images/AficImprlsm.jpg

Foi aqui que, nos anos 70-80 do século XIX, foram descobertas as maiores reservas mundiais de ouro e diamantes. A "corrida ao ouro" levou ao rápido crescimento de Joanesburgo, que se tornou o líder mundial na extração de ouro. O mesmo se aplica aos diamantes, abertos em Kimberley, onde, vindos de todo o mundo, 50 mil mineiros começaram a escavar minas improvisadas em Kimberley p p .ie

A população de África aumentou de 65 para 130 milhões de pessoas entre 1750 e 1910, mas, em geral, especialmente nos séculos XVII e XVIII, cresceu muito lentamente, apesar do elevado crescimento natural. Este facto é explicado pela fome, pelas epidemias e por uma extensão ainda maior do tráfico de escravos, do qual, segundo algumas estimativas, África perdeu um total de 100 milhões de pessoas! (Maksakovsky, 2009. P. 45)

No sistema de divisão internacional do trabalho, a África geográfica funcionava como um apêndice

típico das matérias-primas agrícolas - um suplemento dos países metropolitanos europeus.
Nos tempos modernos, a América Latina assemelhava-se a África em termos de amplo conhecimento geográfico do continente. Mas diferia de África no que diz respeito aos acontecimentos no mapa político, à semelhança do que aconteceu no início do século XIX, quando os impérios coloniais espanhol e, mais tarde, português, entraram em colapso em resultado de revoluções de libertação nacional, no lugar das quais foram fundadas 19 novas repúblicas. No entanto, do ponto de vista económico, eram bastante fracos e rapidamente se tornaram dependentes do Reino Unido, seguido dos Estados Unidos. A população da América Latina cresceu de 14 milhões em 1750 para 64 milhões em 1910. Este rápido crescimento deveu-se a três razões principais: 1) elevado aumento natural; 2) imigração em massa da Europa; 3) importação de escravos negros de África. O Brasil (23 milhões) e o México (15 milhões) destacaram-se entre os países individuais em termos de número de habitantes (Maksakovsky, 2009. P. 45).
Os descobrimentos e a colonização da Austrália e da Oceânia terminaram nos tempos modernos e deu-se a divisão colonial desta região, na qual a Austrália e a Nova Zelândia se tornaram domínios da Grã-Bretanha. Numa primeira fase, a metrópole usou a Austrália como local de exílio e depois começou a desenvolver a criação de ovelhas, a agricultura de cereais e a extração de matérias-primas minerais. No entanto, a população da Austrália em 1910 não chegava sequer a 7 milhões de pessoas (Maksakovsky, 2009. P. 45).
Assim, duas conclusões importantes devem ser tiradas em relação aos tempos modernos. Em primeiro lugar, há que ter em conta a divisão político-territorial do mundo na encruzilhada dos séculos XIX e XX, em resultado da qual foram fundados dez impérios coloniais com uma população total de 600 milhões de pessoas. O primeiro foi o Império Britânico, que tinha uma área de 33 milhões de quilómetros^2 e uma população de cerca de 400 milhões de pessoas. O segundo é o império francês, com 11 milhões de km^2 e 55 milhões de habitantes. A colónia, o protetorado, o domínio - uma colónia autónoma, principalmente de repovoamento, constituíam as principais formas de colonialismo. As chamadas semi-colónias, como a China e a Pérsia, foram fundadas (Chitadze N. 2011.P. 94)
Em segundo lugar, as grandes potências da época dividiam o mundo entre si no que diz respeito à economia. As relações entre as colónias e as metrópoles continuavam a desempenhar um papel crucial na divisão geográfica internacional do trabalho. Ao mesmo tempo, as colónias desempenhavam as seguintes funções 1) fontes de matérias-primas minerais, agrícolas e alimentares; 2) fornecedores de mão de obra barata; 3) mercados de bens para a metrópole; 4) áreas de atração da burocracia excessiva da metrópole; 5) cabeça de ponte estratégico-militar.
No entanto, o equilíbrio de forças entre as grandes potências da época não se manteve estável. Mudou e, consequentemente, houve um desejo de refazer mais uma vez o mundo, que já estava reconhecidamente dividido tanto política como economicamente. Em consequência, formaram-se dois blocos político-militares opostos - o das Potências Centrais, que incluía a Alemanha, a Áustria-Hungria, a Turquia e a Bulgária, e a Entente (do francês Entente - consentimento), constituída pela França, Grã-Bretanha, Rússia, Sérvia e alguns outros países. As divergências entre eles conduziram à Primeira Guerra Mundial de 1914-1918, na qual participaram 34 países e em que as perdas ascenderam a 10 milhões de mortos e 20 milhões de feridos. Esta guerra e o golpe militar de outubro de 1917 na Rússia, intimamente associado a ela, alteraram radicalmente - substancialmente - o quadro político e económico do mundo (Encyclopedia of the World History. 2010. p. 396).

Era mais recente

Duas advertências importantes serão feitas no início deste capítulo. Primeiro, que no que respeita à referência à época do tempo mais recente, os historiadores não têm um ponto de vista comum. Se antes se acreditava sem reservas que a fronteira entre o período moderno e o mais recente (contemporâneo) era a Primeira Guerra Mundial, hoje em dia é muito frequente, segundo alguns historiadores, que o tempo mais novo - mais recente - inclua todo o século XX. No entanto, partimos das ideias anteriores. Em segundo lugar, que não consideraremos toda a era do tempo mais recente, mas apenas a sua primeira metade - até ao fim da Segunda Guerra Mundial - para que nos capítulos seguintes os problemas políticos e económicos recentes não se baseiem numa introdução histórica e geográfica, mas passem em revista os principais acontecimentos no quadro do mapa político do mundo moderno, da economia mundial moderna, etc.

Comecemos por considerar as consequências político-geográficas da Primeira Guerra Mundial que afectaram significativamente o mapa político da Europa, onde se verificaram grandes mudanças devido à influência dos tratados de paz de Versalhes assinados por cinco países derrotados nesta guerra.

Apesar da natureza global da controvérsia internacional, as consequências político-geográficas afectaram principalmente o mapa político da Europa, onde se verificaram grandes mudanças sob a influência dos tratados de paz de Versalhes, que foram assinados com os cinco países derrotados nesta guerra. O primeiro deles foi efetivamente assinado com a Alemanha no âmbito do Tratado de Versalhes.

Aconteceu na Sala do Palácio de Versalhes em 28 de junho de 1919, ou seja, exatamente cinco anos após o assassinato do herdeiro do trono austro-húngaro, o arquiduque Francisco Fernando, em Sarajevo. Este episódio histórico levou à eclosão da Primeira Guerra Mundial.

De acordo com o Tratado de Versalhes, a Alemanha foi obrigada a ceder 13% do seu território (10% da população) à França, Bélgica, Dinamarca, Polónia e Lituânia (Neidze, 2006. p. 6).

Outra mudança importante no mapa político da Europa foi o colapso da "manta de retalhos" multinacional do Império Austro-Húngaro, no lugar do qual foram fundadas a Áustria, a Hungria, a Checoslováquia, a Jugoslávia (até 1929 era conhecida como Reino dos Sérvios, Croatas e Eslovenos) e a Polónia, a Roménia e a Itália receberam consideráveis adesões a este território. Além disso, a Bulgária e a Turquia foram obrigadas a ceder parte dos seus territórios à Grécia. Como resultado, o mapa da Europa ganhou um aspeto muito diferente (Fig. 16).

Fig. 16. A Europa após a Primeira Guerra Mundial

Fonte: http://orientalreview.org/wp-content/uploads/2014/05/europe_1919.jpg

As mudanças políticas e geográficas ocorridas após a guerra também se verificaram noutras partes do mundo. A Alemanha perdeu as suas quatro colónias em África e a Turquia as suas possessões no Próximo Oriente. Mas nem estes países nem outros se tornaram Estados independentes. Em

1919, foi criada a Sociedade das Nações para promover a cooperação entre os povos e reforçar a paz e a segurança (Factos básicos sobre as Nações Unidas. 2004. P. 3).

Alegando o facto de os povos desses territórios (Próximo Oriente) "não serem capazes de se gerir a si próprios de forma independente", a organização recém-fundada emitiu o mandato para a gestão desses territórios pelas potências vencedoras. Como resultado, os seguintes territórios obrigatórios (mandatados) apareceram no mapa político: Em África - Tanganica, Togo, Camarões, África do Sul-Oeste, no Próximo Oriente - Palestina, Transjordânia, Iraque (mandato britânico), Síria e Líbano (mandato francês).

Consequentemente, a Primeira Guerra Mundial não influenciou significativamente o sistema colonial do imperialismo. Com exceção da Alemanha, todos os outros impérios coloniais foram preservados. Os britânicos e os franceses até aumentaram. Por exemplo, em 1923, as colónias britânicas ocupavam 35 milhões de km^2 com uma população de mais de 400 milhões de pessoas e as colónias francesas - 12 milhões de km^2 com uma população de 55 milhões de pessoas. A área das colónias britânicas era 176 vezes superior à da metrópole. Quase

toda a África permaneceu colonial. A parte das possessões coloniais (com os territórios mandatados) na área do mundo abrangia 45% e a população - 32% (Maksakovsky, 2009. P.47).

Mas as consequências políticas da Primeira Guerra Mundial não se limitaram aos acontecimentos acima referidos. Após a guerra, registou-se um aumento sem precedentes do movimento revolucionário. Na Europa, vários países passaram de impérios a repúblicas na sequência de revoluções. Por exemplo, a Alemanha passou de império a república. A Ásia, nomeadamente o Irão, a Mongólia e a China, foi apanhada por revoluções. O mesmo aconteceu no Egito, em África e no México, na América Latina.

Mas os desenvolvimentos revolucionários mais importantes ocorreram neste período na Rússia, que se tornou o centro de apoio das forças radicais pró-comunistas em muitos outros países. O golpe militar bolchevique de outubro foi um acontecimento negativo na história mundial, que levou à divisão do mundo em dois sistemas - socialista e capitalista. Outro acontecimento importante desta série negativa foi a fusão, em dezembro de 1922, das quatro repúblicas soviéticas que surgiram no território do antigo Império Russo e que promoveram a formação de um país comunista com um regime totalitário - a União das Repúblicas Socialistas Soviéticas (URSS).

Passemos agora em revista as consequências económicas da Primeira Guerra Mundial. A priori, podemos assumir que foram as mais graves para os países perdedores nesta guerra. Na Alemanha, a produção industrial foi apenas ligeiramente superior a 1/3 do nível anterior à guerra, o sistema de transportes foi destruído e as relações económicas externas desorganizadas. O país foi obrigado a pagar à Grã-Bretanha e à França avultadas indemnizações, o que aumentou ainda mais a hiperinflação. Mas uma guerra longa também teve um impacto extremamente negativo na economia dos países vencedores. Durante a guerra, a Inglaterra perdeu metade da sua frota mercante, as ligações entre a metrópole e as colónias foram interrompidas e a dívida para com os Estados Unidos era tão grande que até 40% do orçamento de Estado tinha de ser gasto anualmente. Durante a guerra, a produção industrial diminuiu 2/5 em França e a agrícola um terço. No que diz respeito à Rússia, há que ter em conta não só a Primeira Guerra Mundial, mas também a Guerra Civil de 1917-1922, em que morreram entre 8 e 13 milhões de pessoas devido à fome, às doenças, ao terror comunista e às hostilidades (as estimativas variam). A produção industrial foi quase completamente paralisada e a agricultura diminuiu duas vezes (na primavera de 1918, em Petrogrado, eram distribuídas à população 50 gramas de pão por cartão, enquanto em Moscovo eram 100 gramas) (Maksakovsky, 2009. P. 48).

O único país cuja economia aumentou consideravelmente durante os anos da Guerra Mundial foram os Estados Unidos, que só entraram na guerra ao lado da Entente em 1917 (mas, no verão de 1918, os EUA conseguiram enviar cerca de um milhão de militares para a Europa). Durante a guerra, a produção industrial dos Estados Unidos registou um aumento significativo. Mais importante ainda, o país tornou-se o financiador mundial, e Nova Iorque transformou-se num centro financeiro que ultrapassou Londres. Os EUA reforçaram as suas posições comerciais no Canadá, na América Latina e na própria Europa. De acordo com os principais indicadores económicos, estavam muito à frente de todos os outros países, tornando-se o líder do mundo capitalista. Isso significava que a era do eurocentrismo, caraterística do novo tempo, havia terminado (Encyclopedia of the World History. 2010. p.400-401).

As mudanças de que falamos no quadro do equilíbrio mundial de poder afectaram todo o desenvolvimento económico do mundo no período entre guerras. O início do período pós-guerra foi mais ou menos encorajador. Após a Primeira Guerra Mundial, todos os países líderes começaram a restaurar sua economia e sua reestruturação em uma nova base técnica. Neste caso, a maior parte do tempo para ultrapassar o caos económico do pós-guerra foi necessário para a Alemanha e a Rússia. Mas, em última análise, a estabilização económica foi alcançada. Os EUA chegaram mesmo a viver um período de prosperidade económica.

No entanto, este processo durou apenas até ao final de 1929, altura em que ocorreu a crise económica de 1929-1933. Foi a mais profunda e duradoura da história do capitalismo e ficou conhecida como "a Grande Depressão". A crise que teve início nos Estados Unidos esteve relacionada com o colapso financeiro da Bolsa de Valores de Nova Iorque, em 29 de outubro de 1929, e afectou mais gravemente este país. Durante os anos de crise, a produção industrial e o rendimento per capita nos EUA caíram para quase metade, uma parte significativa dos bancos faliu e o desemprego atingiu dezenas de milhões de pessoas. Foram necessários vários anos para que os EUA evitassem a "Grande Depressão" e o problema só foi resolvido com a implementação do decisivo "New Deal" do Presidente Franklin Roosevelt, que apelou a uma intervenção governamental sem precedentes nos domínios mais importantes da vida, incluindo a regulação da economia.

Esta interferência pode ser demonstrada por um dos projectos de política regional. Em 1933, Roosevelt assinou a lei que criava a Administração da Autoridade do Vale do Tennessee (TVA), que foi precedida pela tarefa relacionada com a transformação da região bastante atrasada do Sul americano. Foi então que se iniciou a construção de dezenas de barragens e centrais hidroeléctricas, centrais térmicas e, depois da Segunda Guerra Mundial, a construção da central nuclear. A sua capacidade total atinge atualmente 40 milhões de KW.

A crise económica de 1929-1933 afectou substancialmente os países da Europa Ocidental. Na Alemanha, durante os três anos, a produção industrial caiu 40%, em França - 30%, no Reino Unido - 25%. Mas depois da crise, na segunda metade dos anos 30, não se verificou um novo crescimento económico (Maksakovsky, 2009. P. 49).

A parte das grandes potências na produção industrial mundial (%), 1920 1938 anos

Países	1920	1929	1932	1937	1938
EUA	45,0	43,3	31,8	35,1	28,7
URSS	3,0	5,0	11,5	14,1	17,6
Alemanha	4,4	11,1	10,6	11,4	13,2
Grã-Bretanha	8,0	9,4	10,9	9,4	9,2
França	5,2	6,6	6,9	4,5	4,5
Japão	2,0	2,5	3,5	3,5	3,8

Quadro 1. Papel das principais potências na economia mundial. Anos 1920-1938
Fonte: V. Maksakovsky. 2009. P.49

No decurso da geografia socioeconómica e política, é sempre necessário prestar especial atenção ao desenvolvimento da Divisão Geográfica Internacional do Trabalho. Deve reconhecer-se que o período entre as duas guerras mundiais foi extremamente tenso a este respeito. Em primeiro lugar, as relações económicas internacionais foram desorganizadas pela Primeira Guerra Mundial e, ainda não tendo sido totalmente recuperadas, foram novamente sujeitas a fortes tensões durante a crise de 1929-1933, quando os países tentaram aumentar as barreiras comerciais e implementar uma espécie de supra-protecionismo. Consequentemente, durante o período entre guerras, o comércio internacional manteve-se efetivamente ao mesmo nível. Por esta razão, este período é frequentemente designado como o período de desintegração da economia mundial.

Mas os anos 30 do século XX não foram difíceis apenas devido a provações económicas. Foi também a época da formação de dois focos de tensão internacional, um deles com origem na Ásia e o outro na Europa. O primeiro destes focos estava associado à política do Japão e o segundo à da Alemanha.

Durante este período, o Japão desenvolveu-se como um Estado militarista, que procurava uma saída para a crise económica, especialmente através da expansão externa. Primeiro, em 1931-1932, este país capturou o território chinês - Manchúria e criou um Estado fantoche de Manchukuo ("Estado Manchu"). Depois, em 1937, aproveitando a guerra civil na China, invadiu as regiões leste e sul do país, capturando os seus centros económicos mais importantes - Xangai, Nanjing, Wuhan e Cantão. Além disso, o Japão atacou a República Popular da Mongólia (objetivo de Khalkhyn) e a Primorye soviética (Lago Khasan). No final da década de 30, o Japão retirou-se da Liga das Nações e intensificou ainda mais a militarização e a regulação estatal da economia.

Na Alemanha, sob a condição da crise de 1929-1933, da qual o governo não conseguiu encontrar uma saída, começou o rápido crescimento da influência dos nacional-socialistas, liderados por Hitler, que levou ao estabelecimento da ditadura fascista em 1933 e a uma maior militarização não só da economia, mas também de toda a sociedade. Em poucos anos, a Alemanha conseguiu que o seu potencial económico fosse superior ao de todos os outros países da Europa Ocidental.

"Os nazis chamaram ao seu país o "Terceiro Reich", ou literalmente o terceiro império, o terceiro reino". Este termo foi-lhes emprestado dos ensinamentos místicos medievais dos três reinos. Os nazis consideravam o Sacro Império Romano-Germânico medieval e o Império Alemão, que existiu nos anos 1871-1918, como a encarnação histórica dos dois primeiros reinos. O terceiro ou "milenar" Reich foi proclamado pela Alemanha fascista (Joshua S. Goldstein. Jon C. Pavehouse. 2010-2011. P. 29).

Em 1936, foi comunicada a formalização do bloco germano-italiano (em Itália, os nazis chegaram ao poder nos anos 20). O Japão juntou-se a esta unidade no mesmo ano. Assim, foi estabelecido o Pacto Anti-Commintern, que recebeu o nome de "eixo geopolítico Berlim - Roma - Tóquio". A primeira vitória do fascismo foi registada em Espanha, durante a guerra civil de 1936-1939, que terminou com a vitória do general Franco. Seguiram-se conquistas territoriais diretas da Alemanha na Europa. Em 1938, houve a anexação da Áustria, que foi oficialmente incorporada no "Terceiro Reich" e denominada Ostmark. No mesmo ano, ao abrigo do acordo de Munique com a Grã-Bretanha e a França, iniciou-se o desmembramento da Checoslováquia, que ficou finalmente concluído em 1939. Neste contexto, é claro, parecia muito estranho o pacto de não-agressão soviético-alemão assinado em agosto de 1939, que os historiadores há muito associam aos interesses estratégicos da União Soviética, mas que depois começaram a avaliar com posições muito mais críticas (Joshua S. Goldstein. Jon C. Pavehouse. 2010-2011. P. 30).

Os dois focos de tensão internacional acima referidos evoluíram naturalmente para a Segunda Guerra Mundial. Esta guerra, preparada pela reação mundial e desencadeada pelos Estados fascistas - Alemanha, Itália e Japão - de acordo com o regime totalitário comunista soviético (como já foi referido, um dos exemplos foi a assinatura do pacto Molotov-Ribentrop, assinado entre a Alemanha e a URSS em 1939), começou como uma guerra entre dois grupos e ideologias - fascistas (Alemanha e Itália) e democráticos (Reino Unido, França e, mais tarde, EUA) - em que cada um deles perseguia os seus próprios objectivos geopolíticos. Assim, a Alemanha tentava rever os tratados de paz de Versalhes e criar influência na Europa Central e Oriental. A Itália procurou consolidar o seu domínio militar, político e económico nos Balcãs e no Nordeste de África. O Japão esperava continuar a sua expansão territorial no Pacífico. A Grã-Bretanha, a França e os Estados Unidos, que estavam interessados no facto de o sistema de relações internacionais continuar a ser lucrativo para eles, o status quo (termo latino que significa a situação que existe no momento), opuseram-se aos países do "eixo".

A Segunda Guerra Mundial começou a 1 de setembro de 1939, quando a Alemanha atacou a Polónia. Na madrugada desse dia, o navio de guerra alemão "Schleswig-Holstein" disparou contra a zona polaca no porto báltico de

Danzig - estes foram os primeiros tiros de uma nova guerra mundial. O destino da Polónia estava, de facto, selado porque Hitler tinha dito anteriormente: "Vou apagar a Polónia do mapa da Europa de uma vez por todas". (The New York Times. 1941) Em 1940, os alemães invadiram primeiro a Dinamarca e a Noruega, seguindo-se a Bélgica e os Países Baixos. Seguiu-se a ocupação de França e o início da "Batalha pela Grã-Bretanha". Em 1941, os Estados fascistas dividiram e ocuparam efetivamente a Jugoslávia e a Grécia. Assim, quase todo o continente da Europa Ocidental foi governado pela Alemanha, onde este país começou a estabelecer a sua "nova ordem". É de notar que a União Soviética, em 19391941, também implementou a sua política agressiva e expandiu as suas fronteiras para ocidente devido à ocupação da Estónia, Letónia, Lituânia, parte oriental da Polónia, Bessarábia (da Roménia) e parte da Finlândia (Encyclopedia of the World History. 2010. p. 413).

A decisão de atacar a União Soviética foi tomada pela Alemanha em 1940, quando Hitler aprovou o plano "Barbarossa", prevendo a Blitzkrieg contra outro país totalitário com acesso à linha Arkhangelsk - Astrakhan no prazo de dois ou três meses. O ataque alemão à União Soviética ocorreu a 22 de junho de 1941. Devemos analisar que, desde o ataque alemão à União Soviética, a natureza da Segunda Guerra Mundial foi alterada. No final da guerra, foi criada a coligação, que incluía cerca de 50 Estados sob a liderança dos EUA, do Reino Unido, da França, da URSS e da China. No verão de 1944, os aliados ocidentais abriram uma segunda frente na Europa.

Os êxitos do Japão na primeira fase da guerra na Ásia foram temporários - o Japão registou êxitos temporários. O país entrou na Segunda Guerra Mundial ao lado da Alemanha em dezembro de 1941, quando atacou subitamente Pearl Harbor, no Havai, a principal base da marinha americana no Pacífico. Este ataque deu-lhe total liberdade de ação nos mares e, durante um curto período de tempo, permitiu-lhe capturar as Filipinas, a Indonésia, a Malásia, a Birmânia, a Tailândia e aproximar-se da Índia. No entanto, no final da guerra, os Estados Unidos e a Grã-Bretanha causaram graves danos ao Japão. Em agosto de 1945, bombardeiros americanos lançaram as duas primeiras bombas atómicas sobre as cidades japonesas de Hiroshima e Nagasaki. No mesmo mês, a União Soviética e a China entraram na guerra contra o Japão.

Mais tarde, o Japão assinou o ato de capitulação perante os aliados.

A Segunda Guerra Mundial foi a mais destrutiva e sangrenta da história da humanidade. Durou 2.194 dias, envolveu 72 Estados, o número de mobilizados chegou a 110, e os mortos - 62 milhões de pessoas (Maksakovsky. 2009. P. 52).

Considerando as principais questões relacionadas com a guerra, do ponto de vista geográfico, a questão relacionada com os resultados político-geográficos e económicos da Segunda Guerra Mundial reveste-se de particular interesse.

Os resultados político-geográficos são expressos principalmente pela derrota dos Estados agressivos e militaristas nazis. O destino da Alemanha do pós-guerra foi selado nas conferências da Crimeia (fevereiro de 1945) e de Potsdam (julho - agosto de 1945) pelos líderes dos EUA, da Grã-

Bretanha e da URSS.

De acordo com as decisões da conferência, a Alemanha foi dividida em quatro zonas de ocupação - soviética, americana, britânica e francesa; Berlim foi dividida em quatro sectores. Este tipo de ocupação durou até 1949, altura em que, com base nas três zonas ocidentais, foi fundada a República Federal da Alemanha (RFA) e, a partir da zona oriental, a República Democrática Alemã (RDA). Além disso, a Alemanha cedeu à Polónia uma parte significativa do seu território a leste, que se tornou um Estado independente dentro das novas fronteiras. A Áustria tornou-se novamente independente. Algumas outras alterações manifestaram-se no mapa político da Europa, entre as quais merece especial atenção as "adições" territoriais à URSS. Nomeadamente, parte da Prússia Oriental alemã tornou-se a região de Kaliningrado, o território da Ucrânia Transcarpática foi transferido da Checoslováquia e a região finlandesa de Pechenga foi ocupada pelos soviéticos (Fig. 17).

Fig. 17. Alterações territoriais na Europa após a Segunda Guerra Mundial
Fonte: http://www.abovetopsecret.com/forum/thread1029969/pg1

Na Ásia, o Japão devolveu todos os territórios capturados durante a guerra. Em 1945, em conformidade com o Ato de Capitulação Incondicional, o Japão entregou também à União Soviética, Sakhalin do Sul e os Territórios do Norte (segundo a posição russa, Ilhas Kuril).

Obviamente, a Segunda Guerra Mundial também influenciou o sistema colonial, especialmente porque muitas colónias também estiveram envolvidas na Segunda Guerra Mundial. A Coreia, o Vietname, a Indonésia, as Filipinas, a Índia, o Paquistão, a Jordânia, o Líbano e a Síria já conquistaram a independência política nos primeiros anos do pós-guerra na Ásia. O sistema de mandatos também se transformou. A Organização das Nações Unidas (ONU) foi criada em 1945 e aboliu o antigo mandato da Liga das Nações, mas a maior parte dos antigos territórios mandatados transformaram-se em territórios sob tutela, quando o controlo foi transferido para o Reino Unido, a França e os EUA. Em 1947, a área total das possessões britânicas desceu para 30 milhões de km2 e a sua população diminuiu para 105 milhões de pessoas. No entanto, a área das colónias ainda prevalecia sobre a da metrópole em 51 vezes. Juntamente com os Territórios Tutelares, a área das colónias no mundo em 1947 diminuiu para 25%, enquanto a população - até 8-9%. Isto significa que o colapso do sistema colonial já tinha começado. Afectou principalmente a Ásia, enquanto a África permaneceu predominantemente colonial (Maksakovsky. 2009. p. 55).

Façamos agora um breve resumo das consequências económicas da Segunda Guerra Mundial. A única potência que voltou a aumentar a economia durante os anos da guerra (isto também se aplica à Primeira Guerra Mundial) foram os Estados Unidos, que não sofreram qualquer ação militar no seu território (exceto o ataque japonês em 7 de dezembro de 1941). Se considerarmos que as perdas da economia do Reino Unido, França, Japão e URSS durante a guerra foram extremamente fortes, não é surpreendente observar o rápido aumento de muitos indicadores globais dos EUA. A produção industrial americana durante 19381948 anos duplicou, e a sua quota na produção capitalista mundial aumentou de 40 para 62%. As reservas de ouro dos EUA ascendiam a 80% das mundiais. Nestas condições, o Secretário de Estado norte-americano A. Marshall propôs a ideia de uma ajuda em grande escala aos países da Europa - o chamado "Plano Marshall". Este plano ajudou efetivamente a Europa a restaurar a economia e a democratizar o sistema político.

Nesse período, parecia que surgiam perspectivas bastante convenientes para o desenvolvimento político e económico do mundo. No entanto, tal não aconteceu. De facto, a "guerra fria" entre os recentes membros da coligação anti-Hitler já tinha começado em 1946-1947. Em 1949, foi fundado o bloco político-militar - Organização do Tratado do Atlântico Norte (NATO) e, em 1955, o Bloco de Varsóvia, liderado de facto pela URSS. Tudo isto poderia afetar o mapa político do mundo e a economia mundial (NATO Handbook, 2006. P.15).

Mapa político do mundo na segunda metade do século XX - início do século XXI.

O mapa político do mundo é uma formação muito complexa e dinâmica. É complexo porque combina muitos tipos diferentes de entidades estatais e territoriais. É dinâmico porque estas formações são frequentemente modificadas - quer em tamanho e, por conseguinte, dentro das fronteiras, quer pelo sistema estatal. Por vezes, as mudanças no mapa político do mundo são consideradas em aspectos quantitativos (aumento ou diminuição do número de países) e qualitativos (conquista da independência, mudança da forma de governo). Mas nem sempre é fácil estabelecer uma distinção clara entre estas e outras mudanças. Em todo o caso, há que partir do princípio de que um bom conhecimento do mapa político contemporâneo do mundo é um elemento necessário da cultura geográfica de cada pessoa e, mais ainda, quando esta tem de receber formação geográfica superior.

O mapa político do mundo sofreu enormes alterações quantitativas e qualitativas no nosso tempo. Em primeiro lugar, o número total dos seus temas, ou seja, países e zonas administrativas, aumentou significativamente. No entanto, várias fontes fornecem informações diferentes (230, 243 e mesmo 257).

Em segundo lugar, o número de Estados independentes (soberanos) aumentou significativamente. Em 1947, existiam 76 Estados, enquanto em 2012 já existiam 193 (http://worldatlas.com/nations.htm), todos eles membros da ONU. África mantém a posição de liderança de acordo com o número de Estados independentes (54) (Neidze. 2004. P. 11), seguida da Europa - 47 (Neidze. 2004. P. 7), Ásia 45 (Neidze. 2004. P.10-11).

Em terceiro lugar, a orientação política de muitos Estados mudou repetidamente ao longo da última década, o que, em alguns casos, facilitou e, noutros, dificultou fortemente o desenvolvimento das relações internacionais, que também afectam direta ou indiretamente o mapa político mundial.

Resumindo os acontecimentos políticos mais importantes da segunda metade do século XX e do início do século XXI, pode afirmar-se que houve dois processos históricos globais que tiveram a maior influência no mapa político do mundo neste período.

A primeira delas é o colapso do sistema colonial do imperialismo. Por exemplo, o número de países que obtiveram a independência política após a Segunda Guerra Mundial é de 120 (Maksakovsky.

2009. P. 56). Como já referimos, a desintegração cronológica e o colapso do sistema colonial na primeira fase tiveram lugar (nos anos 40-60 do século XX) na Ásia, em cujo mapa político apareceram 27 novos Estados independentes, incluindo grandes países como a Índia, o Paquistão, a Indonésia, o Vietname, Myanmar, o Iraque, etc. Hoje em dia, não existem colónias no mapa político da Ásia (Neidze. 2004. P. 9).

13 novos Estados independentes surgiram na América Latina desde o início dos anos 60 do século XX (Neidze. 2004. P. 13-14), enquanto 12 o fizeram no Pacífico desde o final da década (Neidze. 2004. P.16). Na Europa, a antiga colónia britânica de Malta conquistou a independência. Além disso, em 1994, os territórios sob tutela da ONU tinham-se esgotado: Todos estes 11 territórios se tornaram totalmente independentes ou adquiriram autonomia (Basic Facts about the United Nations. 2004. P. 13).

Em África, o colapso do sistema colonial começou nos anos 50 do século XX e, numa primeira fase, abrangeu os países socioeconomicamente mais desenvolvidos - a África do Norte (árabe). O ano de 1960 é conhecido como o "Ano de África", quando, em apenas um ano, 17 antigas colónias localizadas na África Subsariana ou "Negra" alcançaram a independência, em vez de o fazerem na África Ocidental.

Norte. No futuro, o processo de descolonização continuou, de modo que, em meados dos anos 90 do século XX, o número de novos Estados independentes em África atingiu 49 (Fig. 18) (Daniel Schwartz, 2010). Isto significa que África deixou de ser um continente colonial. Quanto a algumas ilhas, ainda permanecem na dependência colonial, mas a sua percentagem na área e na população de África é muito baixa.

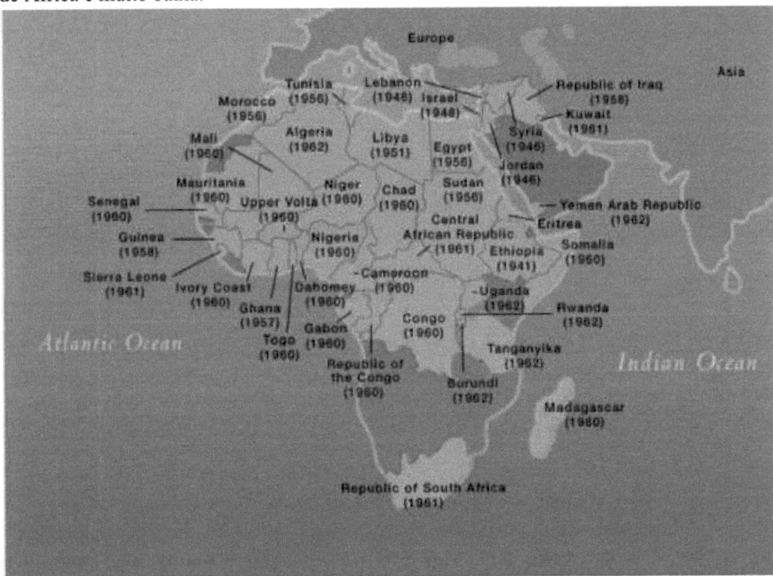

Fig. 18. A descolonização de África após a Segunda Guerra Mundial (anos de independência indicados)

Fonte: http://kids.britannica.com/comptons/art-55219/Many-African-and-Middle-

Os países de Leste conquistaram a independência a partir de

Muitos países africanos tendem a adotar novos nomes após a independência. Nalguns casos, retomaram os nomes de formações estatais dos povos africanos existentes na Idade Média. Assim, a Costa do Ouro passou a ser o Gana, o Sudão Francês - Mali, o Daomé - Benim, o Alto Volta -

Burquina Faso, o antigo Congo Belga - Zaire, primeiro, e depois a República Democrática do Congo, a Rodésia do Sul - Zimbabué, a Rodésia do Norte - Zâmbia, a Niassalândia - Malavi, a Bechuanalândia - Botsuana (Maksakovsky. 2009. P. 58). Vale a pena mencionar que as duas Rodésias diferentes receberam o seu nome do famoso líder colonial Cecil Rhodes, organizador da captura britânica destes territórios.

É importante notar que a maioria das antigas colónias conquistou a independência por meios relativamente pacíficos. Mas, nalguns casos, as metrópoles tentaram manter as suas possessões a qualquer preço. As guerras travadas pela Grã-Bretanha na Malásia, pela França na Argélia e na Indochina, pelos Países Baixos na Indonésia e por Portugal em Angola e Moçambique são bons exemplos dessas acções. Foi utilizada outra forma, mais suave, de manter as antigas colónias na órbita dos países metropolitanos. Por exemplo, a França anunciou alguns dos seus territórios, principalmente as possessões insulares (Martinica, Guadalupe, etc.) como departamentos ultramarinos que, em certa medida, se transformaram em partes ultramarinas da França, enquanto outros foram estabelecidos como territórios ultramarinos. Em 1947, o Reino Unido criou uma nova entidade política - a Comunidade Britânica de nações, existente desde o início dos anos 30 do século XX. Unificou as colónias britânicas mais recentes e alguns territórios ainda sob a governação do Reino Unido. Em 2013, a Commonwealth reunia 54 países e territórios localizados em todas as partes do mundo, com uma população total de 1,7 mil milhões de pessoas (Figura 19) (The Commonwealth. 2013). Os Estados Unidos concederam o estatuto de Estado livremente associado aos EUA a Porto Rico e a várias nações insulares da Oceânia.

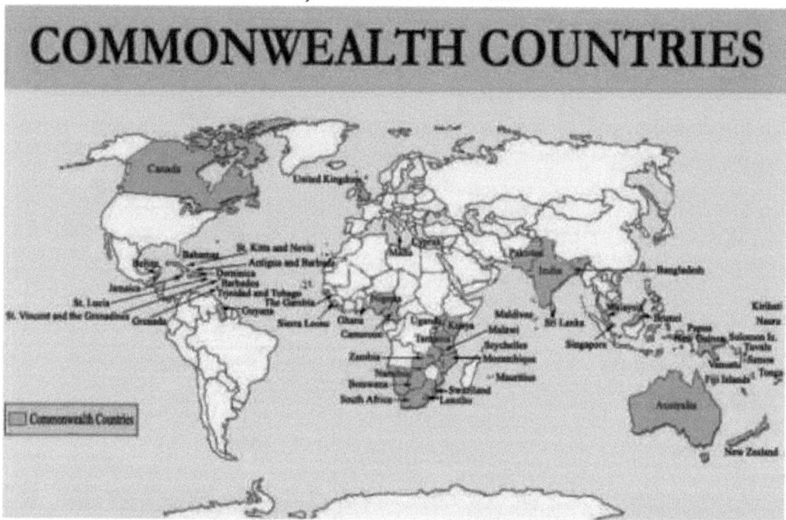

Fig. 19. Países da Commonwealth, liderados pela Grã-Bretanha
Fonte: http://www.ispilledthebeans.com/godsavethequeen/thecommonwealth.html

Mas essas medidas não conseguiram travar o processo global de descolonização, que levou, como já foi referido, à formação de 102 novos Estados (antes do colapso da URSS) chamados países libertados.

O segundo processo histórico global, até ao início dos anos 90, que teve um enorme impacto no desenvolvimento do mapa político do mundo, foi a formação do sistema comunista mundial. No mapa político do pós-guerra, este sistema abrangia 15 países socialistas, ocupando um território de mais de 34 milhões de quilómetros^2 no total (Maksakovsky. 2009. P. 60). Na Europa e na Ásia, formavam uma única matriz territorial, ocupando dois terços da área dessas partes do mundo e concentrando aproximadamente metade da sua população. Outro país comunista (Cuba) estava no hemisfério ocidental.

Os países comunistas, que incluíam a União Soviética e os seis países da Europa de Leste considerados como parte deste sistema mundial, criaram a Organização do Tratado de Varsóvia em 1955. A participação em organizações económicas conjuntas, como o Conselho de Assistência Económica Mútua (CMEA), pode ser considerada outro marco desta comunidade, na qual, para além dos países acima mencionados, estavam também incluídos o Vietname, a Mongólia e Cuba.

É indubitável que, hoje em dia, a referência ao sistema socialista comunista mundial tem sobretudo um interesse histórico. No entanto, em poucas décadas do século XX, determinou em grande medida o conteúdo e a natureza das relações internacionais, que nos anos 40-80 reflectiram o confronto global entre a democracia e o totalitarismo comunista, o Leste e o Oeste, o Pacto de Varsóvia e a NATO, a URSS e os EUA, e essas tensões determinaram a "guerra fria" entre dois sistemas políticos, económicos e ideológicos. Esta guerra, que conduziu à divisão do mundo em dois sistemas opostos, traduziu-se numa corrida ao armamento sem precedentes, incluindo o nuclear. Tornou-se um obstáculo à resolução dos problemas básicos do desenvolvimento mundial, a fonte de desafios políticos, económicos e sociais em diferentes regiões do mundo, em muitos casos diretamente relacionados com o seu mapa político.Este argumento não pode ser analisado em pormenor. No entanto, os seus exemplos específicos podem ser confirmados. Começando pelo mapa político da Europa, vale a pena mencionar a crise de Berlim de 1948, que se tornou uma espécie de prólogo para congelar a questão da unidade da Alemanha, e a construção do Muro de Berlim em 1961, que dividiu a cidade em duas partes (Henry Kissinger. 1994. Pp. 423-445).O confronto armado entre dois sistemas mundiais no mapa político da Ásia afectou principalmente a Coreia e o Vietname - os países separados pela guerra em duas partes com regimes sociopolíticos diferentes. A Guerra da Coreia, de 1950-1953, foi o resultado de uma forte confrontação entre a RDPC e a República da Coreia para alcançar a reunificação (Henry Kissinger. 1994. Pp. 473492). Mas este objetivo não foi alcançado por nenhuma das partes, o que resultou na assinatura do acordo de cessar-fogo que perdura até aos dias de hoje. Mas a Guerra do Vietname de 1964-1973, na qual os Estados Unidos estiveram envolvidos do lado do Vietname do Sul, enquanto o lado do Norte foi apoiado pela URSS, acabou por conduzir à reunificação do país e à formação da República Socialista do Vietname (Henry Kissinger. 1994. Pp. 620-642).No que diz respeito à América Latina, um dos conflitos mais agudos da "guerra fria" - a chamada crise cubana - foi aqui relatado em 1962, o que realmente colocou o mundo na linha da catástrofe nuclear. A essência desta crise residiu no facto de os dirigentes soviéticos terem instalado em Cuba mísseis de médio alcance apontados aos Estados Unidos com o objetivo de proteger o regime de Fidel Castro, que organizou a chamada revolução de 1959 e, em resposta a isso, as autoridades dos EUA impuseram um bloqueio naval a Cuba ameaçando com ataques preventivos contra as bases soviéticas na ilha (Henry Kissinger. 1994. Pp. 568-594).Estes exemplos relacionados com a influência no mapa político do mundo da "Guerra Fria" não são, obviamente, limitados. Além disso, duas alianças político-militares beligerantes travaram uma luta constante para atrair para o seu lado, tanto quanto possível, o número de jovens países libertados. Como resultado, por um lado, formou-se um grupo de países de orientação socialista, que contava com o apoio político e a ajuda económica da União Soviética, representada em grande número em África. Por outro lado, os EUA e os seus aliados conseguiram atrair alguns dos países recém-independentes da Ásia para os seus blocos político-militares (CENTO, SEATO), que, no entanto, foram depois dissolvidos. No entanto, é de salientar que, em relação aos países libertados, a maior parte deles não se deixou arrastar para nenhuma das facções beligerantes e organizou um movimento de massas de não-alinhamento. No final da década de 80, mais de um milhão de países da OIT aderiram a este movimento (Joshua S. Goldstein. Jon C. Pavehouse. 2010-2011. pp. 63-68).Em contrapartida, na segunda metade dos anos 80, começaram a surgir mudanças significativas nas relações entre o Leste e o Oeste, que acabaram por conduzir à longa e exaustiva "guerra fria". Estas mudanças foram causadas principalmente por uma política muito condutora e racional da administração do Presidente dos EUA, R. Reagan, relacionada com a luta contra o sistema comunista totalitário, que também coincidiu com o conceito do novo pensamento político do novo líder soviético M. Gorbachev. Como resultado, iniciou-se finalmente um verdadeiro desanuviamento político e militar e as tensões internacionais diminuíram. A atitude de hostilidade e desconfiança começou gradualmente a dar lugar a relações de boa vizinhança e, posteriormente, de parceria. E, acima de tudo, isso afectou as relações entre as duas superpotências - a URSS e os EUA. No entanto, durante a "perestroika" de Gorbachev, o equilíbrio de poderes entre os dois países começou a mudar muito rapidamente, e a favor dos Estados Unidos. Como consequência deste processo, no final dos anos 80 e início dos anos 90 do século XX, ocorreram mudanças qualitativas fundamentais no mapa político do mundo, que se aplicaram em primeiro lugar à Europa e depois afectaram outras partes do mundo.Em primeiro lugar, foi o colapso da União Soviética enquanto sistema totalitário e do Estado federal. Antes da desintegração da URSS, a Letónia, a Lituânia e a Estónia tornaram-se países soberanos (setembro de 1991) e, mais tarde, em dezembro de 1991, foram fundados doze novos Estados independentes no espaço pós-soviético.

Em segundo lugar, foi a unificação dos dois Estados alemães (RFA e RDA) e a reconstrução de um único Estado - a República Federal da Alemanha - após um período de quarenta anos de divisões políticas.Em terceiro lugar, foram levadas a cabo revoluções amplamente pacíficas ("de veludo") de carácter democrático e anti-totalitário nos países da Europa Oriental. Em consequência, estes países iniciaram a transição de uma economia socialista planificada para uma economia de mercado, ou seja, a instauração de uma nova ordem social.

Em quarto lugar, como consequência de todas estas reformas políticas radicais, o Bloco de Warshaw deixou de funcionar. Isto significou a desintegração do sistema comunista mundial.

No início dos anos 90, surgiram novas mudanças quantitativas e qualitativas no mapa político da Europa. Estas mudanças estavam relacionadas com o colapso de dois Estados federais - a República Socialista Federativa da Jugoslávia (SFRY), em cujo território se formou a República Federal da Jugoslávia (mais tarde dividida em Sérvia e Montenegro), a Croácia, a Eslovénia, a Bósnia-Herzegovina e a Macedónia, e a Checoslováquia federal, da qual se destacou a soberana 66 Repúblicas - República Checa e Eslováquia. Tratou-se de uma espécie de reação em cadeia de desvinculação política, iniciada com o colapso da URSS. Aplicando um cálculo aritmético simples, em resultado do colapso da URSS, formaram-se 15 novos Estados independentes, ao passo que o desmembramento da Jugoslávia e da Checoslováquia deu origem a 5 e 2, respetivamente. De facto, em menos de dois anos, surgiram 22 novos Estados no mapa político do mundo! (Neidze V. 2004. p. 7).

Em conclusão, vejamos em termos gerais o mapa político do mundo no início do século XXI. É claro que nos últimos anos também se registaram mudanças quantitativas e qualitativas, mas foram relativamente pequenas. O principal é moldar a arena internacional inteiramente através de um novo equilíbrio de poder.

Imediatamente após o colapso da URSS, muitos acreditaram que, com o fim do confronto ideológico, político, económico e militar entre os dois sistemas mundiais, chegaria a era da fraternidade universal e da paz. Mas isso não aconteceu. Novas ameaças e desafios, relacionados com o terrorismo, a proliferação de armas de destruição maciça, os conflitos, a corrupção, etc., continuam a ser o problema que a sociedade internacional enfrenta.

Ao discutir o período pós-guerra fria de um ponto de vista positivo, é também necessário sublinhar a ativação do processo de globalização, que está inter-relacionado com o desenvolvimento dos processos de integração entre os Estados, aumentando o papel das tecnologias de informação sob a condição de progresso técnico-científico.

CAPÍTULO 3

Mapa político do mundo moderno

Classificação e tipologia dos países

Muitos geógrafos nas suas obras escreveram que - Nas suas obras muitos geógrafos referem o facto de que em toda a sua originalidade - natural, económica, cultural e política - o país é o principal objeto de estudo da geografia. No entanto, com tantos países no mundo, que já foram mencionados acima, existe a necessidade de alguma classificação (agrupamento) e tipologia. A diferença entre estes dois termos reside no facto de a classificação ser geralmente efectuada com base em vários indicadores quantitativos, enquanto a tipologia se baseia em atributos qualitativos mais substantivos.

Comecemos pela classificação dos países, frequentemente baseada na dimensão do território, na população e na posição geográfica.

De acordo com a dimensão do território, os países do mundo estão subdivididos em entidades muito grandes (países-gigantes), grandes, médias, pequenas e muito pequenas (micro-estados). Sem dúvida, todos os geógrafos e cientistas políticos deveriam possuir informações sobre os dez maiores países do mundo (Quadro 2). Isto aplica-se especialmente neste caso, uma vez que a composição destes países, que ocupam em conjunto 55% do território da terra habitada, é estável e é difícil esperar quaisquer alterações - não se prevêem alterações substanciais no futuro (Joshua S. Goldstein. Jon C. Pavehouse. 2010-2011. P. 15).

O maior país do mundo - a Rússia - está localizado tanto na Europa como na Ásia. O quadro seguinte mostra que três países asiáticos, dois norte-americanos e dois sul-americanos, bem como um em África e um na Oceânia, pertencem ao grupo dos maiores.

País	**Área, milhões de km^2**	**Percentagem da área na Mundo%**
Rússia	17,1	12,7
Canadá	10,0	7,4
China	9,6	7,2
EUA	9,6	7,2
Brasil	8,5	6,4
Austrália	7,7	5,7
Índia	3,3	2,5
Argentina	2,8	2,1
Cazaquistão	2,7	2,0
Sudão	2,5	1,9

Quadro 2. Dez maiores países por território

Fonte: http://www.listofcountriesoftheworld.com/area-land.html

O conceito de "grande país" tem aparentemente a sua especificidade regional. Mais concretamente, para a Europa, um grande país é o Estado com mais de 500 km^2 (França, Espanha, Ucrânia), enquanto em África, por exemplo, a área ascende a mais de 1 milhão de km^2 (Sudão, Argélia, Líbia, Etiópia, etc.) (Joshua S. Goldstein. Jon C. Pavehouse. 2010-2011. P. 15).

Estas diferenças regionais também existem para a afetação dos Estados de média e pequena dimensão. Quanto aos micro-Estados, este conceito também é mais ou menos idêntico para as diferentes regiões - aplica-se mais ou menos igualmente a diferentes regiões.

Exemplos clássicos de microestados são Andorra, Liechtenstein, São Marino, Mónaco e Cidade do Vaticano na Europa Ocidental. O maior deles, Andorra, tem uma área de 468 km^2 , e o mais pequeno, o Vaticano, tem apenas 0,44 km^2 . Os microestados, principalmente insulares, também prevalecem noutras regiões do mundo - por exemplo, nas Caraíbas (Granada, Barbados, Antígua e Barbuda, São Cristóvão e Neves), na Oceânia (Nauru, Tuvalu, Ilhas Marshall) e no Oceano Índico (Maldivas e Seicheles). Em termos de território, todos eles são mais pequenos do que Andorra

(Basic Facts about the United Nations. 2004. Pp. 297-302).

Pelo número de habitantes, é possível a mesma gradação dos países. - A mesma distribuição de países aplica-se ao número de habitantes. Obviamente, em contraste com a área, este número é muito mais dinâmico e possivelmente necessita de uma atualização constante. Trata-se, em primeiro lugar, dos países mais populosos, que, no seu conjunto, representam cerca de 3/5 do total da população mundial. Podem também ser designados por países gigantes (Quadro 3).

País	**População, milhões de pessoas (1 de julho de 2013)**
China	1,385,566,537
Índia	1,252,139,596
EUA	320,050,716
Indonésia	249,865,631
Brasil	200,361,925
Paquistão	182,142,594
Nigéria	173,615,345
Bangladesh	156,594,962
Rússia	142,833,689
Japão	127,143,577

Quadro 3. Dez maiores países de acordo com o número de habitantes
Fontes: Departamento de Assuntos Económicos e Sociais da ONU. 2013
http://www.internetworldstats.com/stats8.htm

Como seria de esperar, a lista dos dez países por número de habitantes é dominada por Estados asiáticos. A América do Norte é representada pelos Estados Unidos, enquanto a América do Sul, África e Europa e a Ásia são representadas pelo Brasil, Nigéria e Rússia, respetivamente. Se acrescentarmos o México a esta lista, estaremos a abranger todos os países com uma população superior a 100 milhões de pessoas. Na maioria dos países referidos no quadro 3, o número de pessoas continua a aumentar rapidamente. Mais concretamente, na Índia, o crescimento anual da população no início do século XXI era de 15 milhões de pessoas (que pode ser comparado com a população total do Cazaquistão), enquanto na China, no Paquistão, nos Estados Unidos e na Nigéria era de 8 milhões, 3,5 milhões e 3 milhões de pessoas, respetivamente (Maksakovsky. 2009. P. 66). Por outro lado, a taxa de população do Japão estabilizou aproximadamente, e apenas a Rússia continua a ser o país com uma população em constante decréscimo. É por isso que, em 1998, o Paquistão a ultrapassou no top ten, passando para o sétimo lugar e, em 2005, este país asiático acabou por empurrar a Rússia para o nono lugar devido ao rápido aumento da população no Bangladesh.

A população entre 50 e 100 milhões de pessoas é registada apenas nos 13 países seguintes: Alemanha, França, Grã-Bretanha, Itália e Turquia na Europa, Vietname, Filipinas, Tailândia, Myanmar e Irão na Ásia, Egito, Etiópia e República Democrática do Congo em África. Em 53 países, o número de habitantes varia entre 10 e 50 milhões de pessoas, com a maioria em África, seguida da Ásia, Europa e América Latina. A população da maioria dos países do mundo (60) é de 1 milhão a 10 milhões de pessoas, com a África e a Europa a ocuparem as primeiras posições. Em mais de 40 países, o número de habitantes não chega a um milhão de pessoas (UN Department ofEconomic and Social Affairs. 2013).

Entre eles, destacam-se os países do mundo com o menor número de habitantes. Para ser mais específico, os dois microestados são Tuvalu, com a população de 11 mil pessoas, Nauru (13 mil), Palau (20 mil) na Oceania, San Marino (28 mil) e Liechtenstein (33 mil) na Europa. O Vaticano também não é exceção, com menos de mil pessoas (UN Department ofEconomic and Social Affairs. 2013).

De acordo com a importância da localização geográfica, os geógrafos distinguem habitualmente entre países costeiros e países sem litoral em relação aos oceanos. Os países sem litoral são 42, dos quais 15 estão localizados em África, 15 na Europa, 10 na Ásia (sem contar com as saídas para os mares Cáspio e Aral) e 2 na América Latina (Quadro 4). Como se sabe - É certo que a falta de acesso aos oceanos deve ser considerada como uma caraterística muito desfavorável da posição geográfica, que afecta negativamente o desenvolvimento socioeconómico. Os países da África tropical são o exemplo mais evidente.

Regiões	Países
Europa	Andorra, Arménia, Áustria, Azerbaijão, República Checa, Bielorrússia, Hungria, Lichtenstein,
	Luxemburgo, Macedónia, Moldávia, São Tomé e Príncipe
	Marino, Eslováquia, Suíça, Vaticano.
Ásia	Afeganistão, Butão, Laos, Mongólia, Nepal, Cazaquistão, Quirguizistão e Tajiquistão, Turquemenistão, Uzbequistão.
África	Botsuana, Burquina-Faso, Burundi, República Centro-Africana, Chade, Etiópia, Zâmbia, Zimbabué, Lesoto, Malawi, Mali, Níger, Ruanda, Suazilândia, Uganda.
América Latina	Bolívia, Paraguai

Tabela 4. Países do mundo que não têm saída para o mar
Fonte:
http://www.worldmapsonline.com/classic_colors_world_political_map_wall_mural.htm

Os países com acesso ao mar também podem ser divididos em ilhas (por exemplo, Islândia, Irlanda, Sri Lanka, Madagáscar, Cuba, Nova Zelândia), para não mencionar os numerosos microestados insulares, peninsulares (por exemplo, Espanha, Portugal, Itália, Turquia, Arábia Saudita, Vietname) e países arquipelágicos. Aliás, os países arquipelágicos no mapa político do mundo não são tão poucos como pode parecer à primeira vista - há uma abundância de países arquipelágicos no mapa político do mundo.

Exemplos claros de tais países são o Japão, as Filipinas e a Indonésia, localizados em mais de 4000, 7000 e 17 500 ilhas, respetivamente (Kopaleishvili T. 2012. P. 509). No entanto, os Estados arquipelágicos da Oceânia não devem ser esquecidos aqui. O número de ilhas pode não ser elevado, mas elas ocupam enormes espaços aquáticos dentro das fronteiras oficiais. Por exemplo, a população da República de Kiribati é de cerca de 100 mil pessoas por cada cinco milhões de quilómetros^2 ! (Factos básicos sobre as Nações Unidas. 2004. P. 299).

O número de países vizinhos que fazem fronteira direta com cada um deles afecta a situação geográfica, ou melhor, política e geográfica.

Assim, a Rússia e a China (14 países) dividem entre si o primeiro e o segundo lugares, seguidos pelo Brasil (10), Alemanha, Sudão e República Democrática do Congo (9), França, Áustria, Turquia, Tanzânia (8) (Political Map of the World. 2013). Quanto aos países com fronteiras mais longas, as fronteiras terrestres da Rússia e da China ultrapassam os 20 mil quilómetros, enquanto as do Brasil, da Índia, dos Estados Unidos e da República Democrática do Congo são de 10 mil quilómetros (Maksakovsky V. 2009. P. 68).

A questão da tipologia dos países é muito complicada. Embora, normalmente, a base para essa tipologia seja determinada pela orientação política e pelo seu nível de desenvolvimento socioeconómico, os tipos e subtipos específicos, propostos por organizações internacionais e cientistas individuais, podem variar de forma bastante significativa. No que respeita às organizações internacionais, a ONU, o Banco Mundial e o Fundo Monetário Internacional (FMI) são os primeiros a ser mencionados.

Apesar das discrepâncias, três tipos principais de agrupamento dos Estados no mundo moderno podem ser considerados como o método mais adequado de divisão dos países. Até ao início dos anos 90 do século XX, estes três tipos de países eram: 1) Países capitalistas do "Primeiro Mundo", 2) Países comunistas do "Segundo Mundo", 3) Países em desenvolvimento do "Terceiro Mundo" (A. Heywood. 2007. P. 27).

Após o colapso do sistema socialista mundial, os geógrafos também passaram a adotar uma tipologia de três termos, mas não tão politizada, com todos os países na divisão: 1) países economicamente desenvolvidos, 2) países em desenvolvimento, 3) países com economias em transição.

No entanto, também é aceite uma tipologia binomial, como por exemplo, países desenvolvidos - países em desenvolvimento. Estes três tipos são objeto de uma análise mais aprofundada a seguir.

Cerca de 60 Estados do mundo moderno que realmente atingiram um nível mais elevado de desenvolvimento socioeconómico, especialmente em comparação com os países em desenvolvimento, pertencem ao tipo de países economicamente desenvolvidos, como sugere o nome (Maksakovsky V. 2009. P. 68).

No entanto, surgiu recentemente uma interpretação um pouco mais restrita deste importante conceito - países economicamente avançados. As organizações internacionais incluem nesta categoria mais de 40 países e territórios em todo o mundo, incluindo 26, 7, 4, 2, e 1 na Europa, Ásia, América, Austrália e Oceânia, e África, respetivamente (Maksakovsky V. 2009. P. 68). Todos estes países têm uma economia de mercado altamente desenvolvida, com predominância das indústrias de serviços e da indústria transformadora, bem como um potencial científico e técnico considerável, caracterizando-se por elevados níveis de qualidade e padrões de vida da população e, naturalmente, por um regime político democrático. Produzem a maior parte dos produtos industriais e agrícolas do mundo e vários serviços.

No entanto, estes países diferem de forma notória pela heterogeneidade interna que permite identificar quatro subtipos.

Em primeiro lugar, os principais países com economia de mercado desenvolvida - os EUA, o Japão, a Alemanha, a França, a Grã-Bretanha, a Itália e o Canadá - formam os "Sete Grandes" dos países líderes do mundo do ponto de vista político e económico. Estes sete países são responsáveis por cerca de metade do Produto Nacional Bruto (PNB) e da produção industrial e por ¼ da produção agrícola (Maksakovsky. V. 2009. P. 69). O seu lugar na política mundial não pode ser descrito por indicadores quantitativos.

Em segundo lugar, os pequenos países da Europa Ocidental, tais como a Áustria, a Bélgica, a Dinamarca, os Países Baixos, a Noruega, a Suíça e a Suécia, que também atingiram um nível muito elevado de desenvolvimento socioeconómico, são muito mais especializados na divisão geográfica internacional do trabalho e, por conseguinte, estão muito ativamente envolvidos nela. O papel destes países na política mundial é também bastante notório - Estes países desempenham igualmente um papel crucial na política mundial. A este respeito, vale a pena mencionar que vários escritórios da ONU e das agências especializadas da ONU estão localizados em Viena e Genebra, enquanto Bruxelas é a capital da NATO e da União Europeia.

Em terceiro lugar, os países não europeus, como a Austrália, a Nova Zelândia, a África do Sul e Israel. Os primeiros três destes países são antigas colónias de reinstalação (domínios) do Reino

Unido, que não conheceram - não viveram realmente a fase do feudalismo, e têm hoje um desenvolvimento político e económico peculiar. Em grande medida, Israel também pode ser considerado um país de reinstalação. De facto, do ponto de vista tipológico, o Canadá também pertence à antiga colónia de reinstalação. No entanto, é certo que a sua classificação atual como membro dos "Sete Grandes" é muito mais elevada (Definição de Economia Desenvolvida. 2013). Em quarto lugar, é um subtipo de países e territórios que representam os países e territórios inovadores altamente industrializados. Refere-se à República da Coreia, Singapura, Hong Kong e Taiwan que, em meados dos anos 90, foram atribuídos aos Estados economicamente desenvolvidos pelo Fundo Monetário Internacional. Chipre foi acrescentado a esta lista no início do século XXI.

Cerca de 150 países e territórios pertencem ao tipo de países em desenvolvimento, que no seu conjunto cobrem mais de metade da superfície terrestre e onde se concentram mais de quatro quintos da população mundial (Maksakovsky. V. p. 69). Formam uma vasta faixa no mapa político do mundo, que se estende pela Ásia, África, América Latina e Oceânia a norte e ainda mais a sul do equador. Alguns destes países (Irão, Tailândia, Etiópia, Egito, a maior parte dos países da América Latina) obtiveram a independência política antes da Segunda Guerra Mundial. No entanto, os chamados novos países libertados prevalecem entre os países em desenvolvimento.

O abrandamento económico, a economia baseada na agricultura e nas matérias-primas e a dependência da ajuda internacional são caraterísticas do tipo de Estados mencionado.

Por conseguinte, seria obviamente mais correto chamar a estes países economicamente subdesenvolvidos. No entanto, em vez deste termo "ofensivo", a ONU escolheu inicialmente um termo mais otimista - países em desenvolvimento. Embora não seja totalmente exato: alguns dos países deste tipo estão, de facto, a desenvolver-se rapidamente, mas muitos permanecem subdesenvolvidos durante décadas.

Os países em desenvolvimento são, por natureza, mais heterogéneos do que os Estados economicamente muito desenvolvidos. Podem também ser identificados vários subtipos.

O primeiro deles constitui os chamados países centrais - China, Índia, Brasil e México, que possuem um potencial natural, humano e económico muito importante e que, em muitos aspectos, são os países líderes do mundo em desenvolvimento. Por exemplo, quatro destes países têm uma produção industrial mais significativa do que o conjunto de todos os outros países em desenvolvimento.

O segundo subtipo inclui os países em desenvolvimento do escalão superior, que também atingiram um nível bastante elevado de desenvolvimento socioeconómico. Normalmente, são os países que conquistaram a independência política há muito tempo e, portanto, têm uma experiência considerável de auto-desenvolvimento. Argentina, Venezuela, Uruguai e Chile são exemplos deste tipo de países.

As economias recentemente industrializadas (NIE) pertencem ao terceiro subtipo. São sobretudo países asiáticos que, nos anos 80-90, deram um salto tão grande no seu desenvolvimento que foram apelidados de "tigres" e "dragões". Trata-se, em grande medida, da República da Coreia, de Singapura, de Hong Kong e de Taiwan, já referidos, que foram transferidos para o grupo dos países economicamente desenvolvidos. Atualmente, podemos falar da "segunda vaga" de NIEs asiáticos - Malásia, Tailândia, Indonésia, Filipinas. Alguns outros países são por vezes também referidos neste subtipo.

Os países exportadores de petróleo constituem o quarto subtipo, que, graças à exportação de petróleo e ao fluxo constante de petrodólares, vivem muito mais ricos do que todos os outros países do mundo em desenvolvimento. Entre eles, destacam-se os países do Golfo - Arábia Saudita, Kuwait, Emirados Árabes Unidos (EAU), Qatar, Barém. Mas este subtipo inclui também a Líbia e o Brunei.

Os países subdesenvolvidos clássicos, ainda atrasados no seu desenvolvimento socioeconómico, pertencem ao quinto subtipo. Assim, muitos países em desenvolvimento pertencem-lhes. O Sri

Lanka na Ásia, o Gana, a Guiné, o Zimbabué em África, a Bolívia, a Guiana e as Honduras na América Latina são exemplos disso (Sullivan, Arthur; Steven M. Sheffrin 2003. P.471).
O sexto subtipo de países merece uma atenção especial. De acordo com a terminologia da ONU, existem os países menos desenvolvidos, cuja lista é actualizada anualmente com base em três factores principais: baixos rendimentos, domínio das relações económicas, agricultura atrasada e elevada taxa de analfabetismo entre a população adulta. Atualmente, existem cerca de 50 países deste tipo na lista da ONU. A maior parte deles situa-se em África (34) e na Ásia (9) (Maksakovsky. 2009. P. 71). A lista dos países menos desenvolvidos consta de vários manuais. Por vezes, estes países são considerados países do "quarto mundo" e, segundo muitos cientistas, estes países estão "atrasados para sempre".
O terceiro tipo de países, como já foi referido, pertence aos países com economia de transição. Incluem-se muitos países pós-socialistas, ou seja, vários países que faziam parte da União Soviética e antigos países socialistas da Europa Central e Oriental. Alguns deles, no final dos anos 80 e início dos anos 90, começaram a passar de um sistema político antigo, em grande parte autoritário, para um sistema democrático baseado na sociedade civil, num sistema multipartidário e no respeito dos direitos humanos. As mudanças não menos revolucionárias ocorreram na esfera económica, onde já se verificou uma transição do antigo sistema de comando e planeamento central para a economia de mercado.
A China, o Vietname, a Coreia do Norte e Cuba devem pertencer ao subtipo especial de países que, de acordo com as suas constituições e programas dos partidos no poder, continuam a seguir a via comunista de desenvolvimento.
O nível económico, que é medido pelo produto interno bruto (PIB) per capita, constitui o principal indicador, com base no qual é determinada a tipologia dos países. É calculado com base na taxa de câmbio oficial ou na paridade do poder de compra (PPC), sendo que o segundo método tem sido frequentemente utilizado nas estatísticas internacionais. A maioria dos países industrializados tem um PIB per capita superior a 20 mil dólares ou mesmo 40-50 mil dólares. Alguns países com economias em transição e alguns dos principais países em desenvolvimento, recém-industrializados e exportadores de petróleo estão todos entre os graus 5-10 e 10 - 20 mil dólares americanos (Base de dados fiscais da OCDE de 2013). A maioria dos países em desenvolvimento enquadra-se no grupo com o índice de 1 a 5 mil dólares, e muitos dos países menos desenvolvidos - num grupo com expoente inferior a 1 mil dólares. Assim, verifica-se que o Burundi, a Somália, a Serra Leoa, o Malawi, onde o PIB per capita e o PIB (mesmo em PPC) é de 600 dólares, são 100 vezes inferiores ao Luxemburgo! Há que ter em conta que o cálculo da taxa de câmbio oficial para os países com economias em transição e os países em desenvolvimento é muito menos favorável: neste caso, a PPC do Burundi em comparação com o Luxemburgo é inferior em mais de 500 vezes! (Base de dados fiscais da OCDE de 2013).
É importante mencionar que a ONU e outras organizações internacionais estão à procura de um novo indicador, mais universal, do nível de desenvolvimento socioeconómico do mundo moderno. Como resultado, a sua tipologia pode agora utilizar o chamado índice de desenvolvimento humano (IDH). Este índice é calculado com base nos três componentes seguintes: 1) esperança média de vida; 2) educação; 3) valor real do rendimento médio da população. Com base nestes critérios, os peritos da ONU dividem todos os países em três grupos (The Human Development concept. UNDP. 2012).
O primeiro grupo inclui países com um IDH elevado, superior a 0,800. Na primeira década do século XIX, havia 55 desses países e a Noruega, a Suécia, a Austrália, o Canadá e os Países Baixos (0,942-0,956) estão no topo da lista. 86 países pertenciam ao segundo grupo do IDH médio (de 0,500 a 0,800) e 36 ao terceiro grupo com IDH baixo (menos de 0,500), a maioria dos Estados menos desenvolvidos. Neste caso, dois deles - o Níger e a Serra Leoa - tinham um IDH inferior a

0,300 (Relatório sobre o Desenvolvimento Humano 2014).

Para concluir a descrição do mapa político contemporâneo do mundo, podem ser consideradas as seguintes duas outras categorias de objectos. A primeira reúne os territórios auto-proclamados, que, na maioria dos casos, existem mas não são legalmente reconhecidos ou foram-no por vários Estados e não pela comunidade internacional.

Na Europa, são alguns territórios estrangeiros separatistas (por exemplo, o Kosovo), que se separaram de facto da Sérvia. Na Ásia, é a República Turca do Norte de Chipre, Azad Kashmir ("Caxemira Livre") e, de facto, Taiwan, onde a República da China foi proclamada em 1949, mas a China comunista (e a comunidade internacional) considera Taiwan como sua província. Em África, é a República Árabe Sahrawi Democrática (RASD). Todos estes territórios auto-proclamados, juntamente com os territórios ocupados (por exemplo: A Abcásia e o distrito de Tskhinvali, duas regiões históricas da Geórgia, ocupados ilegalmente pela Rússia, são representados como uma fonte de tensão internacional.

Os territórios não autónomos pertencem ao segundo grupo do mapa político. Neste caso, verificam-se algumas variações, mas as restantes colónias, que não têm independência política ou económica, continuam a constituir a maior parte destas zonas. A lista de territórios dependentes da ONU inclui 16 dessas áreas, que ainda estão sob o controlo da Grã-Bretanha, França, EUA e Nova Zelândia. Mas a sua quota-parte na área do mundo é de apenas 0,2%, enquanto a quota-parte da sua população é de 0,00016%. Estes números podem servir como mais uma confirmação da conclusão sobre o completo colapso do sistema colonial (Documentos da 15ª Sessão da Assembleia Geral das Nações Unidas. Pp. 509510).

Formas de governação no mundo

Ao estudar o mapa político do mundo, a questão das formas de governo dos Estados deve, sem dúvida, ser incluída. Por sua vez, esta questão inclui três componentes - as formas de regimes políticos, a forma de governo e as formas de estrutura administrativo-territorial. Consideremos estas componentes.

Para começar, de acordo com as especificidades do regime político, todos os países do mundo podem ser divididos em democráticos e anti-democráticos. No Ocidente, existem organizações não governamentais que definem o "índice de democracia" dos países, com base sobretudo no carácter da eleição para o poder legislativo e na superioridade da lei. Os resultados destes cálculos podem ser facilmente previstos: Os países ocidentais obtêm normalmente a pontuação mais elevada (10 pontos), enquanto os Estados do Sudoeste Asiático e do Norte de África recebem a pontuação mais baixa. No entanto, o número total de Estados que defendem sistematicamente a adoção da Declaração Universal dos Direitos do Homem das Nações Unidas de 1948 aumenta constantemente (Thomas G. Weiss. David P. Forsythe. Roger A. Coate. 1997. P. 135). De acordo com as fontes ocidentais autorizadas, se após a Primeira Guerra Mundial foram estabelecidos regimes democráticos em quase 30 países, durante o período da Segunda Guerra Mundial apenas 12 Estados democráticos permaneceram. Nos anos 60, esse número ascendia a 37 (A. Rondeli. P. 125.). Em meados dos anos 70 do século XX, menos de 1/3 de todos os países do mundo pertenciam à lista dos Estados democráticos, ao passo que em 2012 o número de países livres e parcialmente livres ascendia a 90 e 58, respetivamente. (Freedom House in the World. 2013.)

Quanto ao número de países não livres com regimes políticos autoritários no mapa político mundial, é igual a 47 (Freedom House in the World. 2013). Pode argumentar-se que entre estes modos se manifestam também duas variedades. Por regime autoritário entende-se a ausência total ou parcial das liberdades democráticas, a limitação das actividades dos partidos políticos e das organizações públicas, a perseguição da oposição, a ausência de uma separação clara entre os poderes legislativo, executivo e judicial (G. Mkurnalidze. M. Khamkhadze. 2000. P. pp.115-117). No mundo atual, os regimes autoritários situam-se sobretudo na Ásia, em África, no Médio Oriente e na América Latina, onde, em alguns casos, são ditaduras militares. Até 2011, a Líbia serviu de exemplo de um país deste tipo, que era oficialmente chamado Jamahiriya, ou seja, o Estado das massas, dirigido pela liderança revolucionária de Muammar Kadhafi, enquanto o governo, o parlamento e os partidos políticos foram abolidos. Por um lado, a emergência de tais regimes políticos pode ser explicada por factores internos - o legado do feudalismo e do colonialismo, o atraso socioeconómico, o baixo nível cultural, o tribalismo (do latim Tribus - tribo), ou seja, as manifestações de confrontos entre as tribos, enquanto, por outro lado, devemos ter em conta factores externos e, em primeiro lugar, o confronto entre dois sistemas mundiais que existiam antes dos anos 90.

Quando se trata de um regime totalitário, este implica uma forma especial de autoritarismo, em que o Estado estabelece um controlo total sobre a vida do público do Estado, tanto no seu conjunto como por cidadão. De facto, elimina as normas e os direitos constitucionais e toma medidas severas contra a oposição e os dissidentes.

Os cientistas políticos identificaram dois tipos de totalitarismo - o de direita e o de esquerda. Exemplos do primeiro - os regimes fascistas na Alemanha, Itália e Espanha sob o General Franco - baseiam-se na ideologia do nacional-socialismo. O segundo tipo baseia-se na ideologia do marxismo - leninismo, que teve lugar na União Soviética sob Estaline, na China sob Mao Zedong, na Coreia do Norte sob Kim Il Sung (G. Mkurnalidze. M. Khamkhadze. 2000. pp.113-115). Na segunda metade da década de 70 do século XX, o regime totalitário que levou ao genocídio, ou seja, ao extermínio do seu próprio povo, foi instaurado pelos "Khmers Vermelhos", chefiados por Paul Then, no Camboja. E o regime de Saddam Hussein no Iraque, que existiu até 2003, foi certamente demasiado totalitário.

Comecemos por caraterizar as formas de governo dos Estados, que, em princípio, são apenas de dois tipos principais - republicano e monárquico.

Como já foi referido, a forma republicana de governo surgiu na antiguidade, mas tornou-se extremamente popular nos tempos modernos e contemporâneos. É importante notar que, durante o colapso do sistema colonial, a grande maioria dos novos países independentes adoptou uma forma republicana de governo. Foram proclamadas repúblicas em países com monarquias milenares como o Egito, a Etiópia, o Irão, o Afeganistão, a Tunísia, a Líbia, etc. Consequentemente, em 1990 já existiam 127 repúblicas no mundo e, após o colapso da União Soviética, da Jugoslávia e da Checoslováquia, o número total aproximou-se de 150. Isto significa que 4/5 de todos os Estados independentes do mundo moderno têm uma forma de governo republicana (Maksakovsky V. 2009.P.75).

Durante o sistema republicano, o poder legislativo pertence normalmente ao Parlamento, que é eleito por toda a população, e o poder executivo - ao governo ("República". 2010). O sistema distingue entre repúblicas presidenciais e parlamentares (parlamentares).

Nas repúblicas presidenciais, o Presidente, que é o Chefe do Estado e, em muitos casos, o Chefe do Governo, tem uma autoridade elevada (E. Kamenskaya. 2005. P. 130). Existem mais de 100 tipos de repúblicas deste género. A maioria delas situa-se em África - 45 (por exemplo: Egito, Argélia, Nigéria, Zimbabué, África do Sul) e na América Latina - 22 (por exemplo: México, Brasil, Venezuela, Argentina) (Maksakovsky. 2009. p.75). As repúblicas presidenciais são significativamente menos numerosas na Ásia (por exemplo, Síria, Irão, Paquistão, Indonésia, Filipinas) e, na Europa, existem vários países com o sistema de governo semi-presidencial (por exemplo, França, Croácia). Neste caso, a par do instituto do Presidente, que detém um elevado poder, existe também o instituto do Primeiro-Ministro, que coordena o funcionamento do Governo (A. Heywood. 2007. P. 324-328). Os Estados Unidos podem ser considerados como o exemplo mais marcante da típica república presidencialista, onde o Presidente é o Chefe do Estado e da Administração (A. Heywood. 2007. P. 320-324).

A República Parlamentar baseia-se no princípio formal da supremacia do parlamento, perante o qual o poder executivo (governo) é responsável. O papel do Presidente nestas repúblicas é muito mais reduzido e o Primeiro-Ministro é a principal figura política. As repúblicas parlamentares são mais típicas da Europa (por exemplo, Alemanha, Itália, Áustria, Finlândia, Bulgária), mas também existem na Ásia (por exemplo, Índia, Israel) (A. Heywood. 2007. P. 295-297).

Como já foi referido, o sistema monárquico de governo surgiu na era do mundo antigo, mas generalizou-se na Idade Média e na época moderna. Podemos dizer que se trata também de uma espécie de relíquia do feudalismo no mapa político do mundo moderno. O número de monarquias mantém-se relativamente estável; existem apenas 30 (Neidze V. 2004. Pp. 19).

Países	**Formas de governação**	**Países**	**Formas de governação**
Europa			
Andorra	Principado	Lichtenstein	Principado
Bélgica	Reino Unido	Luxemburgo	Grande Principado
Vaticano	Monarquia Teocrática	Mónaco	Principado
Dinamarca	Reino Unido	Países Baixos	Reino Unido
Espanha	Reino Unido	Noruega	Reino Unido
Reino Unido	Reino Unido	Suécia	Reino Unido
Ásia			
Barém	Emirados	Emirados Árabes Unidos	Emirados
Brunei	Sultanato	Arábia Saudita	Reino Unido
Butão	Reino Unido	Tailândia	Reino Unido
Jordânia	Reino Unido	Japão	Império
Camboja	Reino Unido	Nepal	Reino Unido
Qatar	Emirados	Malásia	Sultanato
Kuwait	Emirados		
África		**Oceânia**	
Lesoto	Reino Unido	Tonga	Reino Unido
Marrocos	Reino Unido		
Suazilândia	Reino Unido		

Tabela 5. Países do mundo com uma forma de governo monárquica

Fonte: http://m.ranker.com/list/countries-ruled-by-monarchy/reference

Os factos relativos à formação de novas monarquias nos tempos modernos são muito raros. Nas últimas décadas, registaram-se apenas duas. Primeiro, em Espanha, onde a monarquia foi derrubada em 1931 e restaurada em 1975, após a morte do chefe do governo espanhol (caudilhos) Franco (Raymond Carr. 1982. pp. 564-91). Em segundo lugar, no Camboja, onde, após um interregno de 23 anos, Norodom Sihanouk voltou a ser rei em 1993 (UN OHCHR Camboja). O poder do monarca é geralmente exercido pelo princípio da hereditariedade, mas na Malásia e nos Emirados Árabes Unidos, o monarca é eleito de cinco em cinco anos entre os xeques e sultões locais.

Durante o encontro com a Tabela 5, pode observar-se, em primeiro lugar, que o maior número de monarquias se encontra na Ásia (14) e na Europa (12), com apenas 3 em África e 1 na Oceânia e, em segundo lugar, que existem monarquias, tais como, impérios, reinos, ducados, principados, sultanatos, emirados. Mas, mais frequentemente, dividem-se em monarquias constitucionais ou limitadas e monarquias absolutas.

A grande maioria das monarquias atualmente existentes pertence às monarquias constitucionais (limitadas), em que os verdadeiros poderes legislativo e executivo são atribuídos ao parlamento e ao governo, respetivamente, enquanto o monarca, segundo muitos especialistas, "reina mas não governa". O sistema monárquico é conservado como um tipo concreto de governação e, por vezes, baseado em tradições milenares, que recordam frequentemente a grandeza passada da "coroa". Todas as monarquias da Europa e de África pertencem ao sistema constitucional e a maioria das monarquias asiáticas. A Grã-Bretanha é considerada um exemplo clássico de uma monarquia limitada.

A rainha britânica Isabel II "reina mas não governa" desde 1952. Os cidadãos deste país deparam-se frequentemente com símbolos monárquicos. O país é governado pelo "Governo de Sua Majestade" e as leis são declaradas "em nome da Rainha", as notas de dinheiro são impressas pela Royal Mint e o Royal Mail entrega as cartas. O primeiro brinde nos jantares é normalmente feito à Rainha, o hino inglês começa com as palavras "God Save the Queen" e a sua silhueta figura em todos os selos postais. Nominalmente, a Rainha britânica tem um poder político considerável. Convoca e dissolve o parlamento, nomeia e demite o primeiro-ministro, aprova as leis aprovadas pelo parlamento, concede honras e prémios, anuncia perdões (Dyer, Clare. 2003). No entanto, em todos estes casos, é guiada pelos conselhos e decisões do Parlamento e do Governo. Para além disso, a Rainha Isabel II é uma das pessoas mais ricas do país.

Tendo em conta as realidades políticas, muitos monarcas não são capazes de "casar com amor". Em princípio, isto é verdade porque os casamentos dinásticos na Europa baseiam-se geralmente em acordos mútuos e não no amor. No entanto, há excepções. Por exemplo, o Rei Eduardo VIII, que subiu ao trono britânico em 1936, após a morte de Jorge V, o americano duas vezes divorciado por amor, no mesmo ano. Mas depois disso, em consequência da crise do palácio, teve de abdicar a favor do seu irmão mais novo. Assim, Jorge VI - pai de Isabel II - tornou-se o rei da Grã-Bretanha. Acontece que, se este incidente não tivesse ocorrido, Isabel não teria sido rainha, e toda a história do pós-guerra em Inglaterra poderia ser diferente.

O Japão é outro exemplo de como o monarca "reina mas não governa" numa monarquia constitucional, onde, de acordo com a Constituição, o monarca (imperador) é o símbolo do Estado e da unidade da nação, o garante das liberdades do povo. No entanto, não participa diretamente na vida política do país e o seu papel limita-se, em grande medida, à execução das funções protocolares.

Curiosamente, no Japão são considerados vários sistemas de cronologia e um deles é fixado durante o reinado do imperador seguinte. Assim, foi estabelecida uma cronologia especial para o reinado do Imperador Hirohito, que durou de 1926 a 1989 e, desde 1989, é a contagem decrescente para o reinado do seu filho, o Imperador Akihito. Esta era foi denominada "Heisei", que pode ser traduzida como "o estabelecimento da paz universal na terra e no céu".

Além disso, a literatura relacionada com a comparação das monarquias constitucionais contém materiais sobre o Reino Unido, a Suécia, a Dinamarca, a Noruega, a Espanha, o Japão e a sua comparação com as repúblicas presidenciais na América Latina e em África, especialmente ao nível da democracia. Verifica-se que o nível de democracia nas monarquias constitucionais é muitas vezes significativamente mais elevado. Por conseguinte, pode assumir-se que é um grande erro considerar que, em comparação com a forma monárquica de governo, a forma republicana é sempre progressiva.

No entanto, a par da maioria das monarquias constitucionais democráticas, existem algumas monarquias absolutas no mapa político do mundo, que não podem ser consideradas como países com regimes políticos democráticos. Todas estas monarquias (Arábia Saudita, Omã, Emirados Árabes Unidos e Qatar), com exceção do Brunei, estão situadas na Península Arábica. Na Arábia Saudita, o chefe de Estado (rei) exerce o poder legislativo e executivo. É o primeiro-ministro, o chefe das forças armadas e o juiz supremo. As estruturas do Estado são constituídas principalmente pelos membros da família real, que no total inclui vários milhares de pessoas. Em Omã, o poder legislativo e executivo pertence também ao Sultão, enquanto chefe de Estado. O Sultão é o

Primeiro-Ministro, Ministro da Defesa, dos Negócios Estrangeiros, das Finanças e Comandante Supremo das Forças Armadas. Este país não tem Constituição. Os Emirados Árabes Unidos são constituídos por sete emirados, cada um deles representando uma monarquia absoluta. No Qatar, todo o poder pertence também ao emir local.

Um tipo peculiar de monarquia absoluta é a monarquia teocrática (do grego Theos - Deus e kratos - poder). Neste tipo de monarquia, o chefe de Estado é ao mesmo tempo o líder religioso. O Reino da Arábia Saudita e o Sultanato do Brunei também pertencem a monarquias teocráticas e, no Irão, apesar do cargo de presidente, o chefe de Estado é considerado o líder espiritual - Ayatollah. O Vaticano é, sem dúvida, um exemplo clássico de uma monarquia teocrática. Trata-se da Cidade-Estado, na qual os poderes legislativo, executivo e judicial supremos estão nas mãos do Papa, que é eleito pelo Colégio dos Cardeais até ao fim da vida. De 197 a 2005, este cargo foi ocupado pelo Papa João Paulo II, o 264th consecutivo. Após a sua morte, o Papa Bonifácio XVI tornou-se o pontífice, ou seja, o chefe da Igreja Católica Romana, que mais tarde se demitiu do seu cargo. Atualmente, o Papa Francisco é o Chefe do Estado do Vaticano. Nasceu como Jorge Mario Bergoglio em Buenos Aires, Argentina, e foi eleito para o seu cargo a 13 de março de 2013.

Para concluir a descrição das formas de governo, a Commonwealth, liderada pela Grã-Bretanha, deve ser mencionada mais uma vez. A maioria dos seus membros tem uma das duas formas tradicionais de governo - ou é uma república ou uma monarquia. Além disso, 16 destes países (por exemplo, o Canadá, a Austrália, a Nova Zelândia e muitos pequenos Estados insulares da região das Caraíbas) não são nem repúblicas nem monarquias, mas simplesmente reconhecem a Rainha Isabel II como chefe de Estado (Commonwealth Secretariat. 2008). Tal dispositivo, que encontra expressão sobretudo nas grelhas de divisão administrativo-territorial (DAT), pode ser formado sob a influência de vários factores ou abordagens, o principal dos quais é o histórico e etno-cultural. Os países da Europa Ocidental servem de exemplo da abordagem histórica, em que as regiões e províncias históricas criam a base da ADT, que na Idade Média e no período moderno da história eram Estados independentes, como a Saxónia, a Turíngia, a Baviera, Baden-Wurttemberg na Alemanha ou a Lombardia, a Toscânia e o Piemonte em Itália. A abordagem etno-cultural está sobretudo difundida nos países multiétnicos. Por exemplo, na Índia, as fronteiras étnicas foram tidas em conta na definição das fronteiras dos Estados. Este princípio foi amplamente utilizado na formação dos ADT na antiga URSS. Na prática, as abordagens históricas e étnico-culturais coincidem muitas vezes, sendo combinadas com as fronteiras naturais (rio, montanha, etc.). Os paralelos e os meridianos também marcam as fronteiras administrativas. Os Estados Unidos são um exemplo deste tipo de ATD (Figura 20).

Fig. 20. Fronteira dos estados da parte continental dos E.U.A. Fronteiras dos estados: pelos rios; pelas cadeias de montanhas; ao longo *dos meridianos e paralelos.* Fonte: http://www.50states.com/us.htm

Os países do mundo diferem muito uns dos outros pelo grau de granularidade da sua ATD. A França (22 distritos e 96 departamentos, dos quais 4 ultramarinos) (Neidze V. 2004. p. 154), a Rússia (86 sujeitos da federação, dos quais 21 repúblicas) (Neidze V. 2004. p.123) têm TDA muito fraccionada. Os Estados Unidos (50 estados), a Espanha (50 províncias), o Japão (47 prefeituras), a Índia (28 estados e 7 territórios da união), a Alemanha após a unificação - 16 Terras Federais, a Áustria - 8 Terras, a Austrália 6 estados e 2 territórios (Maksakovsky V. 2009. P. 80) são os países com um nível médio de granularidade da TDA. Alguns países iniciaram recentemente a política de redução da sua ADT (por exemplo, a Índia), enquanto outros, pelo contrário, iniciaram o alargamento (por exemplo, a Rússia).

Países segundo a divisão administrativo-territorial

Existem duas formas principais de divisão administrativo-territorial do mundo: a unitária e a federal.

O Estado Unitário (do Lat. Unitas - Unidade) é uma forma de divisão administrativo-territorial, na qual o país tem uma única constituição, existem poderes legislativos, executivos e judiciais comuns e as suas unidades administrativas constituintes não utilizam qualquer auto-governo significativo. Os Estados unitários constituem a grande maioria dos países do mundo. Isto aplica-se à Europa, onde

A Grã-Bretanha, a França, a Itália, a Suécia e a Polónia são exemplos de tais Estados. Na Ásia, 33 dos 38 Estados independentes têm uma estrutura administrativo-territorial unitária (Maksakovsky V. 2009. P. 80). Em África e na América Latina também predominam os Estados unitários.

O Estado Federal (do latim Foederatio - União, Associação) - é uma forma de estrutura administrativa - territorial, na qual, juntamente com autoridades e leis federais unificadas, existem unidades administrativas mais ou menos autónomas - as repúblicas, estados, províncias, terras, cantões, territórios, distritos federais que têm as suas próprias autoridades legislativas e executivas, embora de "segunda ordem" em comparação com os institutos federais. Nos Estados Unidos, cada Estado tem a sua própria legislatura (assembleia legislativa) e os seus órgãos executivos (governador) - órgãos cuja estrutura e competência são definidas pela constituição desse Estado em particular. A legislação nos diferentes estados também pode variar bastante. Na maioria dos Estados federais, o parlamento é composto por duas câmaras, uma das quais representa as repúblicas, os Estados, as províncias, etc. Por exemplo, nos EUA é o Senado, na Alemanha - Bundesrat, na Índia - o Conselho de Estados, na Rússia - o Conselho da Federação.

O número total de Estados federais no mapa político mundial moderno não é grande - são apenas 24 (Quadro 6) (Maksakovsky V. 2004. P. 80). Além disso, este número é relativamente estável. No entanto, há também exemplos de novos Estados federais: A Bélgica tornou-se uma federação em 1993 e a Etiópia em 1998.

Países por região
Europa
Áustria
Bélgica
Bósnia e Herzegovina
República Federal da Alemanha
Federação Russa
Suíça
Ásia
Índia
Malásia
Myanmar
Emirados Árabes Unidos
República Islâmica do Paquistão
África
República Islâmica Federal das Ilhas Camorra
Nigéria
República Democrática Federal Etiópia
República da África do Sul
América Latina
Argentina
Brasil
Venezuela
México
Federação de Sent-Kits e Nevis
Austrália e Oceânia
União Australiana
Estados Federais da Micronésia

Tabela 6. Países do mundo com uma divisão administrativo-territorial federal.
Fonte: http://www.answers.com/Q/List_of_federal_countries_in_the_world

O quadro 6 ilustra claramente a distribuição dos Estados federais nas principais regiões do mundo. Alguns representantes da geografia política debruçam-se sobre a questão da elaboração de uma tipologia dos Estados federais. Por exemplo, propõe-se a atribuição dos tipos de federações da Europa Ocidental, América do Norte, América Latina, Afro-Asiática, Nigeriana e insular. Mas não as consideraremos em pormenor. Podemos limitar-nos a afirmar que a forma federal de DTA é principalmente caraterística dos Estados multinacionais ou, pelo menos, binacionais. A Rússia, a Suíça, a Bélgica, a Índia, a Nigéria e o Canadá são exemplos deste género. No entanto, na maioria das federações atualmente existentes, há países com uma composição nacional (étnica) mais ou menos homogénea da população. Além disso, um dos tipos de federação é considerado uma confederação cujos membros mantêm a soberania formal e o direito de se retirarem desta associação voluntária. Várias dessas confederações existem no mundo nos tempos modernos e contemporâneos. Mas, no início do século XXI, o estatuto de confederação só se mantém na Suíça. Aliás, os três primeiros cantões do país uniram-se numa confederação há muito tempo, nomeadamente em 1291 (Thomas Fleiner, Nicole Topperwien. 2009. p. 28).

É também de salientar que nos Estados federais com uma composição nacional e étnica complexa são mais comuns as situações de conflito interno que se reflectem no mapa político do mundo.

CAPÍTULO 4

Mapas políticos dos diferentes continentes do mundo

Europa

O mapa político moderno da Europa foi estabelecido principalmente no século XX e a Primeira e a Segunda Guerras Mundiais influenciaram significativamente a sua formação. A desintegração dos sistemas comunistas nos anos 90 do século passado provocou alterações significativas quando, em 1990-1991, as seguintes repúblicas da parte europeia da URSS: Ucrânia, Bielorrússia, Moldávia, Lituânia, Letónia, Estónia, Geórgia, Azerbaijão e Arménia (a Ucrânia e a Bielorrússia tinham formalmente o estatuto de independência, quando eram membros das Nações Unidas) tornaram-se Estados independentes. A Checoslováquia foi dividida em duas partes: República Checa e Eslováquia. Em resultado da desintegração da antiga Jugoslávia, onde se registaram grandes tensões, foram fundadas as seguintes repúblicas independentes: Sérvia, Croácia, Eslovénia, Bósnia-Herzegovina, Macedónia e Montenegro. A Sérvia e o Montenegro mantiveram a federação unida até 2005, mas na sequência do referendo no Montenegro, esta federação também se desintegrou. Ao mesmo tempo, existem tensões em torno do estatuto do Kosovo na Sérvia.

Atualmente, existem cerca de 50 países na Europa, dos quais 12 são monarquias (todas são monarquias constitucionais, exceto o Vaticano) e os outros são repúblicas.

Quase todos os Estados europeus pertencem à lista dos Estados economicamente desenvolvidos, incluindo a Alemanha, o Reino Unido, a França e a Itália, que são membros dos "Sete Grandes".

Várias integrações - As organizações regionais internacionais estão a funcionar no território da Europa, incluindo a União Europeia (UE), o Conselho da Europa, etc. 28 países da Europa são membros da UE. Esta é uma organização supranacional, o que significa um sistema económico e aduaneiro unificado, uma moeda comum, o Parlamento e o sistema de defesa. 26 países da Europa são membros da NATO (Organização do Tratado do Atlântico Norte). Como resultado das mudanças cardinais no mapa político da Europa após o período da "Guerra Fria", a Polónia, a Hungria e a República Checa tornaram-se membros da NATO em 1999, enquanto a Roménia, a Bulgária, a Eslovénia, a Eslováquia, a Lituânia, a Letónia e a Estónia aderiram à Aliança em 2004 e a Albânia e a Croácia em 2009.

Quadro 7. Estados no mapa político da Europa

N	Estado	Área Milhares Km2	Número de habitantes (milhões de pessoas)	Capital	Sistema estatal
1	2	3	4	5	6
1	Albânia	28,7	2,876,000	Tirana	República
2	Andorra	0,456	78,000	Andorra la Vella	O Protetorado: monarquia chefiada por dois co-príncipes - o bis po espanhol/católico romano de Urgell e o Presidente do França
3	Arménia	29,8	3,010,000	Erevan	República
4	Áustria	84,0	8,608,000	Viena	República
5	Azerbaijão	86,0	9,653,000	Baku	República
6	Bélgica	30,1	11,274,000	Bruxelas	Constitucional Monarquia
8	Bielorrússia	207,6	9,487,000	Minsk	República
9	Bósnia	51,0	3,750,000	Sarajevo	República
10	Bulgária	110,9	7,185,000	Sofia	República
11	Croácia	57,7	4,230,000	Zagreb	República
12	Chipre	9,25	876,000	Nicósia	República
13	República Checa	78,9	10,521,000	Praga	República
14	Alemanha	356,0	81,172,000	Berlim	República
15	Gibraltar	0,0065	34,000	Gibraltar	Território de Grã-Bretanha
16	Dinamarca	43,1	5,673,000	Copenhaga	Constitucional Monarquia
17	Geórgia	69,7	4,506,000	Tbilisi	República
18	Grã-Bretanha (Reino Unido)	244,0	64,915,000	Londres	Constitucional Monarquia

19	Grécia	131,9	10,769,000	Atenas	República
20	Finlândia	337,0	5,487,000	Helsínquia	República
21	França	551,0	64,352,000	Paris	República
22	Estónia	45,1	1,315,000	Tallinn	República
23	Hungria	93,0	9,838,000	Budapeste	República
24	Turquia	749,4	78,214,000	Ankara	República
25	Irlanda	70,3	4, 630,000	Dublin	República
26	Islândia	103,0	330,000	Reykjavik	República
27	Itália	301,0	61,009,000	Roma	República
28	Letónia	63,7	1,979,000	Riga	República
29	Lituânia	65,2	2,910,000	Vilnius	República
30	Liechtenstein	0,016	38,000	Vaduz	Constitucional Monarquia
31	Luxemburgo	2,6	570,000	Luxemburgo	Constitucional Monarquia
32	Macedónia	26,0	2,072,000	Skopje	República
33	Malta	0,316	425,000	Valeta	República
34	Mónaco	0,002	37,000	Mónaco	Constitucional Monarquia
35	Montenegro	13,812	620,000	Podgorica	República
36	Moldávia	33,7	4,083,000	Chisinau	República
37	Países Baixos	36,9	16,933,000	Amesterdão	Constitucional Monarquia
38	Noruega	324,0	5,194,000	Oslo	Constitucional Monarquia
39	Polónia	312,7	38,530,000	Varsóvia	República
40	Portugal	92,1	10,311,000	Lisboa	República
41	Roménia	237,5	19,822,000	Bucareste	República
42	Rússia	17000,73	144,031,000	Moscovo	República
43	São-Marino	0,061	33,000	São-Marino	República
44	Sérvia	88,0	7,103,000	Belgrado	República
45	Eslováquia	49,0	5,426,000	Bratislava	República
46	Eslovénia	20,0	2,067,000	Ljubljana	República
47	Espanha	504,8	46,335,000	Madrid	Constitucional

					Monarquia
48	Suécia	450,0	9,799,000	Estocolmo	Constitucional Monarquia
49	Suíça	41,3	8,265,000	Berna	República
50	Ucrânia	603,7	42,899,000	Kiev	República
51	Vaticano	0,0004	0,0001	Vaticano	Teocrático Monarquia

Fontes: M. Zgenti, J. Kharitonashvili. 1999. P. 42-43
http://www.nationsonline.org/oneworld/europe.htm

Fig. 21. Mapa político da Europa
Fonte: http://musica-numeris.com/travel-map-europe/

América

[thth]O mapa político moderno da América foi estabelecido no final do século XVIII e início do século XIX. O resultado das mudanças cardinais no mapa político esteve relacionado com o movimento de Libertação Nacional, que começou nas colónias espanholas e portuguesas da América do Sul e foi liderado pelo Herói Nacional Simon Bolívar. Como resultado deste processo, Estados como o Brasil, a Argentina, o Chile, o Peru, a Bolívia, a Venezuela, o Uruguai e o Paraguai tornaram-se independentes.

A separação da Grã-Bretanha em 1776 no Norte do continente americano criou a base para o estabelecimento da fundação dos Estados Unidos da América.

No período moderno, o mapa político da América reúne os Estados da América do Norte e da América do Sul.

Existem dois países economicamente desenvolvidos na América - os EUA e o Canadá, que são os membros dos "Sete Grandes". A ilha da Gronelândia pertence efetivamente a este continente, que é o território da Dinamarca com autonomia interna. Outros Estados estão unidos sob o nome de América Latina. O seu número é superior a 40, incluindo 33 territórios politicamente independentes e 12 territórios dependentes com diferentes estatutos jurídicos (principalmente na América Central e nas ilhas do Mar das Caraíbas) (M. Zgenti, J. Kharitonashvili. 1999. P. 50). Um país comunista - Cuba - está localizado na mesma região. Todos os países da América Latina pertencem à lista dos Estados em desenvolvimento.

Nos continentes da América do Norte e da América do Sul estão em funcionamento várias uniões económicas regionais - Associação Norte-Americana de Comércio Livre, Associação Latino-Americana de Integração, Comunidade das Caraíbas, Bloco Sub-regional, Mercado Comum Centro-Americano, Grupo dos Estados dos Andes, etc.

Tabela 8. Estados no mapa político da América

N	Estado	Área Milhares Km2	Número de População (milhões de pessoas)	Capital	Sistema estatal
1	2	3	4	5	6
1	Angelia (Anguila)	0,1	14,000	Valhi	Território do Reino Unido
2	Antígua e Barbuda	442,6	89,000	São João	Membro da Commonwealth ofNations
3	Aruba	0,2	109,000	Ramstad	Território dos Países Baixos
4	Ilhas Antilhas	0,821	26,000	Willemstad	Território dos Países Baixos
5	Argentina	2,800	43,132	Buenos-Aires	República
6	Barbados	0,730	283,000	Bridgetown	Membro da Commonwealth
					deNações
7	Ilhas Bahamas	13,9	379,000	Nassau	Membro da Commonwealth ofNations
8	Belize	23,0	368,000	Belmopan	Membro da Commonwealth ofNations
9	Ilhas Bermudas	0,05	65,000	Hamilton	Território do Reino Unido
10	Bolívia	1098,6	10,520,000	La-Pas	República
11	Brasil	8512,0	204,519,000	Brasil	República
13	Canadá	997,6	35,956,000	Otava	Domínio de Grã-Bretanha
14	Ilhas Caimão	0,26	59000	Cidade de George	Território do Reino Unido
15	Chile	756,9	18,006,000	Santiago	República
16	Colômbia	1141,7	48,218,000	Bogotá	República
17	Costa-Rica	50,7	4,851,000	Mangueira	República
18	Cuba	110,9	11,260,000	Havana	Socialista República República

19	Domínica	0,790	71,000	Roseau	Membro da Commonwealth ofNations
20	Dominica (República de Domingo)	48,7	9,980,000	Santo-Domingo	República
21	Equador	283,6	16,279,000	Quito	República
22	Ilhas Falk land (Malvinas)	12,1	3,000	Porto-Stanley	Disputa de território entre o Reino Unido e a Argentina
23	Guiana	215,0	747,000	Georgetown	República
24	Guadalupe	1,8	405,000	Basse-Terre	No estrangeiro Departamento de França
25	Guatemala	108,9	16,280,000	Guatemala	República
26	Guiana (Francês)	91,0	262,000	Cayenne	No estrangeiro Departamento de França
27	Granada	0,344	104,000	Santo Georges	Membro da Commonwealth ofNations
28	Haiti	27,7	10,994,000	Porto Príncipe	República
29	Honduras	112,0	8,950,000	Tegucigalpa	República
30	Jamaica	11,5	2,279,000	Kingston	Membro da Commonwealth ofNations
31	Martinica	1,1	383,000	Para-De-França	No estrangeiro Departamento de França
32	México	1958,0	121,006	México	Federal República
33	Montserrat	0,1	5,000	Plymouth	Membro da Commonwealth ofNations
34	Nicarágua	130,0	6,514,000	Manágua	República
35	Panamá	77,0	3,739,000	Panamá	República
36	Paraguai	406,0	6,996,000	Assunção	República
37	Peru	1282,0	31,153,000	Lima	República
38	Porto Rico	8,9	3,549,000	San-Juan	Associado gratuito
					Estado com EUA
39	Salvador	21,4	6,459,000	San-Salvador	República
40	São Vicente e Granadinas	0,389	110,000	Cidade do Rei	Membro da Commonwealth ofNations
41	Sent-Kitts eNevis	0,261	46,000	Basseterre	Membro da Commonwealth ofNations
42	Santa Lúcia	0,6	172,000	Castries	Membro da Commonwealth

					ofNations
43	Suriname	163,3	560,000	Paramaribo	República
44	Turcos e Caicos Ilhas	0,43	37,000	Cockburn Cidade	Membro da Commonwealth ofNations
45	Trinidad e Tobago	5,0	1,357,000	Porto de Espanha	Membro da Commonwealth ofNations
46	Estados Unidos da América	9363,2	321,322,000	Washington	Federal República
47	Uruguai	186,9	3,310,000	Montevidéu	República
48	Venezuela	916,4	30,620,000	Karakas	Federal República
49	Ilhas Virgens (Grã-Bretanha)	0,15	31,000	Road-Town	O território da Grã-Bretanha
50	Ilhas Virgens (EUA)	0,34	105,000	Charlotte Amália	O Território dos EUA

Fontes: M. Zgenti, J. Kharitonashvili. 1999. P. 50-52
http://www.worldometers.info/world-population/population-by-country/

Fig. 22. Mapa político da América do Sul
Fonte: http://www.maps-continents.com/south-america-political.htm

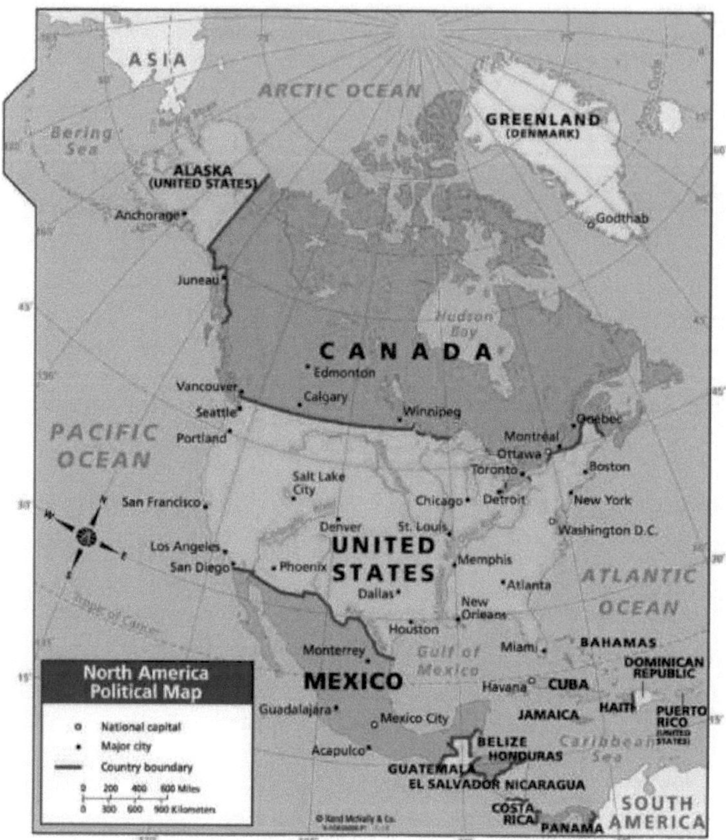

Fig. 23. Mapa político da América do Norte
Fonte: http://pixshark.com/north-and-south-america-political-map.htm
Mapa político moderno de África

Mapa político moderno de África

Atualmente, existem mais de 50 Estados no mapa político de África. Até meados do século XX, a maior parte deles eram colónias. Apenas a Libéria, a Etiópia e a República Sul-Africana eram independentes. O período do pós-guerra no continente africano é conhecido como uma época de ativação do movimento de libertação nacional e anti-colonial. Durante o período de 19511958, surgiram no continente africano os primeiros Estados independentes - Líbia, Tunísia, Marrocos, Gana, República da Guiné e Sudão.

O ano de 1960 é considerado o "Ano de África". Durante um ano, a independência foi conquistada por 17 Estados. Nos anos 60 do século anterior, mais de 15 Estados tornaram-se independentes. O processo de descolonização durou praticamente até aos anos 90 (a última colónia - a Namíbia - conquistou a independência em 1990). Os Estados independentes mais jovens são a Eritreia (antiga província da Etiópia) e o Sudão do Sul. Hoje em dia, quase todo o território de África está coberto por Estados independentes. O estatuto do Sara Ocidental não é claro. Prevê-se que as Nações Unidas organizem um referendo para determinar definitivamente o estatuto deste território.

Existem três monarquias constitucionais no continente: Lesoto, Marrocos e Suazilândia.

É o único país economicamente desenvolvido em África - República Sul Africana - em comparação com outros que estão em desenvolvimento.

Existem várias uniões regionais que funcionam em África: A União Africana, a Comunidade Económica dos Países da África Ocidental, a Comunidade Económica dos Países da África Central, a Liga dos Estados Árabes, etc. (M. Zgenti, J. Kharitonashvili. 1999. P. 46-47).

Tabela: 9. Principais informações sobre os Estados africanos
Fontes: M. Zgenti, J. Kharitonashvili. 1999. P. 47-49.
http://www.worldometers.info/world-population/population-by-country/

N	Estado	Área Milhares Km2	Número de População (milhões de pessoas)	Capital	Sistema estatal
1	2	3	4	5	6
1	Argélia	2381	39,903,000	Argel	República
2	Angola	1246,7	25,326,000	Luanda	República
3	Benim	112,6	10,750,000	Porto-Novo	República
4	Botsuana	600,0	2,176,000	Gaborone	República
5	Burquina-Faso	274,2	18,450,000	Ouagadougou	República
6	Burundi	27,8	9,824,000	Bujumbura	República
7	Cabo Verde	4,0	525,000	Praia	República
8	Camarões	475,4	21,918,000	Yaoundé	República
9	Chade	1284	13,675,000	Ndjamena	República
10	Centro-Africano República	623,0	5,545,000	Bangui	República
11	Ilhas Comores	2,0	783,000	Maroni	islâmico República
12	Congo (República Democrática República do Congo)	2345,5	71,246,000	Kinshasa	República
13	Congo (República do Congo)	342,0	4,706,000	Brazzaville	República
14	Costa do Marfim (Ivory Cost)	322,5	23,326,000	Yamoussoukro	República
15	Egípcio[t]	1001,4	88,523,000	Cairo	República
16	Etiópia	1222,0	90,076,000	Adis-Abeba	República
17	Eritreia	125,5	6,895,000	Asmara	República
18	Guiné Equatorial	28,1	1,996,000	Malabo	República
19	Gabão	267,7	2,382,000	Libreville	República
20	Gâmbia	11,3	2,022,000	Banjul	República
21	Gana	238,5	27,714,000	Accra	República
22	Guiné (Guineens e República)	246,0	10,935,000	Conacri	República
23	Guiné-Bissau	36,1	1,788,000	Bissau	República
24	Jibuti	23,4	961,000	Jibuti	República
25	Quénia	582,6	44,153,000	Nairobi	República
26	Lesoto	30,3	7,065,000	Maseru	Constitucional Monarquia
27	Libéria	11,4	4,046,000	Monróvia	República
28	Líbia	179,5	6,521,000	Trípoli	República
29	Maurícia	2,0	1,250, 000	Port-Louis	República
30	Mauritânia	1030,7	3,632,000	Nouakchott	República
31	Madagáscar	596,0	23,053,000	Antananarivo	República
32	Malawi	118,5	16,307,000	Lilongwe	República
33	Mali	1240,0	17,796,000	Bamako	República

34	Marrocos	446,6	33,656,000	Rabat	Constitucional Monarquia
35	Moçambique	783,0	25,728,000	Maputo	República
36	Namíbia	824,3	2,233,000	Windhoek	República
37	Níger	1267	18,880,000	Niamey	República
38	Nigéria	923,8	185,043,000	Abuja (antiga capital Lagos)	Federal República
39	Reunião	2,5	853,000	Saint-Denis	Departamento Ultramarino de França
40	Ruanda	26,3	11,324,000	Kigali	República
41	San-Tone e Principe	924,0	194,000	San-Tome	República
42	Senegal	196,7	14,150,000	Dakar	República
43	Ilhas de conchas	0,4	97,000	Vitória	República
44	Serra Leoa	72,3	6,513,000	Freetown	República
45	Somália	637,7	10,972,000	Mogadíscio	República
46	sul-africano República	1221,0	54,844,000	Pretória	República
47	Suazilândia	17,4	1,097,000	Mbabane	Constitucional Monarquia
48	Sudão	2 505,8	38,435,000	Cartum	República
49	Sudão do Sul	644,3	8, 260, 000	Juba	República
49	Ilha de Santa Elena	0,4	4,000	Jamistown	Território do Reino Unido
50	Tanzânia	945,2	48,829,000	Dar-Es-Salam	República
51	Togo	56,8	5, 000,000	Lomé	República
52	Tunísia	164,2	11,118,000	Tunísia	República
53	Uganda	236,0	35,760,000	Kampala	República
54	Saara Ocidental	266,0	656,000	El Aaiún	O estatuto do território não está determinado
55	Zâmbia	752,6	15,474,000	Lusaca	República
56	Zimbabué	390,7	13,503,000	Harare	República

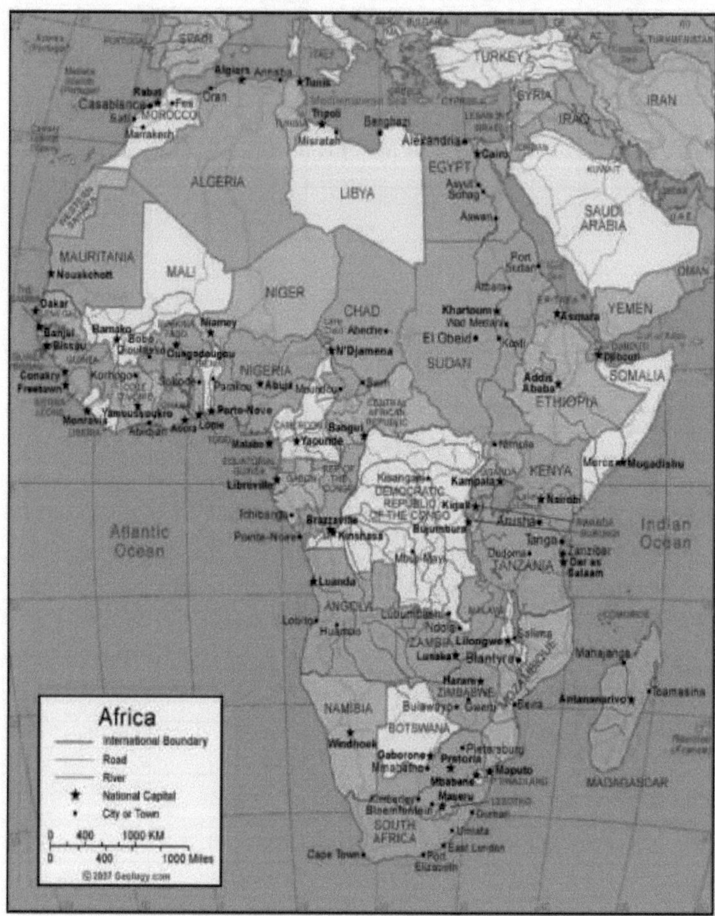

Fig: 24. Mapa político de África
Fonte: http://geology.com/world/africa-satellite-image.shtml

Mapa político da Ásia

O mapa político da Ásia nas fronteiras actuais foi estabelecido após a Segunda Guerra Mundial. Cerca de 1/3 do seu território é coberto pela parte asiática da Federação Russa e pelas antigas repúblicas soviéticas - Cazaquistão, Uzbequistão, Tajiquistão, Quirguizistão e Turquemenistão.

Após a desintegração do sistema comunista, vários Estados de orientação comunista, como a China, o Vietname, a Coreia do Norte e o Laos, permaneceram no continente asiático.

Dos restantes 34 Estados, 20 são repúblicas e 14 monarquias (entre as quais se encontram as monarquias absolutas: Qatar, Arábia Saudita, Emirados Árabes Unidos, Brunei, Omã e Butão), que se situam maioritariamente no Sul - Oeste e no Sul - Este da Ásia.

Os Estados do Sudoeste Asiático (juntamente com os países do Norte de África) estão a criar a sub-região, que é conhecida por Próximo e Médio Oriente.

2 Estados da Ásia - Japão e Israel pertencem à lista dos Estados economicamente desenvolvidos (o Japão é membro dos "Sete Grandes").

Existem muitas organizações regionais que funcionam na Ásia - ASEAN (Associação das Nações do Sudeste Asiático), a Associação Regional de Cooperação da Ásia do Sul, a Associação Regional de Desenvolvimento Asiático. Os países da região do Golfo Pérsico estão unidos na OPEP (Organização dos Países Exportadores de Petróleo). Até aos anos 80 do século passado, os blocos político-militares (CENTO e SEATO) funcionavam no território da Ásia. Atualmente, a maioria dos Estados da Ásia conduzem a "política de não-aliados" (M. Zgenti, J. Kharitonashvili. 1999. P. 44-46).

Table 10. Informações principais sobre os Estados asiáticos
Fonte: M. Zgenti, J. Kharitonashvili. 1999. P..
http://www.worldometers.info/world-population/population-by-country/

N	Estado	Área Milhares de Km^2	Número de População (milhões de pessoas)	Capital	Sistema estatal
1	2	3	4	5	6
1	Afeganistão	652,9	27,171,000	Cabul	República
2	Barém	0,690	1,781,000	Manama	Constitucional Monarquia
3	Bangladesh	143,9	158,762,000	Dacca	República
4	Birmânia (Myanmar)	678,0	52,187,000	Rangum (Rangoon)	O Governo Federal República
5	Brunei	5,8	421,000	Bandar Seri Begawan	Absoluto Monarquia
6	Butão	47,0	760,000	Thimphu	Absoluto Monarquia
7	Camboja	181,0	15,040,000	Phnom Penh	Constitucional Monarquia
8	China (República Popular da República da China)	9600	1,370,793,000	Pequim	Socialista República
9	Índia	3287,0	1,299,499,000	Delhi	República
10	Indonésia	1904	255,462,000	Jakarta	República
11	Iraque	434,9	36,575,000	Bagdade	República
12	Irão	1648	78,778,000	Teerão	islâmico República
13	Israel	20,7	8,374,000	Jerusalém	República
14	Japão	377,2	126,896,000	Tóquio	Constitucional Monarquia
15	Jordânia	89,4	6,837,000	Amã	Constitucional Monarquia
16	Cazaquistão	2717,3	17,542,000	Astana	República
17	Coreia (República da Coreia)	99,6	50,617,000	Seul	República
18	Coreia (República Popular da República Democrática)	121,2	25,863,000	Pyongyang	Socialista República
19	Quirguizistão	198,5	5,859,000	Bishkek	República
20	Kuwait	17,8	4,161,000	El-Kuwait	Constitucional Monarquia
21	Laos	236,8	6,802,000	Vientiane	República
22	Líbano	10,4	4,288,000	Beirute	República
23	Malásia	336,8	32,000,000	Kuala-Lumpur	Constitucional Monarquia
24	Maldivas	0,3	345,000	Masculino	República
25	Mongólia	1566	3,029,000	Ulan-Bator	República
26	Nepal	140,8	28,038,000	Katmandu	Constitucional Monarquia

27	Omã	300,4	4,208,000	Masqat	Monarquia absoluta
28	Paquistão	803,9	191,785,000	Islamabade	Federal República
29	Filipinas	300,0	102,965,000	Manila	República Monarquia
30	Qatar	11,3	2,386,000	Doha	Monarquia absoluta
31	Arábia Saudita	2150	31,521,000	El-Riyadh	Monarquia absoluta
32	Singapura	0,619	5,541,000	Singapura	República
33	Sri Lanka	65,6	20,865,000	Colombo	República
34	Síria	185,2	23,270,000	Damasco	República
35	Tajiquistão	143,1	8,451,000	Dushanbe	República
36	Tailândia	514,0	68,387,000	Banguecoque	Constitucional Monarquia
37	Timor-Leste	15,410	1,245,000	Dili	República
38	Turquemenistão	448,0	5,663,000	Ashgabat	República
39	Uzbequistão	447,4	31,255,000	Tashkent	República
40	Emirados Árabes Unidos	78,6	8,933,000	Abu-Dhabi	Absoluto Monarquia
41	Vietname	329,6	91,812,000	Hanói	República
42	Iémen	531,5	26,745,000	Sana	República

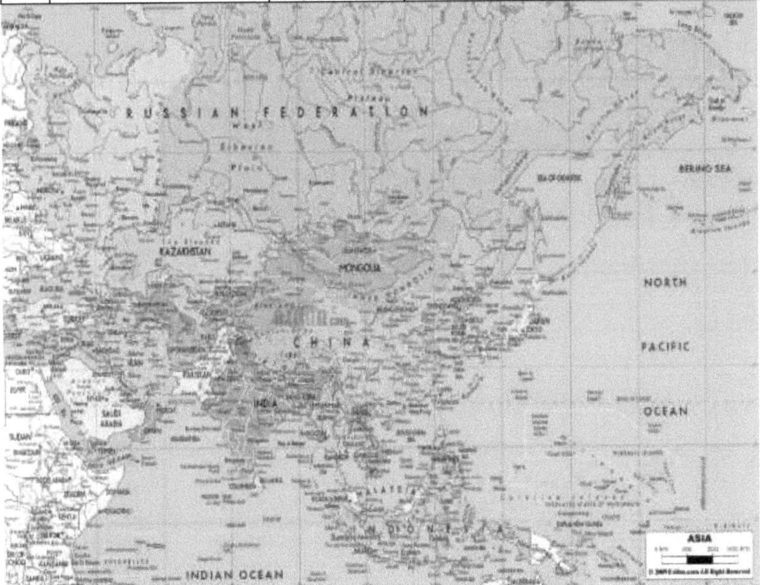

Fig: 25. Mapa político da Ásia
Fonte: http://www.ezilon.com/maps/asian-continent-maps.html
Mapa político da Austrália e do Pacífico

Esta região inclui a Austrália, a Nova Zelândia e os territórios (estados e territórios dependentes), que estão localizados nas ilhas da parte central e sudoeste da região, num total de 28, incluindo 2 (Austrália e Nova Zelândia) países economicamente desenvolvidos e outros em desenvolvimento. 12 são Estados independentes e 16 são territórios dependentes.

Os países situados nas pequenas ilhas do Oceano Pacífico tornaram-se independentes, na sua maioria, após a Segunda Guerra Mundial, enquanto outros só o fizeram no início dos anos 90 (as ilhas Caroline, Marshall e Marian estão sob a supervisão dos EUA).

8 Estados da região estão unidos na Commonwealth of the Nations (um deles - Monarquia - Tonga) (M. Zgenti, J. Kharitonashvili. 1999. P. 52).

Table 11. Informações principais sobre os estados e territórios da Austrália e do Pacífico
Fontes: M. Zgenti, J. Kharitonashvili. 1999. P. 53-54
http://www.worldometers.info/world-population/population-by-country/

N	Estado	Área Milhares Km2	Número de População (milhões de pessoas)	Capital	Sistema estatal
1	2	3	4	5	6
1	Austrália	7,7	23,034,879	Camberra	O domínio deUK
2	Ilhas Cook	0,23	20,811	Avarua	O território da Nova Zelândia
3	Cocoas (Keeling) Ilhas	0,01	628	Ilha do Oeste	Território de Austrália
4	Comunidade dos Mariana do Norte Ilhas	0,5	77,311	Saipan	Associação livre com os EUA
5	Guame	0,55	160,796	Hagátña	O território dos EUA
6	Ilha Oriental	0,13	5,761	Hanga roa	Território de Chile
7	Fiji	18,4	856,346	Suva	República
8	Estados Federais de Micronésia	0,7	135,869	Palikir	Associação livre com os EUA
9	Kiribati	0,719	96,335	Bairiki	República
10	Ilhas Marshall	0,18	73,630	Majuro	Associação livre com os EUA
11	Nauru	0,021	12,329	Sem capital oficial	República
12	Nova Caledónia	19,1	240,390	Nouméa	No estrangeiro Departamento de França
13	Nova Zelândia	269,7	4,465,900	Wellington	Domínio de Grã-Bretanha
14	Niue (Ilha)	0,26	2,134	Distante	Território de Nova Zelândia
15	Norfolk (Ilha)	0,36	2,302	Kingston	Território de Austrália
16	Palau	0,5	19,409	Espelho	República
17	Papua-Nova Guiné	462,8	5,172,033	Porto-Moresby	Estado independente na

					Comunidade das Nações
18	Ilhas Pitcairn	0,004	47	Adamstown	O território da Grã-Bretanha
19	Polinésia (França)	4,2	257,847	Papeete	No estrangeiro Departamento de França
20	Samoa (EUA)	199	68,688	Pago Pago	Território de EUA
21	Ilhas Salomão	29,8	494,786	Honiara	O Estado na Commonwealth ofNations
22	Tokelau	0,01	1,431	Fakaofo	Território de Nova Zelândia
23	Tonga	0,699	106,137	Nukualofa	Monarquia
24	Tuvalu	0,026	11,146	Funafuti	Estado na Commonwealth ofNations
25	Wake (ilha)	2	12	Ilha Wake	Território de EUA
26	Wallis e Futuna (Ilhas)	0,27	15,585	Mata-Utu	Território de França
27	Vanuatu	11,9	240,000	Porto-Vila	República
28	Samoa Ocidental	2,9	179,000	Apia	Estado na Commonwealth ofNations

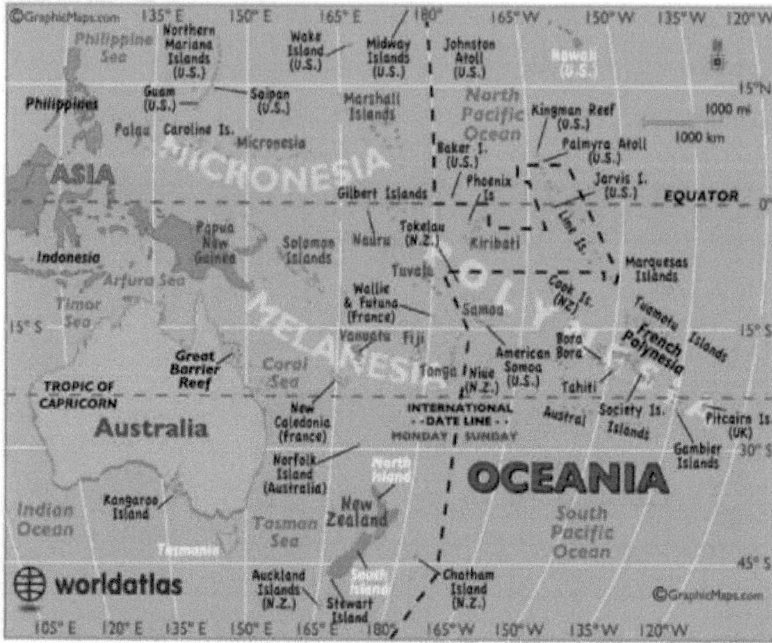

Fig: 26. Mapa político da Austrália e do Pacífico
Fonte: http://www.worldatlas.com/webimage/countrys/aumaps.htm

CAPÍTULO 5

Conflitos regionais e locais no mapa político do mundo moderno

Na era do mundo bipolar e da "guerra fria", numerosos conflitos regionais e locais constituíram uma das principais fontes de instabilidade no mundo, que os sistemas comunista e capitalista tentaram utilizar de acordo com os seus interesses. Estes conflitos causaram enormes prejuízos à economia, ao desenvolvimento social e político de muitos países e a morte de milhões de pessoas, especialmente nos países em desenvolvimento. A criação de uma secção especial da Ciência Política - Estudos de Conflitos - permitiu o estudo destes conflitos e a direção da geografia dos conflitos surgiu no sistema da geografia política.

Após o fim do confronto entre os dois sistemas e o fim da "guerra fria", o número de conflitos diminuiu de alguma forma. Por exemplo, através de negociações, foi possível encontrar uma solução para os conflitos no Sudeste Asiático (Camboja), em África (Namíbia, Angola) e na América Latina (Nicarágua, El Salvador). No entanto, no início do século XXI, os conflitos regionais e locais continuam a ameaçar a segurança internacional. Além disso, muitos deles têm a capacidade de gerar uma espécie de ondas terroristas e de as propagar, por vezes, muito para além das zonas de conflito. Por conseguinte, pode presumir-se que, sem compreender a natureza do conflito, é impossível compreender plenamente o mapa político moderno do mundo. Por conseguinte, consideramos sistematicamente várias questões relacionadas.

A primeira questão diz respeito ao número de conflitos. Estes números são encontrados na literatura, mas muitas vezes não coincidem uns com os outros. Se confiarmos nos dados mais fiáveis do instituto especial para o estudo dos conflitos, localizado em Heidelberg (Alemanha), em 2013 o número total de conflitos atingiu os 414! (Barómetro de Conflitos 2013). Duas guerras mundiais, cerca de 200 guerras, conflitos armados locais, terror, lutas armadas pelo poder, todos estes tipos de conflitos, mataram cerca de 300 milhões de pessoas no século passado (A. Antsupov. A. Shipolov. 2008. p.11).

Todos os conflitos podem ser divididos em regionais e locais.

Os conflitos regionais, que no mundo moderno são muitos, representam, naturalmente, a maior ameaça à segurança internacional. Não podendo considerar todos eles, limitamo-nos a alguns exemplos de tais conflitos. Provavelmente, já pensou na região do Médio Oriente - A região do Médio Oriente desempenha, reconhecidamente, o papel de "barril de pólvora" durante todo o período do pós-guerra, pronto a abalar a qualquer momento todo o sistema de segurança internacional. De facto, trata-se de um centro nevrálgico sensível do planeta, onde historicamente se formou um entrelaçamento muito complexo de culturas e religiões e que serve não só os interesses dos países da região, mas também de muitos outros países da Europa, da Ásia e da América.

No centro deste conflito regional está o conflito israelo-palestiniano (e, mais amplamente, o conflito israelo-árabe), que está em curso há mais de meio século, permanecendo ao longo de todo este tempo talvez o mais complexo que atrai a atenção do mundo. (Mayers, David. 1998. p. 14) Mais de uma geração de israelitas e árabes cresceu numa atmosfera de ódio mútuo e de incessantes confrontos agudos, incluindo seis guerras entre Israel e os seus vizinhos árabes, que se prolongaram por vários anos de intifada (em árabe - rebelião). Só no início dos anos 90 é que se verificaram algumas mudanças substanciais para melhor, com a criação da Autonomia Palestiniana por parte do Estado de Israel (Figura 31). No entanto, subsistem ainda muitas questões controversas, pelo que não existe um Estado palestiniano soberano no mapa político do mundo (R. Gachechiladze. 2008. P. 462). Este conflito tornou-se ainda mais complicado no início de 2006, após a vitória do grupo islâmico radical Hamas nas eleições parlamentares da autonomia palestiniana.

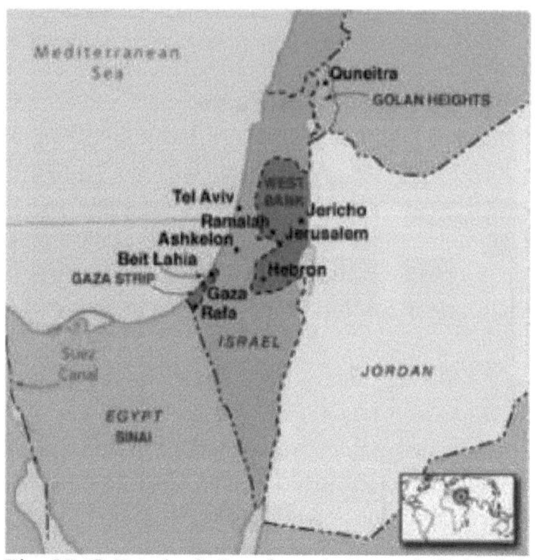

Fig. 27. O Estado de Israel e a Autonomia Palestiniana

Fonte: http://news.antiwar.com/2012/04/23/israeli-policies-making-two-state-solution-impossível-diz-líder-palestiniano

Para além deste conflito de base nesta região, houve outros, como o conflito entre o Iraque e o Irão, que conduziu a uma longa e sangrenta guerra entre ambos na década de 80, entre o Iraque e o Kuwait, provocando a agressão do Iraque ao Kuwait em 1990. Na parte restante da Ásia, há uma série de conflitos regionais. Podem também ser incluídos um conflito de longa duração no Afeganistão, o impasse entre a Índia e o Paquistão em Caxemira e os conflitos relacionados com a reconstrução política da antiga Jugoslávia na Europa.

Os conflitos locais, ou seja, os conflitos de escala relativamente menor, são a maioria no mundo moderno. Há que ter em conta o facto de que, muitas vezes, é difícil fazer uma distinção clara entre conflitos regionais e locais.

A terceira questão é o estatuto político dos conflitos, que pode ser subdividido em externo (internacional) e interno (doméstico).

O conflito israelo-árabe, o conflito entre a Índia e o Paquistão em Caxemira, os conflitos no Afeganistão e no Iraque, a ex-Jugoslávia podem servir de exemplos óbvios dos principais conflitos internacionais. Mas os conflitos por motivos étnicos, por exemplo, na Bélgica ou no Canadá, podem ser atribuídos a uma série de conflitos internos. No início do século XXI, 71 eram conflitos interestatais e 178 conflitos intra-estatais (Maksakovsky. 2009. P. 85).

Quarta questão - categorizar a natureza do conflito. Com esta abordagem, normalmente determina-se o conflito violento (armado) e o não violento. É certo que o primeiro deles representa a maior ameaça e as organizações internacionais monitorizam-nos cuidadosamente (Robert J. Art. Robert Jervis. 2005. P. 412-413).

Os conflitos armados (violência), ou seja, os verdadeiros "pontos quentes" do nosso planeta, são dignos de nota. Os conflitos armados de grande escala são oficialmente considerados como aqueles em que as perdas ultrapassam um milhar de pessoas. Por exemplo, durante os conflitos no Afeganistão e no Ruanda, houve milhões de vítimas e centenas de milhares de pessoas foram mortas durante a guerra civil na Bósnia-Herzegovina (1992-1996). Em África, já no período pós-colonial, foram fixados 35 conflitos armados, que mataram um total de cerca de 10 milhões de pessoas (Charles W. Kegley, Jr. e Shannon L. Blanton. 2010-2011. P. 237-238).

Segundo o Instituto de Heidelberg, em 2013, o mundo registou 45 conflitos altamente violentos, divididos em duas categorias (Fig. 32). A primeira inclui principalmente guerras domésticas, enquanto os surtos de crises graves de partes em conflito violento, ou pelo menos a ameaça do seu uso, constituem a segunda categoria, incluindo uma internacional (entre a Índia e o Paquistão) e outra doméstica. A maioria dos 45 conflitos armados teve lugar em África e na Ásia, incluindo o Médio Oriente (Instituto de Investigação de Conflitos Internacionais de Heidelberg (Alemanha). 2013. Pp. 1416).

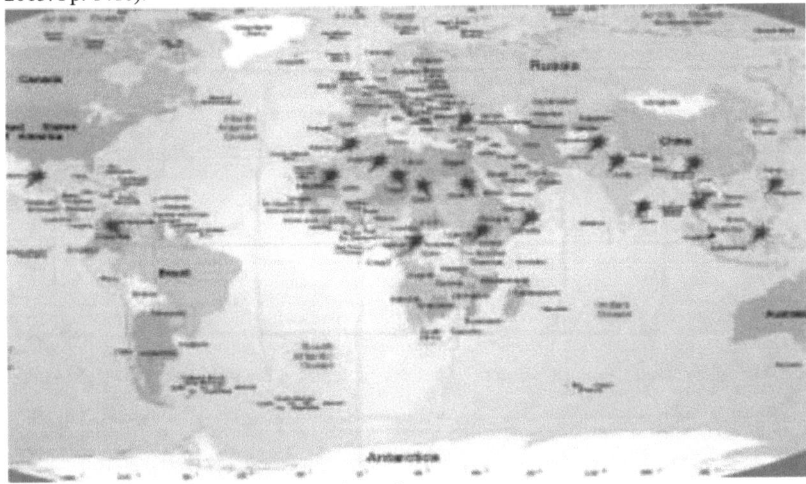

Fig. 28. Conflitos de violência no mundo moderno

Fonte: http://1389blog.com/2011/09/23/the-dark-side-of-corruption/conflict-map/

As Nações Unidas desempenham um papel crucial na prevenção e resolução pacífica dos conflitos armados. O seu principal objetivo é manter a paz no nosso planeta. As operações da ONU incluem medidas diplomáticas e de manutenção da paz e a intervenção direta das forças de manutenção da paz da organização em caso de conflitos militares. Durante a existência da ONU, esta ação de "imposição da paz" foi levada a cabo em vários países. No entanto, a experiência dos anos 90 mostrou que a simples presença dos "capacetes azuis" na zona de conflito não é suficiente para pôr termo às hostilidades. No entanto, desde 1948 até abril de 2004, a ONU estabeleceu 56 operações, das quais 43 foram criadas a partir de 1988. Em abril de 2004, havia 14 operações de manutenção da paz activas (Nações Unidas, 2004. p. 72) (no Sudão e no Ruanda, em Israel e na Palestina, na Índia e no Paquistão, em Chipre, na Serra Leoa, etc.). Ao mesmo tempo, as forças policiais-militares foram reduzidas. Atualmente, 90% dessas forças são compostas por soldados e oficiais de países como a Índia, o Paquistão, o Bangladesh e o Nepal, e não de países ocidentais. Ao mesmo tempo, o Conselho de Segurança da ONU aprovou o conceito de acções activas de manutenção da paz, permitindo mesmo que as forças de manutenção da paz utilizem equipamento militar pesado. A mais ambiciosa e difícil destas operações foi recentemente levada a cabo por estas forças contra os rebeldes na República Democrática do Congo.

Deve ter-se em consideração que a NATO e a União Europeia estiveram envolvidas no período pós-guerra fria em operações de pacificação e de manutenção da paz. O envolvimento direto da NATO nos conflitos armados na antiga Jugoslávia (1992-1995 - Bósnia, 1999 - Kosovo) pode ser considerado como um exemplo dessas acções (NATO Handbook. 2006. Pp. 167-179). Dois países líderes da organização (EUA e Reino Unido) derrubaram o poder do movimento afegão "Taliban" em 2001-2002. Mas, sem dúvida, a maior ação militar dos EUA e do Reino Unido foi realizada em

2003 no Iraque para derrubar o regime ditatorial de Saddam Hussein.
Para além disso, a Organização para a Segurança e a Cooperação na Europa (OSCE) também tem várias missões em zonas de conflitos europeus e não europeus com operações militares realizadas num passado relativamente recente. O mesmo se aplica à UE, que está atualmente envolvida em operações de manutenção da paz na Bósnia, Macedónia, Geórgia, etc.
O facto de os conflitos não violentos serem maioritários no nosso mundo é, em certa medida, enganador. De facto, muitos destes conflitos eram "pontos quentes" e cenários de guerras civis e de terrorismo. É por isso que, por vezes, são designados por conflitos ocultos ou latentes, que são perigosos porque aqui as chamas da guerra podem reacender-se a qualquer momento a partir de uma faísca acidental.
Os territórios autoproclamados mas não reconhecidos (quase) já referidos servem como exemplos notáveis deste tipo. Segundo algumas estimativas, o número total ultrapassa os 120, ou mesmo os 160, mas estes números são ainda muito exagerados. A formação de tais Estados está frequentemente associada a conflitos militares, guerras civis e ocupações, que depois chegaram a um acordo político temporário, mas não definitivo (Maksakovsky. 2009. P. 87).
A quinta questão diz respeito às causas dos conflitos. Trata-se, essencialmente, da sua tipologia, que, do ponto de vista da geografia social e económica, é talvez a mais interessante. A literatura de referência apresenta diferentes opiniões sobre esta questão. No entanto, se a considerarmos do ponto de vista das posições mais generalizadas, é óbvio que surgem três causas principais do conflito: disputas territoriais, todo o tipo de diferenças políticas internas e o carácter étnico-religioso dos conflitos.
Os conflitos relacionados com as disputas territoriais existem em todas as partes do mundo. Na Europa, o Rochedo de Gibraltar - a única região remanescente das possessões coloniais - é um excelente exemplo disso, devido a um longo litígio entre o Reino Unido e a Espanha. Na Ásia, existem mais de 30 litígios deste género. Há disputas territoriais de longa data entre Israel e a Palestina, a Turquia e a Grécia (sobre Chipre e as ilhas do mar Egeu), o Iraque e o Kuwait, o Irão, a Arábia Saudita com vários países vizinhos, a Índia e o Paquistão sobre Caxemira, a China, a Índia, o Vietname, a RPDC e o Japão sobre várias ilhas do Sudeste Asiático, a Rússia e o Japão por causa dos Territórios do Norte (Ilhas Kuril do Sul), etc.
A África também é famosa pelas suas disputas territoriais. Na era colonial, as metrópoles realizaram as chamadas fronteiras das suas colónias sem ter em conta as fronteiras étnicas. Estima-se que, no atual mapa político de África, 44% de toda a extensão da fronteira do Estado se estende ao longo dos meridianos e paralelos e 30% - em linhas geometricamente corretas (Mapa Político de África. 2013). Isto aplica-se, especialmente, à África Ocidental, onde no século XIX o povo Fulani estava dividido em 115
entre 12 colónias britânicas e francesas. Mas as disputas territoriais conduziram frequentemente a conflitos militares que prevaleceram no Norte de África (por exemplo, entre Marrocos e o Sara Ocidental, a Mauritânia), na África Oriental (por exemplo, entre a Somália, a Etiópia e a Eritreia) e na África do Sul (por exemplo, entre a Namíbia e a África do Sul).
Na América Latina, existem cerca de 20 disputas territoriais (Jorge I. Dominguez. 2003. pp. 3-7) que têm levado repetidamente à ação militar. Basta recordar os conflitos entre o Reino Unido e a Argentina sobre as disputadas Ilhas Falkland, que a Argentina tentou anexar em 1982. Também se registam disputas territoriais na Austrália e na Oceânia.
Passemos agora aos conflitos políticos internos, que estão sobretudo associados a confrontos agudos entre partidos e grupos políticos, que causam perturbações não só na esfera política, mas também nas esferas económica e social da vida. No mapa político do mundo moderno, há países com instabilidade política semelhante e conflitos armados que podem ser atribuídos principalmente a muitos países africanos, como a Argélia, onde os islamistas locais estão a lutar contra o Estado

secular, a Libéria, a Costa do Marfim, a República Centro-Africana, a República Democrática do Congo, a Somália e o Uganda. O mapa político da Ásia, neste grupo de países dilacerados por contradições internas, inclui o Afeganistão, o Nepal, o Laos e, na América Latina, a Colômbia e a Guatemala.

Ao mesmo tempo, muitos conflitos no mapa político do mundo moderno têm lugar no terreno etnoreligioso. Baseiam-se, regra geral, no nacionalismo militante, que encontra expressão na tendência crescente para a criação da soberania das grandes e pequenas comunidades étnicas, a fim de criarem os seus próprios Estados independentes, e na intolerância crescente em relação às minorias. Estas tendências centrífugas podem ser expressas através do conceito de separatismo (do lat. Separatus - separado), que significa o desejo de isolamento, de separação, ou seja, de obter por uma parte do país a independência política total ou, pelo menos, a autonomia. Seria muito mais aconselhável considerar estes conflitos como conflitos separatistas baseados em motivos nacionais e religiosos (Joseph. S. Nye. Jr. 2007. Pp. 157-165).

Atualmente, o separatismo tem um grande efeito desestabilizador em toda a ordem geopolítica mundial. Este facto não é surpreendente. O livro "The Geographic Picture of the World" faz referência a um mapa das principais fontes de separatismo, que são apenas 53 e que, no seu conjunto, ocupam uma área de 12,7 milhões de km2 com uma população de 220 milhões de pessoas (V. Maksakovsky. 2009. p. 89). Alguns cientistas relacionam estes conflitos com as chamadas "falhas geopolíticas" ou "zonas-tampão", que são caraterísticas da fronteira entre as civilizações étnicas e culturais do mundo.

No que diz respeito a países específicos, é óbvio que os Estados multinacionais, que ascendem a 60 em todo o mundo, e os Estados com um número mais ou menos significativo de minorias nacionais, funcionam como centros de nacionalismo militante, separatismo e, consequentemente, conflitos etno-religiosos. (V. Maksakovsky. 2009. p. 89). Os conflitos nestes países são, na sua maioria, complexos, contraditórios e de longo prazo, baseados em disputas territoriais e em queixas historicamente acumuladas relacionadas com a opressão nacional, a alienação mútua contínua e a hostilidade (Robert J. Art. Robert Jervis. 2005. P. 399-415).

À primeira vista, pode parecer estranho, mas os conflitos separatistas nas divisões nacionais e religiosas existem em muitos Estados ocidentais com regimes economicamente avançados e democráticos. Um excelente exemplo disso é a Europa, que, durante muitas décadas, apesar de todos os esforços, não conseguiu eliminar completamente o conflito na Irlanda do Norte (Ulster), onde o confronto entre católicos e protestantes se manteve, pelo menos, até meados de 2005. Uma tendência semelhante ocorre no País Basco, onde nacionalistas extremistas e separatistas lutam por um Estado Basco independente - o território entre Espanha e França e a Bélgica, onde flamengos e valões disputam o território em questão.

Os conflitos separatistas de carácter nacional-religioso provocados pela decadência da antiga Jugoslávia ocupam, sem dúvida, um lugar especial nesta região. Dois deles são os principais. Em primeiro lugar, o conflito na Bósnia-Herzegovina, cuja população é constituída por sérvios, croatas e muçulmanos que não queriam viver num único Estado e que, após uma guerra sangrenta, acabou por proclamar a Federação Muçulmano-Croata e a República Sérvia, o que criou os dois sujeitos da federação num único Estado - a Bósnia-Herzegovina. Por mandato da ONU, as forças de estabilização - constituídas por 32 mil pessoas com um núcleo de tropas da NATO - foram destacadas para este país (NATO Handbook. 2006. Pp.167-173). Em segundo lugar, a província autónoma do Kosovo e Metohija, no sul da Sérvia, onde 90% da população é constituída por albaneses muçulmanos. Quando a Jugoslávia começou a desintegrar-se, os albaneses do Kosovo proclamaram a criação da República independente do Kosovo, o que levou a uma guerra civil entre as forças separatistas e o governo central da Sérvia e, posteriormente, ao estabelecimento do controlo da república separatista pela força de manutenção da paz da NATO - KFOR (Fig. 33).

(Manual da NATO. 2006. Pp.173-179).
Pode dizer-se que na Bósnia e no Kosovo se estabeleceu a "velha paz". Outro exemplo notável deste tipo de conflito no Ocidente é uma província canadiana com uma população predominantemente francófona, o Quebeque. Trata-se também de um conflito de longa data em que as forças mais radicais são a favor da separação do Quebeque francófono do Canadá federal.

Fig. 29. Província Autónoma do Kosovo e Metohija
Fonte: http://mapsontheweb.zoom-maps.com/post/114574543300/occupation-zones-in-kosovo
Os países em desenvolvimento são a principal arena de conflitos, com a sua composição étnica e religiosa muitas vezes particularmente complexa. Isto diz respeito sobretudo à Ásia e a África.
Na Ásia, esses conflitos são comuns às suas quatro sub-regiões. No Sudoeste Asiático, trata-se do conflito em torno do Curdistão, que está dividido por fronteiras políticas entre a Turquia, o Iraque, a Síria e o Irão, em torno de Chipre, em torno do Afeganistão. No Sul da Ásia - toda uma série de conflitos no país mais multiétnico do mundo - a Índia. O conflito entre a Índia e o Paquistão sobre Caxemira tem sido discutido em relação a disputas territoriais, mas é também um conflito igualmente separatista com base num confronto étnico-religioso entre antigos hindus e muçulmanos. Outro Estado indiano "em conflito", o Punjab, colonizado por sikhs, é igualmente digno de nota.
O isolamento cultural, religioso e depois político da comunidade sikh em relação ao hinduísmo começou na primeira metade do século XX. Em meados do século, foram fundados os Estados

independentes da Índia e do Paquistão e o Punjab passou a fazer parte da Índia, mas, ao mesmo tempo, foi avançada a ideia de um Estado soberano, o Khalistão, que poderia tornar-se uma espécie de tampão entre a Índia e o Paquistão. Embora este plano não tenha podido ser concretizado, os separatistas sikhs continuam a insistir nele, o que gera discórdia na sua relação com o Estado. A este respeito, é necessário referir que, em 1984, dois guarda-costas sikhs mataram a primeira-ministra indiana Indira Gandhi (Heywood. 1998.P.314).

Os conflitos separatistas armados com base em factores étnico-religiosos são caraterísticos de muitas outras partes da Índia e do Sri Lanka. Dos países do Sudeste Asiático, o Camboja, a Indonésia, Myanmar e as Filipinas fazem parte da mesma lista, enquanto que da Ásia Oriental é a China (Região Autónoma de Xinjiang Uygur, Tibete).

Não há nenhuma sub-região no mapa político de África onde tais conflitos não ocorram.

No Norte de África, o Sudão já se tornou uma perigosa fonte de conflitos deste tipo, que se baseia na contradição entre os povos nilóticos do Sul do país, que professam o cristianismo, e os povos do Norte do Sudão, que aceitaram o islamismo. Na África Ocidental, caracterizada por uma diversidade étnica especial, os conflitos de base étnico-religiosa são comuns a muitos países, nomeadamente à Nigéria, com uma situação política igualmente muito instável. A Eritreia, a Etiópia, a Somália, o Uganda, o Quénia, o Ruanda e o Burundi fazem parte da lista da África Oriental, na África Central são a República Democrática do Congo e Angola e na África Austral a África do Sul. Mas o conflito étnico no Ruanda merece, sem dúvida, grande destaque. Começou em 1994 e conduziu ao genocídio, que é comparável às acções da Alemanha nazi nos países ocupados ou dos "Khmer Rouge" no Camboja.

A antiga colónia belga do Ruanda tornou-se independente em 1962. No entanto, este facto não conduziu à reconciliação entre os grupos étnicos em conflito - pastores tutsis e agricultores hutus. Apesar de os tutsis representarem apenas 15% da população, ocupavam praticamente todos os cargos de chefia do governo. Esta longa contenda transformou-se numa guerra civil, no final da qual, em 1994, os tutsis mataram 500 mil hutus e obrigaram mais de 2 milhões de pessoas a fugir do país. Todo o mundo civilizado foi literalmente abalado pela violência que foi acompanhada pelo conflito (Factos básicos sobre as Nações Unidas. 2004. P. 84).

Por conseguinte, podemos dizer que é em África que a designação "continente dos conflitos" está firmemente estabelecida. Quanto às soluções mais radicais para este problema complexo, não tivemos tempo de apresentar propostas para reformular o mapa político de África herdado da era colonial, criando possíveis Estados uni-étnicos no continente. Na prática, é completamente impossível de implementar. Os etnógrafos calcularam que, nesse caso, o número de Estados no continente teria de aumentar para 200-300! (V. Maksakovsky. 2009. P. 92).

Em conclusão, podemos acrescentar que a maioria dos conflitos no espaço pós-soviético, que, como já referimos, são também classificados numa base étnica separatista. Na maioria dos casos, a Abcásia e o distrito de Tskhinvali (Geórgia) e a Transdniéstria (Moldávia) existiram e continuam a existir devido ao envolvimento ilegal da Rússia nesses conflitos. Quanto à própria Rússia, o Cáucaso do Norte foi e continua a ser a principal zona desses conflitos.

Esperemos que agora tenhamos as abordagens básicas para um problema tão complexo como os conflitos regionais e locais no mapa político mundial moderno.

CAPÍTULO 6

Geografia dos recursos naturais do mundo. Poluição e proteção do ambiente

Abordagens teóricas do tema

Toda a história da sociedade humana é a história da sua interação com o ambiente, ou seja, do "metabolismo" entre ambos. Por isso, em muitos livros de Geografia, é indicado que os problemas relacionados com a geografia dos recursos naturais do mundo, a poluição e o ambiente são uma das partes mais importantes da ciência geográfica. Para o compreendermos melhor, comecemos por algumas abordagens teóricas básicas e analisemos primeiro os "três pilares" desta questão - os conceitos de ambiente geográfico, ambiente e natureza.

O conceito de meio geográfico é um dos mais importantes da ciência geográfica. Foi proposto no final do século XIX pelo geógrafo francês Reclus e gradualmente aprofundado, tornando-se o núcleo da doutrina do meio geográfico (Marshall P. 1995).

O ambiente geográfico é designado como a parte da natureza terrestre, com a qual a sociedade humana interage diretamente nas suas vidas e actividades de produção nesta fase do desenvolvimento histórico (Eckersley, R. 1992).

Tudo parecia estar perfeitamente claro. No entanto, este conceito está associado a três questões relativamente às quais os geógrafos tinham e continuam a ter pontos de vista diferentes.

A primeira é a questão do grau de "ocupação" do meio ambiente. Alguns geógrafos consideram que, hoje em dia, o invólucro geográfico no seu tipo primitivo e natural não existe, pelo que os conceitos de "natureza" e "meio geográfico" devem ser considerados sinónimos. Outros, no entanto, que constituem a maioria, consideram que a questão ambiental será colocada na ordem do dia um pouco mais tarde, quando a humanidade explorar plenamente o ambiente.

No seu Dicionário sobre a Proteção da Natureza, N.F. Reimers apresenta as opiniões de cientistas americanos, resultantes da análise de imagens de satélite da superfície terrestre. Estes sugerem que em mais 48 milhões de km2 da terra (31%) não há sinais visíveis de atividade humana. Na América do Norte, a terra "selvagem" representa 38%, no espaço pós-soviético - 34%, em África, Austrália e Oceânia - 28%, na Ásia - 19%, na Europa - cerca de 3%. Além disso, em 28% do território da Terra, os ecossistemas naturais são parcialmente destruídos apenas pelo homem (A. V. Cheltsov. 1992. pp. 643-645).

A segunda questão está relacionada com a definição de ambiente geográfico.

Os defensores de uma interpretação mais alargada consideram que o ambiente geográfico inclui não só elementos naturais mas também tecnológicos. Assim, propõem mesmo a substituição desta noção por "antroposfera", "tecnosfera", "sociosfera" ou "noosfera". Os defensores de uma interpretação restrita 121

A interpretação do argumento concorda em incluir no meio geográfico os elementos naturais, ou seja, os elementos naturais-antropogénicos que são capazes de se autodesenvolver sem intervenção humana (terra arável, jardim, cintura florestal, reservatório, etc.). Mas não é razoável incluir elementos puramente artificiais.

Em terceiro lugar, trata-se de uma questão de ambiente geográfico na vida da sociedade. A este respeito, cometem-se dois tipos de erros ao tentar resolver o problema: um exagero do seu papel e uma subestimação.

O exagero do papel do meio geográfico é designado por determinismo geográfico. Em sentido lato, o determinismo é o conceito filosófico, que deriva do latim. Determinado, que define e significa a inter-relação natural e a interdependência de vários fenómenos causais. No entanto, quando se trata de determinismo geográfico, está-se a exagerar o papel do meio geográfico.

Historicamente, o determinismo geográfico nasceu na era mais antiga da geografia e depois, durante 2,5 mil anos, foi talvez a ideia dominante, incluindo o período da Nova Era. Por exemplo, no século

XVIII, o iluminista Charles Montesquieu escreveu que "o poder do clima é mais forte do que todas as autoridades" (Charles-Louis de Secondat de Montesquieu. 1750). A escola de antropogeografia na Alemanha e a escola de "geografia humana" em França estiveram sob a forte influência do determinismo geográfico no século XIX. No período contemporâneo, o determinismo geográfico adoptou formas mais subtis, actuando como uma espécie de neo-determinismo. É designado por possibilismo (do francês Possibilite - possibilidade), que tem origem nas disposições gerais de uma visão bastante correta de que o ambiente natural é um pré-requisito para a atividade humana, e por ambientalismo, que ainda coloca o desenvolvimento e a implantação da economia numa forte dependência da natureza e dos seus recursos (Preston E. James. 2006. p.194).

A subestimação do papel do meio geográfico na vida das pessoas é designada por indeterminismo geográfico e um dos principais geógrafos, N. Baranski, chamou-lhe niilismo geográfico (Baranski, 1928). É também caraterística de algumas escolas geográficas do Ocidente.

A noção de ambiente foi introduzida na ciência nos anos 70 e tem sido amplamente utilizada desde então.

O ambiente (ou ambiente humano) é um conjunto de objectos, fenómenos e processos naturais-antropogénicos e artificiais, exteriores à natureza humana, com os quais esta mantém relações diretas ou indirectas.

Consequentemente, o ambiente inclui habitats naturais e industriais, sociais e residenciais, culturais e informativos e outros habitats humanos. Neste contexto, esta noção é um velho debate largamente reconciliado sobre o que está incluído e o que não está incluído no ambiente geográfico. Se o ambiente humano for considerado apenas como o ambiente natural, deve ser designado por ambiente natural.

O conceito de consumo dos recursos naturais é também relativamente recente. Chegou à comunidade académica no final dos anos 50 do século XX. O surgimento de uma doutrina dos recursos naturais está a chegar já aos anos 70, quando começaram a ocorrer mudanças significativas e muitas vezes irreversíveis na relação "homem (sociedade) - natureza". Por sua vez, a situação levou à necessidade de uma análise mais abrangente e aprofundada dos vários aspectos da interação entre a sociedade e a natureza e das formas de a otimizar, o que, na verdade, é o desafio mais comum da natureza. Foi então que começou a aparecer a definição científica do conceito, que pode ser encontrada com frequência na literatura. Limitamo-nos a uma das definições mais concisas:

Consumo de recursos naturais - uma combinação de todas as formas de exploração dos recursos naturais por medidas potenciais e de conservação (A. Dobson. 2000).

É necessário distinguir um certo número de espécies (ramos) da natureza: industrial, agrícola, florestal, piscatória, de comunicação, recreativa e cada uma delas pode ser intensiva e extensiva.

Estes são os conceitos fundamentais do tema. Mas, para uma compreensão mais profunda dos seus fundamentos teóricos, é necessário considerar dois aspectos inter-relacionados. O primeiro é o facto de a sociedade humana produzir parte dos seus recursos a partir do ambiente, empobrecendo-o e até esgotando-o. De facto, só de minerais extraídos anualmente da Terra são mais de 300 mil milhões de toneladas. Se calcularmos a quantidade per capita, obtemos um resultado impressionante - mais de 46 toneladas!

A segunda implica que a sociedade humana polui constantemente o ambiente (V. Neidze. 2004. P. 28).

Na geografia, incluindo a socioeconómica, a geografia dos recursos naturais também está envolvida na análise do problema da utilização racional dos recursos naturais e da oferta de recursos.

Os recursos naturais são considerados por nós como componentes ambientais que são utilizados no processo de produção para satisfazer as necessidades materiais e culturais da sociedade.

Quanto à questão da classificação dos recursos naturais, é necessário abordar aqui as mais importantes.

Em primeiro lugar, trata-se da classificação dos recursos naturais segundo a fonte natural da sua origem ou génese, segundo a qual se dividem em recursos da litosfera (mineral, terrestre, solo), hidrosfera (água, terrestre e oceanos, energia dos rios e marés), atmosfera (clima, vento) e biosfera (flora e fauna). Os recursos naturais divididos em minerais, água, terra, solo, flora e fauna, radiação solar, água em movimento, etc. servem como variação desta classificação.

Em segundo lugar, é a classificação dos recursos naturais de acordo com a sua possível utilização nas actividades humanas. Trata-se de recursos para a produção industrial (minerais, água, florestas, etc.), produção agrícola (agro-climáticos, terra, solo, água, etc.), transportes, recreio e turismo, etc. Podem ser considerados como uma fração - como os recursos para a indústria de combustíveis e energia, metalurgia, química, madeira, indústria têxtil, para a construção.

Em terceiro lugar, a classificação dos recursos naturais em função do seu grau de esgotamento (Fig. 34). Obviamente, estão divididos em dois grandes grupos - recursos esgotáveis e inesgotáveis. No grupo dos recursos esgotáveis, consideram-se os recursos não renováveis cuja exploração económica pode levar, em última análise, ao seu esgotamento e os recursos renováveis situam-se no ciclo da matéria da Biosfera e têm a capacidade de se curar a si próprios em função das actividades humanas. Os recursos inesgotáveis pertencem a este tipo de recursos cuja falta não representa uma ameaça para as gerações futuras da população. Por exemplo, no que diz respeito aos recursos de energia solar, estima-se que excedem em 20 mil vezes as necessidades actuais da humanidade! (Maksakovsky V. 2009. P. 97). Para além disso, para serem classificados em recursos naturais de acordo com o seu grau de exploração, são subdivididos em tradicionais e não tradicionais.

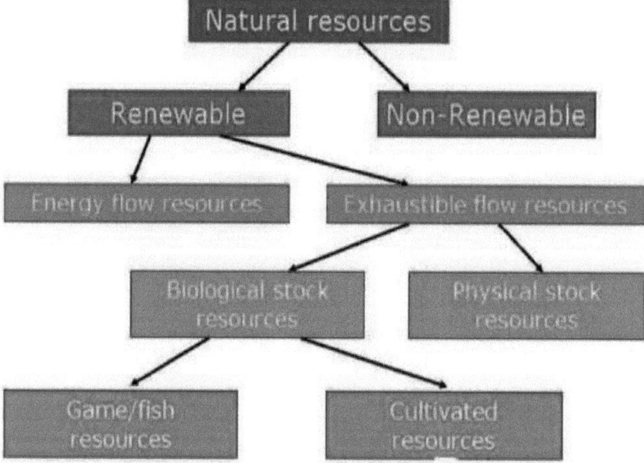

Fig . 30. Classificação dos recursos naturais quanto ao grau de esgotamento
Fonte: http://greenenergyhomedesign.tk/tag/green-energy/page/237/

Geografia dos recursos naturais do mundo: recursos minerais e terrestres

Na geografia socioeconómica, a familiaridade com os recursos naturais começa normalmente com os recursos minerais (minérios) - os principais "blocos de construção" da produção. O facto é que as pessoas aprenderam a utilizar os minerais desde a antiguidade, de acordo com os nomes das épocas do desenvolvimento humano, tais como os séculos da pedra, do bronze e do ferro. Se na Idade Média se extraíam da crosta terrestre apenas 18 tipos de minerais, no século XIX esse número ascendia a 47. Nos nossos dias, segundo a expressão figurativa do geólogo - A. Fersman "aos pés da humanidade está composto todo o Sistema Periódico de Mendeleev", ou seja - são utilizados mais de 200 tipos diferentes de recursos minerais (Science Encyclopedia. 2005. P. 24). Estes podem

ser subdivididos em três grupos: 1) combustível, 2) minério (metal) e 3) não metálico.
Não estaremos errados se dissermos que - É razoável afirmar que os recursos de combustível têm grande importância. As suas caraterísticas começam normalmente com uma avaliação quantitativa, mas há que ter em conta que podemos falar de uma grande variedade de categorias dessa avaliação. Quanto aos dados geológicos dos recursos de combustível do mundo, atualmente estão estimados em 5,5 triliões de toneladas de combustível (em toneladas) e as reservas comprovadas, com as quais continuaremos a lidar, em 1,2 triliões de toneladas. Mas é mais importante saber os números exactos das reservas comprovadas de carvão, petróleo e gás natural. O carvão é de um trilião de toneladas, o petróleo de 192 mil milhões de toneladas e o gás de 175 triliões de m^3 (V. Maksakovsky, 2009. P. 101).
De acordo com a importância quantitativa, a consideração da geografia dos recursos de combustível é de particular interesse para nós. Do ponto de vista da análise global, em geral, estes recursos estão amplamente distribuídos na crosta terrestre. Assim, as bacias e jazidas de carvão ascendem a 3,6 mil e, no seu conjunto, ocupam 15% da superfície terrestre total, estando localizadas em mais de 80 países (V. Neidze. 2004. P. 28). As bacias de petróleo e gás no mundo ascendem a pelo menos 600 e os depósitos a 50 mil (V. Neidze. 2004. P. 28), enquanto as áreas de petróleo e gás em perspetiva existem em mais de 100 países (N. Chitadze. 2004. P. 17) e ocupam coletivamente mais território do que o carvão.
Ao mesmo tempo, a colocação dos recursos de combustível não pode ser considerada igual. Para compreender as suas leis, é preciso recordar a geologia e, em particular, o facto de os depósitos de combustíveis fósseis estarem sempre associados a sedimentos e à tectónica. Assim, os mapas de minerais devem ser de enquadramento tectónico, o que nem sempre acontece. Também é importante o facto de os recursos de combustíveis estarem tipicamente espalhados pela cintura, formando uma vasta cintura de acumulação de carvão, petróleo e gás que se formou nas épocas geológicas em que havia picos de carvão, petróleo e gás.
Por exemplo, as principais bacias carboníferas da Europa formam uma cintura latitudinal que se estende desde o Reino Unido, passando pela Bélgica, o norte de França e a Alemanha ocidental, a parte sul da Polónia e a parte norte da República Checa, até à bacia do Donets. O surgimento desta cintura de acumulação de carvão ocorreu porque o período geológico Carbonífero foi aquele em que a maioria dos processos geopolíticos se reflectiu no arco mais setentrional da plataforma efervescente. Por conseguinte, esta faixa e as piscinas - Ruhr, Alta Silésia, Donetsk, etc. - apresentam certas semelhanças geológicas. - apresentam certas semelhanças geológicas.
Do global, passemos agora à consideração do nível regional, utilizando os dados do Quadro 12.

Região	Carvão. Mil milhões de tons	Óleo, Mil Milhões de Tons	Gás natural, triliões de M3
Espaço pós-soviético	230	20,3	56,0
Europa	125	2,7	6,0
Ásia	215	106,2	82,5
África	55	15,1	13,0
América do Norte	260	31,1	7,0
América Latina	30	16,7	7,5
Austrália e Pacífico	85	0,2	3,0
Todo o mundo	1000	192,5	175,0

Tabela 12.
Fonte: Distribuição das reservas energéticas comprovadas nas principais regiões do mundo no início do século XXI (V. Maksakovsky. 2009. P. 102)
O quadro 8 permite concluir o seguinte: as reservas provadas de carvão no mundo destacam-se na América do Norte (26%), no espaço pós-soviético (23%) e na Ásia (21,5%), as reservas de petróleo

na Ásia (55%) e as reservas de gás natural na Ásia (47%) e no espaço pós-soviético (32%) (V. Maksakovsky. 2009. P. 102). Por conseguinte, durante a história geológica, as melhores condições para a produção de carvão e de petróleo e gás natural desenvolveram-se nestas três regiões do mundo.

Quanto ao terceiro nível, o dos países, pode assumir-se a priori que nestas três regiões os países mais ricos do mundo possuem recursos de combustível. São considerados em pormenor durante os exercícios laboratoriais, com base no princípio do "top ten".

Tabela 13.

Fonte: Distribuição das reservas energéticas comprovadas por países no início do século XXI Século XXI (V. Maksakovsky. 2009. P. 103)

País	Carvão. Mil milhões Tons	País	Petróleo, mil milhões Tons	País	Gás natural, triliões de M3
EUA	250	Arábia Saudita	35	Rússia	48
Rússia	195	Canadá	28	Irão	27
China	115	Irão	18	Catar	26
Índia	85	Iraque	16	Arábia Saudita	7
Austrália	82	Rússia	15	Emirados Árabes Unidos	6

Table 13 Os cinco primeiros países em reservas comprovadas de recursos de combustível (V. Maksakovsky. 2009. P. 103).

Analisando o quadro 13, podemos limitar-nos aos três primeiros países. Um cálculo simples mostra que a quota dos Estados Unidos, da Rússia e da China representa mais de metade de todas as reservas mundiais de carvão conhecidas, enquanto a da Arábia Saudita, do Canadá e do Irão representa cerca de 2/5 do petróleo mundial e a da Rússia, do Irão e do Qatar quase metade das reservas de gás natural. Os países que ocupam os três primeiros lugares - os Estados Unidos, a Arábia Saudita e a Rússia - devem ser especialmente destacados (V. Maksakovsky. 2009. P. 103).

Os países acima referidos apresentam uma série de vantagens. A mais importante é a riqueza especial dos seus recursos de combustível. Assim, as maiores reservas exploradas de bacias de carvão do mundo encontram-se nos Estados Unidos (Illinois, montanhas Appalachy), na Rússia (Kan-Achinsk, Kuznetsk) e na China (Ordos) (Keaton Energy. 2010). O mesmo se aplica às províncias petrolíferas mais ricas do Golfo Pérsico. Mas no caso do petróleo e do gás, um papel crucial não é desempenhado pelo número total de campos e pela presença destes campos com as reservas gigantes e mais singulares.

O número de campos petrolíferos não competitivos únicos no mundo ocupa os países do Golfo, onde estão geneticamente relacionados com os sedimentos da placa arábica e da bacia da Mesopotâmia. É aqui que surgem os grandes campos petrolíferos de Ghawar (Arábia Saudita), Agha Jari (Irão) e o Grande Burgan (Kuwait) com reservas iniciais de mais de 10 mil milhões de toneladas cada (Ivanhoe, L. F, e G G. Leckie. 1993, pp. 87-91). De acordo com uma série de campos de gás natural únicos em todo o mundo, o líder é a parte norte russa da Sibéria Ocidental. O Qatar abriu recentemente um campo de gás único, o Qatar-Nord, que colocou imediatamente este pequeno país entre os quatro principais países do mundo, de acordo com as maiores reservas comprovadas (Agência Internacional de Energia. Paris, 2012).

No que diz respeito às reservas de metais, estas são mais comuns na crosta terrestre do que as de combustíveis. Isto explica-se pelo facto de estarem geneticamente ligadas não só aos sedimentos, mas também às rochas cristalinas (lembrem-se dos escudos do Báltico ou do Canadá). No caso dos recursos minerais, a distribuição zonal é muito mais típica. Devemos estar cientes dos dois principais cinturões metalogénicos da Terra - o Alpino-Himalaiano e o Pacífico, que se estende por um enorme arco de 30 mil km (William J. Collins, Anthony I. S. Kemp, J. Brendan Murphy. 2011). Ambas as zonas estão associadas a falhas profundas da crosta terrestre, originadas na orogenia alpina e que no seu interior devem procurar primeiro muitos minérios - seja minério de ferro na Índia, estanho - na Malásia ou cobre no Chile.

Na avaliação dos metais ferrosos e não ferrosos é necessário considerar algumas das suas caraterísticas. Em primeiro lugar, o facto de raramente serem exploradas reservas no valor de centenas e dezenas de biliões de toneladas e, normalmente, serem consideradas de milhares, dezenas de milhões e milhões de toneladas. Em segundo lugar, isso deve-se ao facto de o teor do componente útil dos minérios variar entre menos de 1% e até 60-70% (Science Encyclopedia. 2005. pp. 30-31). É evidente que a baixa composição do metal no minério leva a avaliar os seus depósitos de acordo com os componentes úteis e não com o minério e, por conseguinte, a sua quantidade é ainda mais reduzida. Em terceiro lugar, a coleção de recursos de minério em si é muito mais ampla do que a de combustível - a sua quantidade é de cerca de 35. Devemos pensar pelo menos em metais ferrosos - ferro, manganês, cromo, metais de liga - titânio, vanádio, níquel, cobalto, metais ferrosos e leves - magnésio, cobre, chumbo, zinco, bismuto, metais preciosos - ouro, prata, platina. Por conseguinte, podemos encontrar-nos com eles apenas em exemplos separados - podemos apenas discutir exemplos separados.

Como primeiro exemplo, considere-se o minério de ferro amplamente distribuído na crosta terrestre. Os seus recursos ascendem a 350 mil milhões de toneladas no mundo e concentram-se principalmente no espaço pós-soviético, na América do Norte e Latina e na Ásia. As reservas exploradas estão estimadas em 165 mil milhões de toneladas e são conhecidas em cerca de 100 países, com uma forte predominância de apenas alguns deles. Entre os cinco primeiros estão a Rússia, o Brasil, a Austrália, a Ucrânia e a China. Ao mesmo tempo, a Rússia tem um primeiro lugar não competitivo - 33 mil milhões de toneladas ou 20% das reservas mundiais (Maksakovsky V. 2009. P.104) que se concentram principalmente na anomalia magnética de Kursk e em várias outras piscinas únicas e de grande dimensão. A piscina Hammersley domina nas reservas da Austrália, no noroeste do país, enquanto na Ucrânia - Krivoy Rog.

A bauxite - a principal matéria-prima para a produção de alumínio - é um segundo exemplo, também muito difundido na crosta terrestre. As reservas exploradas de bauxite ascendem a 20 mil milhões de toneladas (Maksakovsky V. 2009. P. 104). Para compreender o padrão principal da sua localização no globo,

devemos recordar que os depósitos de bauxite estão geneticamente relacionados com secções da crosta primariamente meteorizadas localizadas nas zonas climáticas tropicais e subtropicais.

É por isso que uma das principais províncias do mundo da bauxite inclui a Guiné em África (mais de um terço de todas as reservas comprovadas), o Norte da Austrália, as Caraíbas, a América Central e a Europa Mediterrânica.

Os recursos de urânio estão amplamente distribuídos na crosta terrestre. No entanto, é rentável desenvolver apenas os campos que contêm pelo menos 0,1% do componente útil: neste caso, o custo de 1 kg de concentrados de urânio é inferior a 80 dólares das reservas exploradas de urânio disponíveis para recuperação a um preço de 3,5 milhões de toneladas e a Austrália, o Cazaquistão, a Rússia, o Canadá e a África do Sul estão incluídos nos cinco principais países neste caso. No Canadá, o teor de urânio no minério é de 10%, na Austrália - 0,5% (V. Maksakovsky. 2009. P. 105).

O terceiro grupo, como já foi referido, é o dos recursos não metálicos. Não os consideraremos em pormenor. Apenas referimos que, de acordo com o volume desses recursos, entre eles se encontram os sais de sódio e de potássio, o fósforo e o enxofre.

Para concluir a descrição dos recursos minerais, há que ter em conta duas outras questões.

Em primeiro lugar, estes recursos estão distribuídos entre países economicamente muito desenvolvidos e países em desenvolvimento. Os países economicamente avançados estão à frente nas reservas comprovadas de carvão, minérios de ferro, manganês e crómio, poli-metálicos, urânio e ouro. Os países em desenvolvimento estão à frente nos recursos de petróleo (mais de 4/5 das reservas totais), gás natural, bauxite, minério de cobre, estanho, tungsténio e diamante (ConglinXu. LauraBell. 2013).

Em segundo lugar, até que ponto a humanidade é abastecida por recursos minerais críticos. Se considerarmos apenas as reservas comprovadas, muitos tipos de minerais não serão suficientes durante muito tempo. Por exemplo, o petróleo, o gás natural, o cobre, o zinco, o chumbo, o estanho e o tungsténio desaparecerão dentro de cerca de 60 anos (Conglin Xu. Laura Bell. 2013). Isto acontece, nomeadamente, tendo em conta o volume da sua extração atual. Outro fator adicional é que o "apetite" da humanidade está a crescer continuamente!

Naturalmente, as diferenças entre regiões e países em função dos recursos minerais podem ser muito grandes. Por exemplo, as reservas comprovadas de petróleo são mais abundantes no Canadá (que serão suficientes para 230 anos), onde na região de Alberta se encontram os maiores depósitos mundiais de areias betuminosas e os cientistas só recentemente começaram a considerar essas reservas nas estatísticas internacionais. A este país seguem-se o Iraque, o Irão, o Kuwait, os Emirados Árabes Unidos e a Venezuela, onde as reservas serão mantidas durante cerca de 100 a 150 anos. Mas na Europa e na Austrália a riqueza petrolífera é suficiente apenas para 9 anos, enquanto nos EUA é de 11 anos. Na Rússia, este número ascende a 32 anos (V. Maksakovski. 2009. P. 106).

No que se refere às caraterísticas dos recursos terrestres (solo), vários cientistas chamam-lhes recursos territoriais e devemos começar por notar que a terra é uma espécie de recurso universal sem o qual nem a atividade económica nem a vida do homem serão possíveis. No entanto, com esta utilização polivalente da terra, num dado momento, um ou outro pedaço de terra só pode ser utilizado para um ou vários fins - concessão, lavoura, etc. É importante notar que, embora os recursos da terra (solo) pertençam à categoria de recursos esgotáveis, mas renováveis, a sua renovação requer muito tempo.

Durante a discussão sobre os recursos terrestres, um conceito fundamental representa o fundo terrestre. Para se ter uma ideia da dimensão do fundo de terra do planeta, devemos ter em conta o total da área terrestre (149 milhões de km2 ou 14,9 mil milhões de hectares) subtraindo a área da Antárctida e da Gronelândia. O resultado final é 134 milhões de km2, ou seja, 13,4 mil milhões de hectares, e é o montante total do fundo terrestre (Pidwirny, Michael. 2007). Trata-se de um enorme recurso que é, sem dúvida, muito encorajador. No entanto, o conhecimento da estrutura do fundo de terras (Fig. 31) leva a conclusões um pouco diferentes.

Fig. 31. Tipos de fundo global de terras

Fonte: V. Maksakovsky. 2009. P. 107

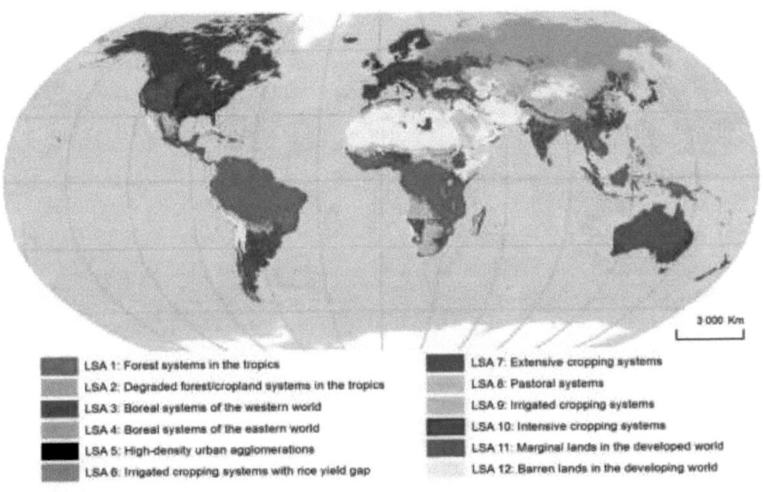

Verifica-se que as terras menos produtivas ou improdutivas, total ou parcialmente impróprias para a vida e para a realização de actividades comerciais das pessoas, ocupam o primeiro lugar nesta estrutura. As florestas e os arbustos ocupam o segundo lugar. Quanto aos dois tipos de terras agrícolas, as terras aráveis e as terras de ceifa, partilham a terceira e quarta posições, ocupando apenas 1/3 do fundo total de terras, incluindo, principalmente, as terras cultivadas, que produzem cerca de 9/10 de todos os produtos alimentares necessários para as pessoas, representando apenas 11% (V. Neidze. 2004. P. 30).

É certo que, a nível regional, todos estes valores podem variar muito. A percentagem de terras aráveis é muito mais elevada na Europa e na Ásia, a de prados e pastagens na Austrália e em África, a proporção de florestas na América do Sul e na Rússia e a percentagem de terras marginais e improdutivas na Ásia, América do Norte e África. Naturalmente, existem ainda mais diferenças entre países individuais. Por exemplo, na Dinamarca, na Índia e no Bangladesh, a terra arada prevalece e ascende a 55%, na Mongólia 75% da terra é ocupada por pastagens e na Líbia, localizada principalmente no deserto do Sara, mais de 90% da terra é menos produtiva e improdutiva (V. Maksakovsky. 2009. P. 107). O quadro 14 apresenta os países com a maior área de terra arável.

Table 14

Os cinco primeiros países de acordo com a dimensão da terra arável no início do século XXI

Fonte: V. Maksakovsky. 2009. P. 107

País	Área do terreno. Milhões de Hectares	% para o Fundo de Terras
EUA	186	20,3
Índia	166	55,9
Rússia	117	6,8
China	93	9,9
Austrália	47	6,1

É claro que, historicamente, a estrutura do fundo de terras não se mantém inalterada. Dois processos opostos influenciam assim a estrutura do fundo fundiário.

Por um lado, há centenas, ou mesmo milhares de anos, que as pessoas procuram aumentar a área de terra adequada para habitação e agricultura. Isto significa, em primeiro lugar, a ofensiva sobre as paisagens florestais. Não é por acaso que o século XIV entrou na história da Europa como a "era da desenraizamento". Naturalmente, os campos começaram a atacar as paisagens e as pastagens. Como resultado, só no século XX, a área de terras cultivadas no mundo mais do que duplicou. Lembrem-se, no entanto, das épicas terras virgens que foram dominadas no Canadá, EUA, Austrália, Brasil, China.

Por outro lado, o processo de degradação dos recursos terrestres (solo) acelerou-se na segunda metade do século XX. Atualmente, no mundo, a degradação elevada e moderada expõe 2/3 de toda a terra arável. A principal causa desta degradação é o desenvolvimento da erosão, devido à qual, todos os anos, 6 a 7 milhões de hectares de terra deixam de ser cultivados (V. Neidze. 2004. P.30). Quanto à vasta zona árida, a desertificação antropogénica tornou-se a principal razão da degradação dos solos, que já cobriu cerca de 10 milhões de km2, o que é comparável ao território de países gigantes como o Canadá, a China ou os EUA. Mais de mil milhões de pessoas de cerca de 100 países em todo o mundo vivem em condições de desertificação antropogénica e de degradação dos solos (V. Maksakovsly. 2009. P. 108).

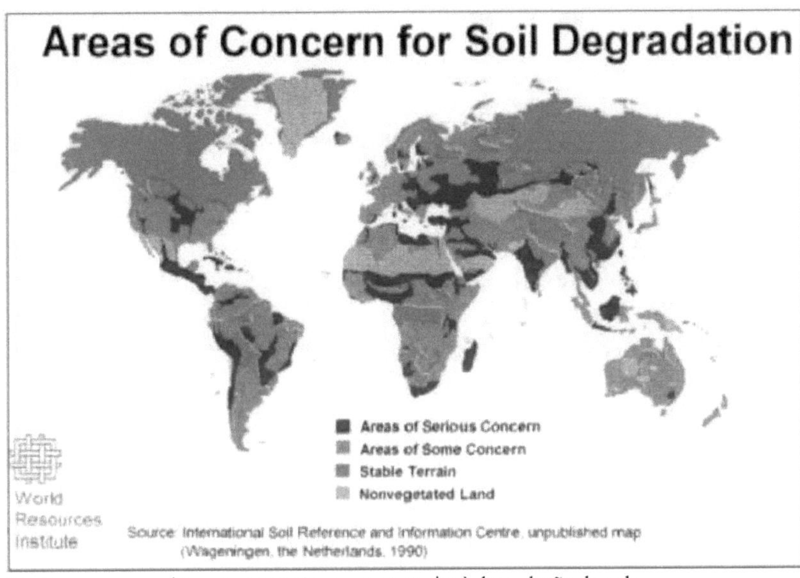

Fig.31. Zonas que suscitam preocupação no que respeita à degradação do solo
Fonte:
http://www.globalchange.umich.edu/globalchange2/current/lectures/land_deg/land_deg.html[97]

Apesar da importância do indicador específico de disponibilização dos recursos fundiários, o índice mais importante representa a disponibilidade das terras de cultivo mais valiosas. A nível mundial, diminuiu de 0,5 hectares em meados do século XX para 0,2 ha no início do século XXI. A Austrália (2,6 hectares) e a América do Norte (0,6 ha) são, mais uma vez, os países mais bem sucedidos neste domínio, sendo o índice mais baixo registado na Ásia Oriental (0,1 ha), no Sul da Ásia e na Europa Ocidental (0,2 hectares). Entre os países selecionados (para além da Austrália), o Cazaquistão e o Canadá (1,5 hectares), a Rússia, a Ucrânia e os Estados Unidos (0,6-0,8 ha) ocupam as posições de liderança e os Países Baixos, o Japão, o Egito, o Vietname, o Bangladesh e a China estão no fim da lista, com valores entre 0,03 e 0,07 hectares por pessoa (V. Maksakovsky. 2009. P. 109).

Geografia dos recursos naturais do mundo: água e recursos biológicos da terra

A água, tal como a terra, é uma condição indispensável da vida humana, que satisfaz as suas necessidades fisiológicas e sanitárias. É certo que as pessoas aguentam muito mais tempo sem comida do que sem água. É daqui, aliás, que surge um conceito fundamentalmente novo em medicina - é daqui que provém o novo conceito de medicina. É necessária uma quantidade quase igual de água para uma variedade de actividades das pessoas, que se baseiam em grande parte na tecnologia "húmida". Trata-se da produção de alimentos, energia e produtos industriais.

Comecemos pela introdução dos recursos hídricos terrestres segundo a sua natureza.

Apesar de os recursos de água doce no mundo representarem apenas 2,5 % de toda a hidrosfera, isto corresponde a 35 milhões de km3 (Neidze V. 2004. p. 31). Mas a razão para o otimismo relacionado com este facto não é tanto - Isto não dá qualquer razão para o otimismo. O facto é que quase 70% deste volume, reconhecidamente, está conservado nos mantos de gelo da Antárctida e da Gronelândia, no gelo do Ártico e nos glaciares de montanha. As águas subterrâneas representam outros 30%, mas são utilizadas em quantidades relativamente pequenas. Acontece que a água doce gratuita disponível nos rios, lagos, zonas húmidas, atmosfera - é apenas 0,3% de toda a água doce da Terra (V. Maksakovsky. 2009. P. 110).

Mas mesmo com esta abordagem, os recursos mais razoavelmente disponíveis são considerados a parte mais dinâmica da água doce - a água dos rios (leito dos rios) que corre para os oceanos. A sua quantidade global nos rios é insignificante - apenas 2,1 km3. Mas como este volume é renovado durante o ano, em média, 23 vezes, os recursos disponíveis das águas dos rios sobem, de facto, para 48 km3 (V. Maksakovsky. 2009. P. 110). Aparentemente, este número caracteriza a "ração de água" da humanidade que pode (até certo ponto) retirar para a atividade económica.

Agora, a partir da avaliação quantitativa dos recursos de água doce do mundo, passemos à consideração da sua geografia. Se tivermos em mente as principais regiões do mundo, de acordo com os recursos de água doce comuns, as posições de liderança têm a Rússia (1/5 do abastecimento mundial), a América Latina e a América do Norte (V. Maksakovsky. 2009. P. 110). Se considerarmos apenas os recursos do caudal fluvial, avançamos para a Ásia e a América Latina. É evidente que aqui temos em mente, em primeiro lugar, todos os sistemas fluviais, as posições de liderança têm o Yangtze, o Brahmaputra, o Ganges, o Mekong, e em segundo lugar - o Amazonas, o Orinoco, o Paraná. Há várias mudanças e a ordem dos países líderes (Tabela 11).

País	Recursos, km^3
Brasil	6950
Rússia	4300
Canadá	2900
China	2800
EUA	2500

Tabela 15. Os cinco primeiros países do mundo em termos de dimensão do fluxo de recursos no início do século XXI

Fonte: V. Maksakovsky. 2009. P.111

Esta é a situação relacionada com os recursos de água doce que a natureza colocou à disposição da humanidade. No entanto, do ponto de vista da geografia socioeconómica, isso não é suficiente - devem também ser tidos em conta os princípios do consumo de água, que está em constante crescimento. Basta dizer que só no século XX o consumo global de água aumentou várias vezes e atualmente ascende a quase 3000 km3 por ano (Nitti, Gianfranco. 2011p. 8). Alguns especialistas acreditam que quase metade da quantidade total de água doce disponível no nosso planeta já foi utilizada. Para além disso, quase 70% desta água é utilizada na agricultura e perde-se para sempre (Nitti, Gianfranco. 2011p. 8). No que diz respeito à indústria e aos serviços públicos, onde o princípio da reciclagem da água é intensamente utilizado, estes domínios da economia ocupam, respetivamente, o segundo e o terceiro lugares.

Sem dúvida, a taxa de consumo de água nas grandes regiões do mundo também varia muito. Como seria de esperar, a parte oriental da Ásia ocupa o primeiro lugar. Nesta parte do mundo, predomina o consumo de água na agricultura. No entanto, em alguns países (China, Japão), é comunicada uma proporção apreciável da indústria (The Water Footprint Network. 2014). A utilização agrícola é também predominante em África, na Austrália e na Oceânia, numa grande parte da América Latina, e industrial e municipal - na América do Norte e na Europa.

O principal ponto a assinalar a este respeito é a caraterização da provisão de recursos de água doce, que é calculada com base no valor per capita. A disponibilidade média de água doce per capita está a diminuir constantemente, embora estes recursos estejam a crescer e, em qualquer caso, mais lentamente do que a população. Se este indicador for posto em causa, as diferenças serão evidentes (Fig. 32).

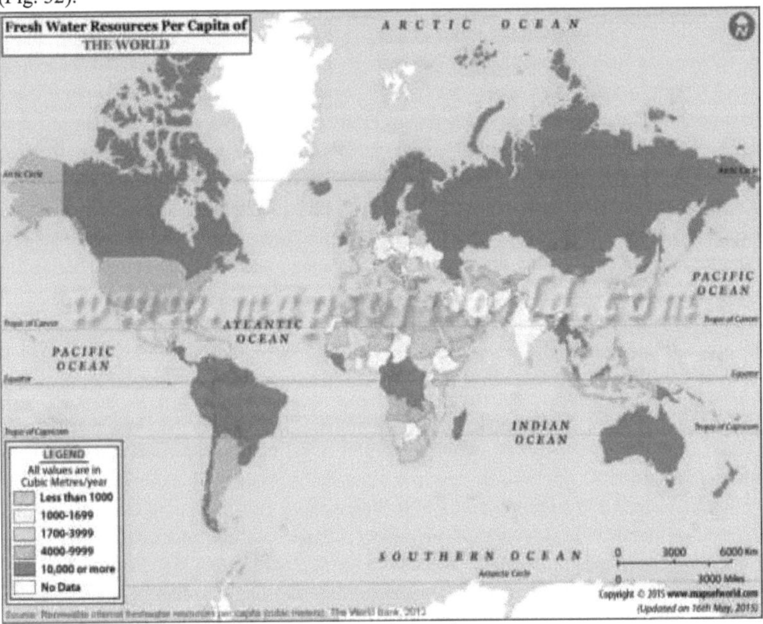

Fig. 32. Consumo de água doce per capita. M3 Anualmente

Fonte: http://www.mapsofworld.com/world-freshwater-resources.htm

De imediato se verificou a presença de duas zonas bem definidas de humidade suficiente e excessiva. A primeira situa-se nas zonas de clima temperado e subtropical do hemisfério norte e inclui o Canadá, os Estados Unidos, os países nórdicos e a Rússia. No entanto, os países da Europa, localizados nesta zona, já estão a sentir falta de água doce. A segunda zona estende-se dentro das zonas climáticas equatoriais e tropicais, principalmente no Hemisfério Sul. Entre elas estende-se a faixa árida com a maior escassez de água doce.

Curiosamente, se durante a análise deste indicador se aplicasse o princípio da "maioria", verificar-se-ia que a provisão de recursos renováveis de água doce em vários países, e neste caso os campeões são a Guiana Francesa (mais de 800 mil m3 por pessoa!) e os seus vizinhos Guiana e Suriname (300 mil), a República Democrática do Congo (cerca de 300 mil) e a Islândia (250 mil), os indicadores mínimos de abastecimento de água são no Kuwait (10 m3), nos Emirados Árabes Unidos e no Qatar (menos de 100 m3), na Arábia Saudita e na Líbia (pouco mais de 100 m3). Isto significa que na Guiana Francesa o fornecimento de água é 8 mil vezes superior (!) ao do Kuwait (V. Maksakovsky. 2009. P. 113).

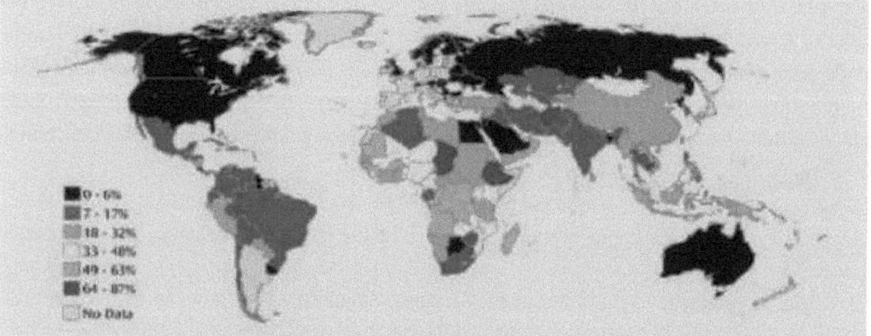

Fig. 33. Percentagem da população sem acesso razoável a água potável segura
Fonte: http://www.theglobaleducationproject.org/earth/human-conditions.php

De facto, o problema da água doce - como terra de cultivo - já se tornou global. De facto, de acordo com as Nações Unidas, no início do século XXI, cerca de 1,2 mil milhões de pessoas não tinham acesso a água potável (Fig. 33) e mais de 2,4 mil milhões a saneamento melhorado (Basic Facts about the United Nations. 2004. P. 144). Nestes países menos desenvolvidos da Ásia e de África, como o Nepal, o Camboja, a Etiópia, o Chade e a Mauritânia, menos de um terço da população tem acesso garantido a água potável. o apenas a falta de água, mas também a sua má qualidade. É o consumo de água contaminada que está na origem de dois terços de todas as doenças. De acordo com as projecções das Nações Unidas, o acesso universal à água potável será assegurado na Ásia - até 2025, na América Latina - até 2040 e em África - 2050 (The Millennium Project. 2012).

Aqui, chegamos à importante questão relacionada com a resolução do problema da água da humanidade dividida em factores maiores e menores.

Para começar, deve ser dada especial atenção aos factores principais. A utilização da água e a redução do seu desperdício/perda de peso morto de água durante os processos industriais são os principais factores. Na indústria, trata-se sobretudo da produção de fibras sintéticas, durante a qual são consumidas cerca de 3500 toneladas de água por tonelada de produto, ao passo que no caso do níquel são 800 toneladas e 200 na produção de ferro, aço e papel. Relativamente à agricultura, 10 000 toneladas correspondem à produção de algodão e 7000 à cultura do arroz. Vale a pena mencionar que, no processo de produção de algodão, o Mar de Aral sofreu significativamente. A utilização económica da água é necessária também na realização das actividades quotidianas, desde que, nos países economicamente desenvolvidos, um habitante de uma cidade não consuma menos de 300-400 litros de água. São utilizados 100 litros de água durante vários minutos no duche.

A água deve ser consumida com moderação na vida quotidiana. De facto, nos países economicamente avançados, um residente urbano consome pelo menos 300-400 litros de água por dia. Só para tomar duche durante alguns minutos são necessários 100 litros (V. Maksakovsky. 2009. P. 113)

A segunda medida mais importante é a construção de reservatórios para a regulação dos rios. Estima-se que, com a sua ajuda, o caudal global dos rios poderia ser aumentado em 1/4. No último meio século, o número de reservatórios em todo o mundo aumentou cerca de 5 vezes. Atualmente, existem mais de 60 milhões com um volume útil total de 6600 km^3 . No seu conjunto, ocupam 400 km^2 (V. Maksakovsky. 2009. P. 114).

Tal como no caso dos recursos terrestres, muitos programas para a conservação e recuperação dos recursos de água doce são dirigidos pela ONU, que em 2002 anunciou a "Década da Água" e em 2003 proclamou o "Ano da Água Doce". Este facto estimulou uma maior atenção do público para o problema do abastecimento de água no mundo, em cada uma das suas regiões e países, não só no presente mas também no futuro. Alguns políticos já estão a prever a possibilidade de "guerras da água" - conflitos agudos sobre os recursos hídricos (J. Simon. 2005. pp.531-539).

Para terminar, os recursos hídricos têm também o seu potencial hidroenergético, que tem três graus. Os recursos potenciais dos caudais dos rios e das albufeiras são considerados no âmbito do potencial hidroelétrico teórico. Normalmente, é estimado em 35-40 biliões de kW/h. Segue-se o potencial hidroelétrico técnico, que é a parte da capacidade teórica que pode ser tecnicamente dominado. Na maioria das vezes é estimado em 15 triliões de kW/h. Finalmente, o potencial hidrelétrico econômico é o total de recursos energéticos dos rios, cuja utilização é o topo do formulário, incluindo o custo de construção da usina hidrelétrica e o custo da eletricidade, que é economicamente viável. É estimado em 8 triliões de W · h (V. Maksakovsky. 2009. P. 116).

Na literatura de geografia económica, é frequente encontrar o indicador da energia hidroelétrica económica. Como o volume do caudal do rio, aqui à frente das outras regiões estão a Ásia e a América Latina. À semelhança dos dados do Quadro 15, os cinco países mais ricos em recursos hidroeléctricos (Quadro 16).

Quadro 16: **Os cinco primeiros países em dimensão económica da energia hidroelétrica**
Fonte: V. Maksakovsky. 2009. P. 117

País	Potencial de energia hidroelétrica. Mil milhões de K/h	O seu grau de exploração
China	1260	16
Rússia	850	19
Brasil	765	37
Canadá	540	65
Índia	500	16

É fácil calcular que estes cinco países são responsáveis por quase metade de toda a energia hidroelétrica económica mundial. Quanto à extensão do seu desenvolvimento, a média mundial não chega a 1/3, enquanto que para a Europa e América do Norte é de 70%, e 18% para África. (V. Maksakovsky. 2009. P. 117).

A França, a Itália e a Suíça são os exemplos de países onde este potencial está quase totalmente dominado, enquanto o Japão e os Estados Unidos são os que têm um potencial quase totalmente alcançado.

Recursos biológicos - existem recursos da biota terrestre, ou seja, plantas e animais, que são medidos em triliões de toneladas. O património genético destes organismos distingue-se por uma biodiversidade excecional: de acordo com vários dados, compreende entre 10 e 100 milhões de espécies diferentes. No entanto, apenas 1,7 milhões estão descritas entre elas. (Biological Resources. 2013).

A biomassa dos recursos vegetais da terra é cerca de 200 vezes superior à biomassa da vida selvagem. É representada tanto por plantas cultivadas como silvestres. Incluindo as espécies de culturas, existem quase 6 mil, mas a quantidade de culturas mais comuns no mundo equivale apenas a 80-90 e as mais comuns - 15-20: trigo, arroz, milho, batata, cevada, batata doce, soja, etc. (V. Neidze. 2004. P. 33)

A vegetação florestal, formando recursos florestais, desempenha o papel principal entre as plantas silvestres. Com a sua caraterística, devemos primeiro lembrar que a floresta como parte da biosfera na Terra forma o maior ecossistema, o que afeta significativamente a fotossíntese, o equilíbrio de oxigénio da atmosfera, a preservação do pool genético. Na mesma atividade económica das pessoas, a madeira é amplamente utilizada para a produção de 20 mil produtos diferentes, bem como para combustível. Os recursos florestais esgotam-se à medida que os terrestres se esgotam, mas ao mesmo tempo surgem recursos renováveis de utilização polivalente (V. Neidze. 2004. P. 33).

A avaliação dos recursos florestais é tipicamente medida pela área florestal, ou pela área florestada (que é a parte principal da floresta). Como referimos durante a reunião com a estrutura do fundo fundiário, a área florestal do mundo é de 4,1 mil milhões de hectares, o que corresponde a uma média de 30,5% do coberto florestal. De acordo com várias estimativas, o stock de madeira em pé nas florestas do mundo ascende a 330-380 mil milhões de m3 e aumenta anualmente em 5,5 mil milhões de m3 (World Resources Institute, 2010). Parece que se trata de números bastante reconfortantes. Mas precisam de um ajustamento sério à luz de dois factores importantes.

O primeiro é o chamado fator natural-geográfico. Trata-se de uma distribuição muito desigual das florestas na superfície terrestre. Se considerarmos as grandes regiões do mundo, verifica-se que a maior parte das áreas florestais se encontra na América Latina. É aqui que se fixa a maior percentagem de floresta e de madeira. As taxas mais baixas são fixadas na Austrália e na Oceânia. Mas no que diz respeito à caraterização de tais florestas com o desnível geográfico, as reservas florestais podem ser discutidas de diferentes maneiras, com base no facto de que as florestas do mundo formam, na verdade, dois enormes cinturões florestais ao longo das zonas de ataque - norte e sul. (Fig. 34).

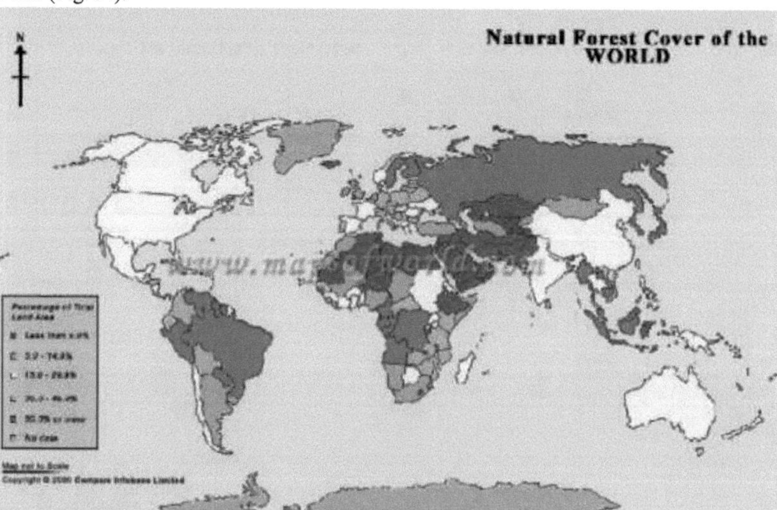

Fig. 34. Mapa esquemático das florestas do mundo

Fonte: http://www.mapsofworld.com/world-natural-forest.htm

Obviamente, a cintura florestal setentrional estende-se por uma vasta faixa que atravessa a América do Norte e a Eurásia, ocupando cerca de metade da área florestal total do mundo. É dominada por florestas de coníferas e mistas das zonas climáticas temperadas frias e subtropicais da Terra. A cintura florestal meridional é constituída por três partes - a sul-americana, a africana e a asiáticoaustraliana. Em termos de área, é praticamente a mesma, mas é quase inteiramente constituída por florestas de folha caduca e é uma floresta muito mais diversificada, mais rica e, o que é mais importante, actualizada muito mais rapidamente. Portanto, há mais stocks de florestas na faixa sul. E entre elas há uma zona árida e tórrida quase completamente sem árvores, que foi continuamente mencionada acima.

Esta abordagem de cintura é a "chave de ouro" para compreender porque é que alguns países são muito ricos em recursos florestais, enquanto outros, pelo contrário, são muito pobres. Claramente, os países ricos em recursos florestais podem ser encontrados nas zonas florestais do norte e do sul. Neste caso, deve ser mencionado que na zona norte estão a Rússia (810 milhões de hectares de área florestal), o Canadá (310), os Estados Unidos (305) e, em parte, a China (195) e na zona sul - o Brasil (480), a Austrália (165), a RD Congo (135) e alguns outros países (V. Maksakovsky. 2009. P.119).

Além disso, dentro destas duas zonas encontrará um país com níveis recorde de cobertura florestal, que é a Finlândia, a Coreia do Norte, a República Democrática do Congo, o Gabão, mais de 70 %, a Guiana e a Papua-Nova Guiné - 80, e no Suriname, até 90%! A zona árida média distingue-se pelos países mais escassamente povoados. Também aqui, a Arábia Saudita, a Jordânia, a Líbia e a República Centro-Africana são os "campeões" entre os países onde as florestas cobrem menos de 1% da área, com exceção do Kuwait ou de Omã, onde estão ausentes (Secretariado da Convenção sobre a Diversidade Biológica. 2012).

Também este é, em primeiro lugar, o fator natural e geográfico que influencia a riqueza dos recursos florestais das regiões e dos países. No que diz respeito ao segundo fator, este é apenas parcialmente de essência natural. Representa sobretudo o fator "antropogénico", ou seja, o impacto da humanidade no processo de redução dos recursos florestais.

A desflorestação provocada pelo homem começou no Neolítico, quando, como já sabemos, foi criada a agricultura e a criação de animais. Continuou na era das antigas civilizações da Antiguidade, na Idade Média, nos tempos modernos e contemporâneos. Só nos últimos dois séculos, a área florestal do mundo reduziu-se para metade e, atualmente, continua a diminuir a uma velocidade de 13 milhões de hectares por ano. Mas a situação nas zonas florestais do norte e do sul é muito diferente (FAO. 2012).

Geografia dos recursos naturais do mundo: recursos dos oceanos, clima e espaço, recursos recreativos

Neste capítulo, terminaremos a descrição dos recursos naturais do mundo. Se até agora considerámos os recursos da terra, passamos agora aos recursos dos oceanos, da atmosfera e do espaço, bem como a um tipo especial de recursos recreativos.

É certo que o Oceano Mundial é mais uma despensa de vários recursos à disposição da humanidade. Os recursos dos oceanos podem ser divididos em: 1) hídricos; 2) minerais; 3) energéticos e 4) biológicos (Nellemann C. e Corcoran E. 2010).

A partir dos materiais da geografia física, devemos saber que o Oceano Mundial engloba recursos hídricos praticamente inesgotáveis. De facto, a quantidade total das suas águas é de 1,37 mil milhões de km3, o que corresponde a 96,4 % do total da hidrosfera terrestre, e ocupam quase 71% da superfície do nosso planeta (World Atlas. 2013).

Falando das águas do Oceano Mundial, devemos lembrar que elas próprias têm uma importância económica considerável, uma vez que contêm cerca de uma centena de elementos químicos. É difícil de imaginar, mas um km3 de água do oceano pode conter uma enorme quantidade de minerais dissolvidos. O sódio e o cloro são os mais comuns na água. Por isso, mesmo há milhares de anos a.C., os chineses aprenderam a obter sal de mesa a partir dela. Também é possível obter magnésio, bromo, iodo, potássio, hidrogénio, oxigénio e outros produtos químicos a partir da água do mar. Tecnologicamente, foram desenvolvidos métodos para recuperar o urânio e o ouro, embora o seu

teor seja de 0,0001 mg/l (Christie, A e Brathwaite, R. 2012).
O mesmo se aplica à obtenção de água profunda, a chamada água pesada (tem uma combinação ligeiramente diferente de isótopos de hidrogénio e oxigénio) de deutério necessária para a fusão termonuclear.
Os recursos minerais do Oceano Mundial são recursos geológicos de matérias-primas e combustíveis, que se encontram no fundo do mar ou no subsolo. Geográfica e geneticamente, são normalmente divididos em recursos da plataforma continental, da zona de declive continental e das zonas de águas profundas do fundo do oceano (Fig. 35). Os recursos da plataforma continental desempenham um papel importante entre eles, cobrindo 31,2 milhões de km2 ou 8,6% da área total do oceano (Pinet, Paul R. (1996).

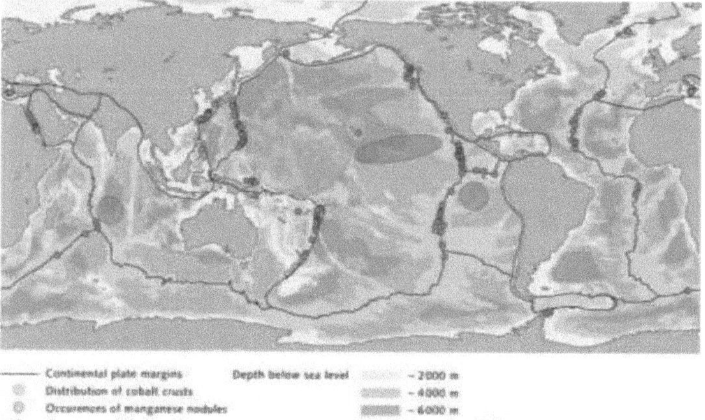

Fig. 35. Recursos minerais do fundo do oceano
Fonte: http://worldoceanreview.com/en/wor-1/energy/marine-minerals/

Por sua vez, entre estes recursos, as bacias de petróleo e de gás natural são as mais importantes, ocupando em conjunto quase mais território do que as bacias de petróleo e de gás na superfície terrestre. Pode, portanto, concluir-se que o Oceano Atlântico lidera entre os recursos mais ricos em hidrocarbonetos, onde já foram explorados em muitos espaços marinhos. Três deles devem ser destacados: o Mar das Caraíbas e o Golfo do México na América Central, o Golfo da Guiné na África Ocidental e o Mar do Norte na parte noroeste da Europa. Foram descobertos depósitos mais pequenos perto da costa do Canadá, Brasil e Argentina. O Oceano Índico ocupa o segundo lugar em termos de recursos, onde se encontram petróleo e gás nas plataformas da Índia, Indonésia, Austrália, mas sobretudo no Golfo Pérsico, onde, aliás, alguns campos offshore (Saffaniya, Qatar - Nord) têm uma dimensão única. No Pacífico, as costas da Ásia, da América do Norte e do Sul e da Austrália são famosas pelos seus recursos petrolíferos e de gás, enquanto no Oceano Ártico predominam as costas do Alasca, do Canadá e da Rússia (mares de Barents e de Kara). O Mar Cáspio também deve ser mencionado, onde perto de Baku a produção de petróleo foi efectuada durante muito tempo, mas o "grande petróleo" foi aberto recentemente.
Para além do petróleo e do gás, muitos minerais sólidos estão ligados à plataforma dos oceanos e aos domínios conexos. Entre eles, há depósitos indígenas de carvão, minério de ferro e outros sais que podem ser desenvolvidos a partir da costa por meio de túneis inclinados.
Quanto aos recursos energéticos do Oceano Mundial, são tão ilimitados como os recursos hídricos. Os seus principais tipos são: energia das marés, ondas, gradiente de temperatura e correntes oceânicas. No entanto, estão principalmente relacionados com recursos potenciais, mas a sua utilização já começou.

Falando da energia das marés, devemos notar as suas vantagens e desvantagens. A vantagem é a sua inesgotabilidade, regularidade e limpeza ambiental. De facto, a energia contida num só ciclo de marés atinge 8 biliões de kW · h (o que é apenas metade da produção mundial de eletricidade no ano) (V. Maksakovsky. 2009. P. 125) e esses ciclos são repetidos duas vezes por dia e funcionam "dentro do horário", com uma diferença de poucos minutos. Quanto às desvantagens, a energia das marés só pode ser efetivamente utilizada nos locais onde a altura da maré excede os 5 metros e, em todo o mundo, existem cerca de 25-30. É certo que as marés mais altas estão ao largo da costa do Oceano Atlântico: na parte noroeste da Baía de Fundy atingem 18 m, e na parte nordeste, perto das margens do Canal da Mancha e do Mar da Irlanda - 10-13 m (V. Maksakovsky. 2009. P. 125). Estas marés estão presentes no noroeste do Pacífico (por exemplo, no mar de Okhotsk) e no oceano Ártico (por exemplo, no mar Branco), ou seja, na maioria dos casos, em zonas muito remotas e pouco povoadas.

Quanto aos recursos biológicos dos oceanos do mundo, a sua biomassa total é frequentemente estimada em 3540 mil milhões de toneladas, o que é muito inferior à biomassa total da terra (Ocean Resources. 2001).

No entanto, possui 180 mil espécies animais e 10 mil espécies vegetais (Ocean resources Defense Council. 2014). Isto significa que a água dos oceanos é povoada pelos muitos organismos vivos do mundo, desde bactérias microscópicas até aos maiores animais da Terra - as baleias; enquanto vivem em toda a espessura das águas oceânicas, desde a camada superficial até ao fundo dos vales mais profundos.

Quanto à questão dos recursos climáticos e espaciais, estes pertencem à categoria dos recursos inesgotáveis e praticamente não são retirados da natureza, mas podem, no entanto, afetar significativamente as condições de vida das pessoas e a atividade económica.

Os recursos climáticos estão intimamente relacionados com determinadas caraterísticas do clima. Sem dúvida, são sobretudo os recursos agro-climáticos, ou seja, a luz, o calor e a humidade, que determinam a possibilidade de cultivar todas as culturas.

Além disso, existem recursos de energia eólica. A sua utilização começou há muito tempo com os moinhos de vento e os barcos à vela. Embora esta energia se diferencie pela dispersão e inconstância, o mundo ainda tem muitos lugares onde a velocidade média do vento excede os 5 m/s, o que torna esta energia útil, que é ambientalmente limpa com a ajuda da utilização de turbinas eólicas economicamente viáveis. Exemplos de tais locais apenas na Europa podem servir a costa dos mares do Norte, Báltico e Negro, bem como áreas montanhosas (Holttinen, Hannele. 2006).

Quando se fala de recursos cósmicos, fala-se principalmente da radiação solar, a maior fonte de energia do mundo. Ela forma os processos básicos na biosfera e assegura a existência da vida. A potência da energia solar que atinge a baixa atmosfera e a superfície da Terra é medida por uma quantidade enorme (1014 kW). É dez vezes superior a toda a energia contida nas reservas comprovadas de combustíveis fósseis e mil vezes superior ao atual nível de consumo global de energia (Reference Solar Spectral Irradiance. 2013).

No entanto, a energia solar encontra-se amplamente dispersa, pelo que a sua utilização é adequada apenas em zonas com nuvens baixas, recebendo-a em quantidades superiores a 200 W/m^2 (World Meteorological Organization. 2008).

Todas elas são zonas de clima quente da Terra, e em parte subtropical, nas quais se situam principalmente os países em desenvolvimento. Mas devido às suas vantagens económicas e técnicas, a energia solar para fins comerciais é utilizada em maior escala nos Estados Unidos, Japão, Israel e Austrália.

Para concluir, devemos analisar mais uma questão interessante relacionada com os recursos recreativos. A palavra "recreatio" em latim significa "restauração" (The Free Dictionary, 2014). Respetivamente, estes recursos naturais estão envolvidos com a ajuda dos quais a saúde das pessoas e a sua capacidade de trabalho são mantidas e restauradas. Mas, para além disso, os recursos recreativos são uma importante fonte de prazer estético, que também vale a pena mencionar.

Os recursos recreativos servem de base ao lazer e estão estreitamente associados ao turismo. Por outras palavras, existem recursos de recreio e de turismo, embora por vezes os recursos turísticos sejam atribuídos separadamente. Na geografia recreativa, existem quatro tipos principais de utilização recreativa do território. O primeiro é terapêutico, que utiliza águas curativas, lama, clima confortável. O segundo - praias de mares, rios, lagos, reservatórios, florestas e parques. O terceiro tipo representa as actividades desportivas, incluindo o esqui, a vela e o alpinismo. Em quarto lugar, o tipo recreativo e educacional baseado em sítios do património natural e cultural e paisagens culturais (Rechner. 2010).

De acordo com outra abordagem, todos os recursos recreativos podem ser agrupados em duas grandes classes.

O primeiro deles é constituído por recursos naturais de lazer, entre os quais se encontram as praias, margens de rios e lagos, montanhas e colinas, florestas, saídas de fontes minerais, lama terapêutica. Aqui, os veraneantes e os turistas encontram diversidade natural, paisagens cénicas e atractivas, riqueza da vegetação, relevo agradável à vista, clima curativo. E muitas vezes são as combinações dos atractivos acima mencionados.

A segunda classe é formada por atracções culturais e históricas - monumentos da história, arqueologia, planeamento urbano, arquitetura, literatura e arte, que são o principal pré-requisito para a organização da recreação cultural e cognitiva e também determinam em grande parte a direção dos fluxos recreativos das pessoas, nos quais também está envolvido.

Obviamente, o maior interesse dos veraneantes e turistas é manifestado pelos países que possuem uma combinação de atracções naturais, culturais e históricas, tais como Itália, Espanha, França, Suíça, Bulgária, Egito e México. O mesmo se aplica a certas zonas de muitos países que se especializaram no lazer e no turismo durante muito tempo.

O Património Mundial tem de ser mencionado aqui. Este conceito existe desde 1972, quando a UNESCO adoptou a Convenção sobre o Património Mundial, Cultural e Natural. A convenção enumera os objectos do património, que são renovados todos os anos. No início de 2007, já incluía 830 sítios em 138 países.

Do número total de sítios do património, 644 são classificados como culturais. O Fórum e o Coliseu de Roma, Versalhes, perto de Paris, Westminster e a Torre de Londres, Hradcany, em Praga, as grandes pirâmides do Cairo, o Taj Mahal, em Agra, na Índia, a histórica cidade imperial de Pequim e a Grande Muralha da China, a Estátua da Liberdade, em Nova Iorque, a antiga cidade maia na Península de Yucatán, no México, são exemplos dos mais famosos. A categoria inclui também 162 objectos naturais. Muitos deles são bem conhecidos: a Floresta de Bialowieza na Polónia e na Bielorrússia, o Monte Evereste no Nepal, o Lago Vitória e o Monte Kilimanjaro na África Oriental, o Grand Canyon no Rio Colorado nos Estados Unidos, as Ilhas Galápagos na América do Sul e a Grande Barreira de Coral na Austrália. Além disso, foram atribuídos mais 24 bens mistos, naturais e culturais. O Património Mundial constitui um enorme recurso recreativo de significado universal, que é um importante estímulo para as actividades recreativas.

Muitos geógrafos salientam que, entre os milionários das cidades, cerca de 4/5 de todos os residentes estão ansiosos por passar as suas férias na natureza, ou seja, por se dedicarem precisamente a essas actividades. As formas de tais actividades são extremamente variadas.

CAPÍTULO 7

Geografia da população mundial

Abordagens teóricas do tema

No início, já falámos da localização da geografia da população no subsistema da geografia social e económica (SEPG), bem como do seu papel na formação de áreas transversais como a sociologização. Passamos agora a um estudo mais pormenorizado deste ramo do SEPG.

Para dar uma definição comum, a geografia da população é a ciência que estuda as populações e o sistema territorial de assentamentos em que esta população vive e trabalha sob uma variedade de condições naturais, sociais e económicas (Population Geography. 2013).

A geografia da população forma geralmente uma espécie de simbiose com duas outras ciências afins nos cursos de investigação e de estudo. Em primeiro lugar, a demografia (do grego Démos - povo e grápho - escrever) (Learner's Dictionary, 2014) - a ciência das leis da reprodução, da sua população, do aumento natural, da composição etária e sexual, etc., evidentemente, em cooperação com o desenvolvimento social. É evidente que, sem a geografia da população, todas estas questões não podem ser desenvolvidas. Em segundo lugar, está ligada à etnologia (do grego Éthnos - tribo, povo e logos - palavra, ciência) (Oxford Dictionaries. 2013) - a ciência da origem das nações (grupos étnicos) e a relação entre elas, que são determinadas por processos étnicos. Outro nome para esta ciência é etnografia (The New Oxford American Dictionary 2nd Edition. 2014). E que na intersecção entre a geografia e a etnologia surgiu a etno-geografia (Merriam Webster Dictionary. 2014).

Neste capítulo, vamos considerar o aparato concetual básico da geografia da população. Neste caso, para aplicar a abordagem mais generalizada, ela pode ser dividida em três grandes partes: 1) a reprodução da população; 2) a estrutura (composição) da população; e 3) a reinstalação da população.

Para começar com o aparato concetual associado à reprodução da população, esta é geralmente considerada como uma atualização gradual dos processos de fertilidade e mortalidade ou vitais. Os conceitos e termos básicos de reprodução daí decorrentes incluem os nascimentos, as mortes e o aumento natural (Statistics Finland, 2014).

A taxa de natalidade pode ser entendida num sentido biológico e demográfico. No primeiro caso, é a capacidade de reprodução das pessoas, enquanto no segundo é a frequência de nascimentos num determinado conjunto de pessoas durante um certo período de tempo, normalmente um ano civil (World Birth rate. 2011).

Teoricamente, uma mulher saudável nos seus dados físicos pode dar à luz uma média de 10-12 (máximo 15-17) filhos. Além disso, de acordo com as estatísticas demográficas, um dos residentes do Chile, já no século XX, deu à luz um total de 55 crianças, ela sempre teve gémeos e trigémeos (Maksakovsky V. 2009. P.150). Mas, é certo, a taxa de natalidade real é significativamente mais baixa, pois é afetada por muitos factores.

Estes factores podem ser divididos em vários grupos:

Em primeiro lugar, existem factores naturais e biológicos. Por exemplo, as diferentes alturas da puberdade em climas quentes e frios. Mais concretamente, nos países quentes, a fertilidade (cientificamente, fertilidade, do latim Fertilis - fértil) é geralmente mais longa. Em segundo lugar, existem factores demográficos, tais como a proporção de homens e mulheres na população, bem como de jovens e idosos, cuja capacidade de ter filhos não é a mesma (Bongaarts, J., e Potter, R.G. 1983).

A idade do casamento faz parte dos factores demográficos. No passado, era determinada principalmente por normas religiosas e era muito baixa, especialmente para as mulheres. Assim, nos países católicos, a idade do casamento era tipicamente 12 anos para as mulheres e 14 anos para os homens.

Nos países muçulmanos, ao abrigo da lei Sharia, as mulheres e os homens podem casar com 9 e 15 anos de idade, respetivamente (uma das mulheres do Profeta Maomé tinha a mesma idade quando casou com ele). No futuro, o desenvolvimento da civilização criou a tendência geral para aumentar a idade do casamento. Mas, atualmente, há muitos países no mundo onde a legislação permite o casamento aos 12-15 anos, o que implica um aumento da fertilidade e das famílias numerosas (Maksakovsky V. 2009.P.150).

Em terceiro lugar, existem factores socioeconómicos, culturais e educativos. Por exemplo, o nível de bem-estar da cultura geral e da educação. Parece que, logicamente, quanto maior for o bem-estar, maiores serão as oportunidades de educação das crianças, sobretudo tendo em conta o aumento do "preço da criança" em qualquer altura. De facto, nas famílias ricas há frequentemente muitas crianças. Mas o padrão principal é exatamente o inverso - a taxa de natalidade é normalmente muito mais elevada nas famílias pobres e nos países pobres, onde as famílias utilizam amplamente o trabalho infantil. É certo que nas cidades, onde o nível de bem-estar, cultura e educação é, regra geral, mais elevado, a taxa de natalidade é significativamente mais baixa do que no campo.

No que diz respeito à mortalidade, bem como à fertilidade, baseia-se no seu fenómeno biológico, reflectindo a lei inevitável da geração moribunda (Maks Press. 2007. P.332). No entanto, é influenciada por muitos outros factores - climáticos, genéticos, sociais, económicos, culturais, políticos e outros. A mortalidade pode ser subdividida em interna (endógena), principalmente devido ao envelhecimento do corpo humano, e externa (exógena), associada a exposições ambientais. Os demógrafos verificaram que, com o desenvolvimento da civilização, a taxa de mortalidade registou e continua a registar alterações quantitativas e qualitativas. A primeira está ligada, em primeiro lugar, à tendência geral de redução da mortalidade, enquanto a segunda se prende com a redução do papel dos factores externos, que são normalmente utilizados no passado e representam a principal causa das "pestilências" das pessoas. Entre estes factores contam-se as guerras constantes, especialmente as duas guerras mundiais do século XX, que mataram dezenas de milhões de pessoas. É também de salientar que, na demografia, se dá ênfase à taxa de mortalidade infantil e à mortalidade infantil, que caracterizam em grande medida o nível geral de desenvolvimento e prosperidade de um país.

Em suma, o indicador mais comum de reprodução (movimento natural) da população - com o seu crescimento natural, é calculado como a diferença entre nascimentos e mortes. Se ignorarmos os pormenores, é preciso imaginar que a reprodução da população pode ter três variedades principais. Em primeiro lugar, é a reprodução alargada da população em que a fecundidade supera mais ou menos largamente as mortes, proporcionando um crescimento natural adequado. Em segundo lugar, trata-se de uma reprodução simples da população, em que as taxas de natalidade e de mortalidade se mantêm mais ou menos ao mesmo nível, proporcionando um crescimento populacional muito reduzido ou "nulo". Em terceiro lugar, a reprodução reduzida da população, na qual se regista uma diminuição do número total de habitantes. Este aumento é também designado por negativo, ou "menos", mas, cientificamente, corresponde à noção de despovoamento (V. Neidze. 2004. P. 41).

Ao longo da história da sociedade humana, a natureza da reprodução também sofreu mutações. Se for aplicada a abordagem tipológica, podem distinguir-se três tipos consecutivos de reprodução da população. 1) Arquétipo; 2) Tradicional e 3) Moderna. O Arquétipo, com o seu aumento natural excecionalmente baixo, foi típico de um longo período da raça humana primitiva que precedeu a revolução neolítica. O tipo tradicional, que substituiu o arquétipo, também foi dominante durante milhares de anos antes e depois do início de uma nova era, quando a economia agrária dominava no mundo. A fecundidade e a mortalidade muito elevadas foram a sua imagem de marca, que "extinguiram" quase por completo essa fecundidade, levando a um crescimento populacional extremamente baixo. Mas, com o tempo, o crescimento das forças produtivas começou, no entanto, a ser gradualmente aumentado.

Quanto ao tipo moderno, teve origem nos séculos XVIII-XIX, em ligação com a transição de uma economia agrária para uma economia industrial e um novo surto no desenvolvimento das forças produtivas. Com a vitória do capitalismo, as condições do antigo equilíbrio populacional foram minadas, o que destruiu o antigo mecanismo demográfico e criou novas condições e mecanismos. A população começou a crescer muito rapidamente nos países do mundo onde as forças industriais estavam desenvolvidas (Europa, América do Norte). Este fenómeno é designado por revolução demográfica (Caldwell, John C........................ 2006).

Os seus efeitos tentaram prever os cientistas desta época. Um dos primeiros foi o primeiro economista e jornalista inglês Thomas Robert Malthus (1766-1834), que no final do século XVIII publicou o seu estudo, no qual afirmava que a população começava a crescer exponencialmente, enquanto os recursos alimentares continuavam a crescer em progressão aritmética. Por conseguinte, a humanidade enfrenta uma sobrepopulação e era necessário encontrar formas de "inibição" do crescimento e os efeitos especiais podiam ser "devastadores" (guerra, peste, fome) e "úteis" (celibato, viuvez, casamento adiado). Todas estas ideias lançaram as bases do malthusianismo, que ainda hoje são consideradas (Malthus T.R. 1798).

No entanto, passaram mais de dois séculos desde o início da revolução demográfica e, durante esse período, o tipo moderno de reprodução da população não pôde ser alterado. Por vezes também é chamado de racional, o que é presumivelmente mais correto. Afinal, nos nossos dias, a maior parte do mundo procura controlar a reprodução da população através da política demográfica.

A política demográfica é um sistema de actividades administrativas, económicas e educativas através do qual o Estado actua sobre o movimento natural da população, especialmente a taxa de natalidade, na direção desejada para si próprio - aumentar ou diminuir o crescimento natural (Collins English Dictionary. 2000)

O Estado e o programa de planeamento familiar estão diretamente relacionados com a política demográfica que visa o controlo da natalidade.

Ao falar sobre os tipos de reprodução da população, podemos também discutir a teoria da transição demográfica. Esta teoria baseia-se no estudo do tipo familiar de reprodução da população, cuja sucessão expressa efetivamente o significado de tal transição. Esta teoria, que foi desenvolvida por cientistas - demógrafos, apresenta o esquema da transição demográfica que, por si só, inclui quatro etapas ou fases sucessivas. A primeira etapa, que corresponde ao período de domínio do tipo tradicional de reprodução, caracteriza-se por um elevado desempenho das taxas de fertilidade e mortalidade e, consequentemente, por um ligeiro aumento da população. Atualmente, esta fase não está representada no mundo, talvez com exceção das tribos mais atrasadas. A segunda fase é caracterizada por uma redução acentuada da mortalidade devido, principalmente, aos progressos da medicina, mantendo, ao mesmo tempo, taxas de fecundidade elevadas e muito elevadas. Este "plug", na segunda metade do século XX, levou a um aumento sem precedentes da população mundial, que recebeu o nome de boomers. E agora, nesta fase, ainda se encontra a maioria dos países em desenvolvimento. A terceira fase caracteriza-se pela persistência de uma baixa mortalidade, ao mesmo tempo que prossegue o declínio da fertilidade, em resultado das mudanças socioeconómicas e das políticas demográficas. Nesta fase, cada vez mais países passam para a fase acima referida, onde pode prevalecer a reprodução simples ou complexa. Na quarta fase final, tanto os índices de fertilidade como os de mortalidade estão relativamente estabilizados num nível baixo. Ao mesmo tempo, é possível passar para a reprodução "zero" ou "menos". Atualmente, a Europa está incluída nesta fase.

A segunda das nossas três perguntas selecionadas é sobre a estrutura (composição) da população no sentido teórico que causa menos complicações.

Uma delas é a estrutura etária e de sexo da população. Imaginemos que esta estrutura é interessante do ponto de vista demográfico, uma vez que influencia os processos de natalidade e mortalidade e, por sua vez, afecta o crescimento natural. O ponto de vista socioeconómico, que predetermina essencialmente os contingentes de crianças a trabalhar, as idades de reforma e, eventualmente, a mão de obra, é igualmente importante. Na maior parte dos países do mundo, os indivíduos com menos de 15 anos pertencem ao grupo das crianças e a idade ativa varia entre os 15 e os 59 ou 64 anos, ao passo que a idade da reforma é atribuída às pessoas mais velhas. O grau do seu envolvimento na realização de uma produção da população economicamente ativa (PEA), que caracteriza a parte da população ativa, está envolvido no trabalho produtivo (Population Handbook. 2011).

Antes de proceder ao estudo da estrutura étnica (nacional) da população, ou seja, a sua distribuição de acordo com o grupo étnico, devem ser compreendidos termos tão importantes como "ethos" e "etno-génese".

Ethnos (ou povo) é o grupo de pessoas que estão historicamente unidas através da língua, do território, da vida económica, da cultura e da identidade nacional (The Free Dictionary. 2013). Todos estes sinais complementam-se mutuamente. De facto, os britânicos e os australianos, os portugueses e os brasileiros falam as mesmas línguas, mas têm territórios diferentes e representam grupos étnicos diferentes. No que respeita à identidade nacional, esta exprime-se frequentemente na auto-identificação das pessoas: "Alemão", "Chinês", "Americano dos EUA".

A etno-génese implica a origem e o desenvolvimento de grupos étnicos (Oxford Dictionaries. 2013). A teoria da etno-génese foi desenvolvida por muitos etnógrafos de diferentes países. O princípio básico desta escola científica é que considera a etno-génese principalmente como um processo socioeconómico. De acordo com vários cientistas, que realizam pesquisas a partir da posição histórica, etnográfica e geográfica, os factores biológicos e psicológicos que ocorrem sob a influência do ambiente geográfico desempenham o papel principal na formação de grupos étnicos. Esta é uma das disputas científicas que podem surgir e surgem na ciência.

É também muito importante estudar a estrutura religiosa (confessional) da população. É certo que, apesar de todas as conquistas da ciência e da tecnologia, da cultura e da educação, o papel da religião na vida pública e privada das pessoas comuns continua a ser muito significativo. A pertença de um homem a uma religião concreta determina muitas vezes a sua posição na sociedade, a sua participação na luta política, incluindo os conflitos étnico-religiosos e os ataques terroristas acima referidos. Sem dúvida, a religião tem um enorme impacto no processo de reprodução humana.

Por exemplo, a idade do casamento é a mais elevada nos países protestantes. É significativamente mais baixa nos países católicos e mais baixa - nos países muçulmanos, que encorajam os casamentos precoces e obrigatórios, ter muitos filhos, etc. O hinduísmo também incentiva os casamentos precoces e obrigatórios, embora, ao contrário do Islão, proíba o divórcio e o segundo casamento. Estas tradições são tão fortes que, na década de 70, quando a então Primeira-Ministra da Índia, Indira Gandhi, tentou reforçar o controlo da natalidade, o seu partido, o Congresso Nacional Indiano, foi derrotado nas eleições parlamentares.

A estrutura social da população é frequentemente identificada no processo de estudo da geografia da população. Esta estrutura inclui classes, estratos sociais e grupos. São utilizados diferentes esquemas em diferentes países para essa diferenciação social. Em vários países, a divisão da população foi iniciada seguindo o princípio dos ricos e dos pobres, bem como diferenciando o estrato médio. Para além disso, a população começou a ser investigada por profissões.

Passemos agora à análise do terceiro tema - a reinstalação da população e as suas formas. Esta questão foi desenvolvida por muitos cientistas famosos e continua a sê-lo na geografia socioeconómica. Por isso, vamos concentrar-nos nas teorias importantes. Em primeiro lugar, é a teoria da distribuição e redistribuição das pessoas no território, o estabelecimento de redes de povoações. Daqui resulta que o conceito de "povoamento" pode ser interpretado de duas formas: em primeiro lugar, o povoamento de um território e, em segundo lugar, o resultado deste

povoamento, expresso nomeadamente na sua localização. A reinstalação da população é um processo complexo que é objeto de estudo da sociologia e da demografia, da etnologia e do desenvolvimento urbano. É sendo particularmente grande a quota-parte de responsabilidade nesta combinação de interesse científico da geografia da população que considera a reinstalação em conjunto com o ambiente natural, estuda as formas de povoamento humano, as redes e os sistemas de povoamento (Dutta, Biswanath; Fausto Giunchiglia e Vincenzo Maltese. 2010.p. 143).
É de salientar que todos os factores que determinam a distribuição da população se dividem geralmente em quatro grandes grupos. Em primeiro lugar, os factores naturais - topografia, clima, disponibilidade de água, condições do solo, etc. Em segundo lugar, os factores históricos, entre os quais a fixação no território concreto assume particular importância. Em terceiro lugar, são os factores socioeconómicos - o nível global de desenvolvimento económico, a sua localização, as diferenças regionais de rendimento, o sistema de transportes, etc. Em quarto lugar, os factores demográficos, sobretudo as diferenças nos tipos de reprodução e uma descrição completa do povoamento. Todos estes grupos de factores devem ser considerados como um todo. A geografia da população também está envolvida no estudo das várias formas de povoamento - nómada e estabelecido, permanente e temporário e, claro, urbano e rural.
O indicador da densidade populacional média é utilizado como o principal índice quantitativo do território povoado, que é calculado pela quantidade de população por quilómetro quadrado.
Atualmente, podemos acrescentar que existem várias categorias de densidade populacional. Talvez, do ponto de vista da geografia humana, a mais importante seja a densidade populacional económica, que tem em conta apenas a população do território economicamente desenvolvido (Matt Rosenberg. 2011).
Importa ainda referir que a noção de reinstalação está intimamente ligada ao conceito de migração (do Lat. Migratio - transferência), ou seja, o movimento de pessoas através das fronteiras de determinadas áreas, que também têm uma influência importante na reinstalação. Como já é sabido, as migrações humanas ocorreram ao longo da história da humanidade, promovendo uma utilização mais plena da força de trabalho e o crescimento da produtividade. Hoje em dia, elas desempenham um papel importante. Quanto à classificação da migração, é preciso considerá-la da seguinte forma. Em primeiro lugar, pela sua direção - as migrações são divididas em externas (internacionais), que estão associadas à passagem das fronteiras do Estado (emigração, imigração, reemigração) e internas, que ocorrem dentro de um único Estado. Em segundo lugar, pela duração, dividem-se em permanentes e temporárias, incluindo a migração sazonal. Em terceiro lugar, pela natureza da sua implementação, podem ser divididas em tipos de migração voluntária e forçada. Em quarto lugar, de acordo com os princípios do direito, são legais e ilegais. Em quinto lugar, podem ser classificadas de acordo com as razões ou forças motrizes, entre as quais se podem considerar os factores económicos, políticos, sociais, étnicos e religiosos, ambientais, etc. Ao mesmo tempo, a experiência no mundo sugere que as razões mais importantes foram e são económicas, quando as pessoas migram para outros países ou áreas à procura de um lugar melhor para o seu trabalho (V. Neidze. 2004. P. 54).
Agora chegamos à questão muito importante da teoria geo-urbanística, que começou a ser desenvolvida nos anos 30 e 40 do século XX. Naturalmente, essa teoria baseia-se na definição da urbanização como um processo global importante e, além disso, como um tipo de fenómeno do nosso tempo.
Urbanização (do Lat. Urbs - cidade), num sentido mais restrito, significa o crescimento das cidades e a proporção da população urbana, enquanto num sentido mais lato implica o aumento do papel das cidades e da vida urbana no desenvolvimento da sociedade humana (World Urbanization Prospects. 2005).

A definição de desenvolvimento da urbanização aborda questões sobre as fases deste processo, o desenvolvimento da urbanização em "amplitude" - ao abranger novos territórios, e em "profundidade" - devido às complicações das formas de assentamento urbano, abrangendo questões como as socioeconómicas, demográficas, ambientais, arquitectónicas e de planeamento, tipos de urbanização, etc.
No mundo moderno, a urbanização apresenta as seguintes caraterísticas principais em comum. Em primeiro lugar, é uma aceleração notável do crescimento da população urbana, que em muitos países e mesmo regiões assumiu o carácter de "explosão urbana". Em segundo lugar, é a concentração predominante da população em cidades grandes e milionárias, incluindo cidades enormes com uma população de mais de 10 milhões de pessoas. Obviamente, estas são as cidades que satisfazem plenamente as necessidades materiais e espirituais da população. Segundo um famoso arquiteto francês do século passado, Sh.E. Le Corbusier, "as grandes cidades são lugares espirituais, onde são criadas as melhores obras do universo". Em terceiro lugar, é a "disseminação" gradual das cidades, expandindo o seu território, que está associada à transição do antigo "ponto" da cidade para as aglomerações urbanas - agrupamentos territoriais dos assentamentos urbanos (e rurais), que hoje se tornaram o principal "foco" de assentamento e agricultura.
As cidades "em expansão" deram vida ao fenómeno da suburbanização, ou seja, o desenvolvimento de subúrbios urbanos. A rurbanização - a disseminação das condições de vida urbanas no campo (Patricia Clarke Annez, Robert M. Buckley. 2007) também merece ser mencionada.
O conceito de hiper urbanização, que é a formação de áreas e regiões urbanas ainda maiores do que a aglomeração urbana, pode ser considerado mais importante (The Economist. 2013). Em particular, a hiper urbanização levou à formação de mega-cidades (do grego. Megalu - grande e polis - cidade), ou seja, formas de assentamento urbano tem um nível hierárquico mais elevado, resultante da fusão de um grande número de aglomerações vizinhas (New Scientist Magazine. 2006. P. 41).
As abordagens teóricas ao tema da geografia da população teriam ficado incompletas se, para concluir, não tivéssemos tocado noutro conceito muito importante - a qualidade da população. Este é um conceito muito complicado e complexo que inclui vários aspectos da vida humana: social, cultural, económico. Nos últimos anos, a expressão comum - capital humano - foi introduzida tanto na literatura científica como na imprensa popular. Sem dúvida, também pode ser interpretado num sentido quantitativo, avaliando a extensão da força de trabalho, mas ainda assim, em primeiro lugar, caracteriza a qualidade da população (Spence, Michael. 2002).

População mundial

População - o indicador quantitativo mais importante, que geralmente começa com a caraterística da população de qualquer território, seja uma cidade, região, país, uma grande região ou o mundo inteiro. Obviamente, a principal fonte de dados sobre este indicador são os censos ou qualificações, que são efectuados juntamente com a sua conta corrente.
A preparação da informação estatística sobre a população, necessária para a cobrança de impostos e para fins militares, começou na Antiguidade (Egito, Mesopotâmia, Índia, China) e, na Grécia e Roma antigas, tornou-se regular, tendo obtido o nome de qualificações (Missiakoulis, Spyros (2010). Pp. 413-418). Os inquéritos à população surgiram na era da Idade Média. Mas os recenseamentos, na sua aceção moderna, começaram mais tarde; normalmente, conduzem a contagem decrescente até ao primeiro Censo dos EUA (1790) (Dollarhide, William. 2001. P. 7). Finalmente, no século XIX, foi introduzido o sistema de recenseamento, que se tornou muito popular no século XX.
Atualmente, não há nenhum país no mundo onde não tenham sido realizados censos: nos anos 70 do século XX, os primeiros censos tiveram lugar em países árabes, como a Arábia Saudita, o Iémen, o Qatar, os Emirados Árabes Unidos, bem como no Afeganistão. No entanto, muitos países

efectuam os seus recenseamentos com alguma regularidade - cinco anos (por exemplo, Suécia, Grécia, Japão, Canadá, Austrália), ou dez anos (por exemplo, Reino Unido, Bélgica, Itália, EUA, Índia). Noutros países, essa regularidade não é observada. Na ONU, surgiu a ideia de um recenseamento mundial, mas a sua realização prática revelou-se impossível. No entanto, as Nações Unidas proclamaram a década de 1975 a 1984 como uma década de recenseamento e foi nesse período que esse recenseamento foi efectuado no 191º país, abrangendo 95% da população mundial (V.Maksakovsky. 2009. P. 160).

A dinâmica da população mundial é de especial interesse para nós.

Nos capítulos anteriores, referimo-nos aos números correspondentes aos períodos do Mundo Antigo, da Idade Média, moderno e contemporâneo, observando que, sob a regra do tipo tradicional de reprodução da população, os seus números aumentavam lentamente. Mas após a revolução demográfica na Europa, a taxa de crescimento da população acelerou significativamente. Os três exemplos específicos que se seguem provam-no.

Primeiro exemplo. Os prazos de duplicação da população servem como indicação do aumento da taxa de reprodução da população.

Para essa primeira duplicação, se começarmos com o aparecimento do Homo sapiens, foram necessários 35 mil anos. No milénio anterior duplicou quatro vezes, sendo que nos primeiros 600 anos, 250 anos depois, depois menos de 100 anos e finalmente pouco mais de 40 anos (V. Maksakovsky. 2009. P. 161).

Segundo exemplo. Os índices estão relacionados com o facto de que, quando a população mundial atinge o índice de "mil milhões", é possível avaliar a velocidade de crescimento da população.

Tabela.17

Crescimento da população mundial

Fonte: População Mundial. Past, Present, Future. http://www.worldometers.info/world- population

Ano	População. Mil milhões de pessoas	O tempo (espaço) do aumento do número de habitantes acima dos mil milhões
1820	1	Toda a história anterior
1927	2	107
1960	3	33
1974	4	14
1987	5	13
1999	6	12
2011	7	12

Estes dados, como se costuma dizer, não são um convite a comentários. A única coisa que deve ser acrescentada - trata-se de deixar o Fundo das Nações Unidas para a População determinar com exatidão cada novo bilionésimo habitante do nosso planeta. Por exemplo, foi anunciado que o bebé número 6 mil milhões nasceu a 12 de outubro de 1999 na capital da Bósnia-Herzegovina, Sarajevo. Embora, sem dúvida, esta opção deva ser considerada simbólica. De facto, nascem 145 bebés por minuto no mundo. Curiosamente, o dia 12 de outubro de 1999 foi oficialmente declarado "Dia do sexagésimo bilionésimo habitante da Terra" (V. Maksakovsky. 2009. P. 161).

Terceiro exemplo. Basta recordar que, durante os séculos XIX e XX, a população mundial aumentou 1,7 e 3,7 vezes, respetivamente. Mas para uma análise mais pormenorizada da dinâmica da população mundial, tomamos apenas o último período desde meados do século XX. (Tabela 18).

Tabela.18
Crescimento da população mundial em 1950-2011 anos
Fonte: Timo Paukku. 2011.

Ano	O número da população. Milhões de pessoas	A taxa anual de crescimento%	Crescimento anual em milhões de pessoas
1950	2527	1,6	40
1955	2779	1,7	53
1960	3060	1,8	54
1965	3345	1,9	70
1970	3727	2,1	78
1975	4086	1,9	73
1980	4430	1,8	77
1985	4855	1,7	83
1990	5294	1,6	83
1995	5687	1,5	78
2000	6071	1,3	77
2005	6464	1,2	77
2011	7	1,2	83

Em primeiro lugar, observe-se a primeira coluna deste quadro, que mostra o crescimento em números absolutos. É fácil calcular que, em 55 anos, a população mundial aumentou mais de 2,5 vezes. Nunca se registou um crescimento tão prolongado na história da humanidade (World Population. 2014).

A segunda coluna do quadro mostra o rápido aumento da explosão demográfica nos anos 50-60 do século XX. O pico desta explosão foi atingido na viragem dos anos 70 e 80, quando a taxa de crescimento anual foi superior a 2%. Ao mesmo tempo, temos de imaginar que, se a taxa de crescimento for de 2,1% por ano, a população duplica em 33 anos! No futuro, estas taxas começaram a diminuir gradualmente, indicando o início do declínio da explosão demográfica. Mas também é preciso ter em mente que a taxa de crescimento anual de 1,2%, para duplicar a população também não leva muito tempo -58 anos (World Population. 2014).

A análise da terceira coluna do quadro é também muito instrutiva. Em 1950, a população mundial Em 1980, o número de habitantes da Alemanha aumentou em 40 milhões de pessoas, o que é comparável, por exemplo, à população atual de Espanha, que em 1980 já era de 70 milhões, o que é comparável ao número de habitantes da atual Turquia. Em 1985 e 1990, este número subiu para 83 milhões de pessoas - como se no mundo existisse uma outra Alemanha, o país mais populoso da Europa Ocidental. Há que ter em atenção o tipo de inércia - o maior aumento absoluto da população foi atingido após o máximo aumento relativo. Embora mais tarde também tenha começado a diminuir para menos de 1,1% a partir de 2012, o seu desempenho continua a ser muito elevado (Kivu. 2012).

No entanto, com toda a importância dos indicadores globais, não podemos ficar limitados, especialmente se quisermos compreender as diferenças que existem entre as grandes regiões do mundo e os dois principais tipos de países.

Tab.19. Perspetiva da dinâmica da população nas grandes regiões do mundo (milhões de pessoas)

Fonte: V. Maksakovsky. 2009. P. 163

Regiões do Mundo	1950	1960	1970	1980	1990	2000	2005
Espaço pós-soviético	180	214	243	266	289	280	273
Europa	392	425	460	484	498	518	521
Ásia	1392	1715	2140	2569	3108	3610	3840
África	220	275	356	475	648	796	905
Norte América	166	199	226	249	280	316	331
Latina América	164	216	283	364	466	520	561
Austrália e Pacífico	13	16	19	23	27	31	33
Inteiro Mundo	2527	3060	3727	4430	5294	6071	6464

De facto, a análise dos dados do Quadro 19 indica a existência de diferenças muito grandes entre as grandes regiões, nas quais a situação demográfica na última década evoluiu de forma diferente.

No que diz respeito ao espaço pós-soviético, devemos começar pela região da URSS - CEI e é fácil verificar que o crescimento absoluto da população no início do período em análise foi muito elevado e depois tornou-se médio-alto. Como resultado, nos anos 1950-1990, a população soviética aumentou mais de 1,5 vezes. Mas nos anos 90, a taxa de crescimento e a dimensão do aumento absoluto diminuíram drasticamente. Neste caso, é óbvio que as repúblicas da Commonwealth da Ásia Central, o Cazaquistão e o Azerbaijão estão a "salvar-se", ao passo que na Rússia, na Ucrânia e na Bielorrússia o declínio absoluto da população continua. Por exemplo, na Rússia, desde 1992, a população total está a diminuir em 700-800 mil. E durante 12 anos (1993-2005), o declínio total ascendeu a 10,4 milhões de pessoas. Tudo isto testemunha não só uma grave crise demográfica, mas também algo mais. Não foi por acaso que, no XII Congresso da Sociedade Geográfica Russa, que teve lugar no verão de 2005 em Kronstadt, para complementar a teoria da transição demográfica, foi sugerida a quinta fase - a fase da catástrofe demográfica, cujo exemplo pode servir o nosso país.

A situação demográfica da Europa é bastante complicada. Só no primeiro período após a Segunda Guerra Mundial é que o crescimento demográfico na região foi mais ou menos tangível. Os demógrafos chamam-lhe o período do "baby-boom", que foi uma consequência natural do início da tão esperada paz. Depois, o aumento absoluto da população da Europa foi diminuindo e, por fim, quase parou completamente. Por exemplo, se considerarmos a parte europeia de 157

No espaço pós-soviético, continua a observar-se um declínio absoluto da população na Rússia, na Ucrânia e na Bielorrússia. Por exemplo, na Rússia, desde 1992, a população total está a diminuir em 700-800 mil. E durante 12 anos (1993-2005), o declínio total foi de 10,4 milhões de pessoas (V.Maksakovsky. 2009. P. 164).

No que diz respeito à região da América do Norte, na segunda metade do século XX, a dinâmica da população foi muito mais positiva: em cada década aumentou em 25-35 milhões de pessoas (V.Maksakovsky. 2009. P. 164). A região da Austrália e da Oceânia continuou a registar um crescimento superior.

A principal arena dos boomers começou na segunda metade do século XX na Ásia, África e América Latina.

A Ásia pode servir de exemplo marcante deste género, onde na segunda metade do século XX, quase em todas as décadas, a população aumentou em 400-500 milhões de pessoas nos anos 80 e 90 (World Population Statistics. 2014). Só este aumento correspondeu aproximadamente a toda a população da Europa (sem o espaço pós-soviético). Mas, em geral, no período de 1950 a 2010, a população total da região cresceu mais de 2,7 vezes, o que afectou fortemente os processos globais (World Population Statistics). Uma situação semelhante é observada na região da América Latina, onde toda a população até o final do século XX em cada década aumentou em 50-100 milhões de pessoas, e para todo o período de 1950 a 2014 - em mais de 3,4 vezes (Estatísticas da População Mundial. 2014).

Mas a região de África continua a ser o exemplo mais marcante da manifestação da explosão demográfica, onde, nos anos 70-90, a população aumentou 100-170 milhões de pessoas em cada dez anos. Em termos de dimensão absoluta, é inferior à da Ásia, mas o ritmo de crescimento em África ultrapassa todas as outras regiões: de 1950 a 2014, a sua população aumentou mais de 4 vezes! Além disso, África ultrapassou mais tarde o pico dos "boomers". (Estatísticas da População Mundial. 2014).

Para evidenciar as diferenças demográficas entre as grandes regiões, veja-se a "fórmula" de reprodução da população nas mesmas (Tab. 20).

Tabela 20. "Fórmulas" de reprodução da população nas regiões do mundo.
Início do século XIX
Fonte: V. Maksakovsky. 2009. P. 165

Regiões	Taxa de natalidade %	Taxa de mortalidade %	Reprodução natural %
Espaço pós-soviético	11	12	-1
Europa	10	10	0
Ásia	20	8	12
África	37	15	22
América do Norte	14	8	6
América Latina	22	6	16
Austrália e Pacífico	18	8	10
O mundo inteiro	21	9	12

Estas diferenças são ainda mais evidentes se traduzirmos os dados da última coluna do quadro 20 na taxa média anual de crescimento da população. Para o mundo, ela é de 1,2%. A maior elevação dos níveis verifica-se em África (2,2%), seguida da América Latina (1,6%), Ásia (1,2%), Austrália e Oceânia (1%), América do Norte (0,6%). Na Europa, este aumento é "nulo" e, na região da CEI, é negativo (V. Maksakovsky. 2009. P. 165).

Escusado será dizer que as diferentes dinâmicas de crescimento demográfico em algumas regiões do mundo conduziriam a uma alteração da sua quota-parte na população total do globo (Fig. 55). É natural que a quota-parte de uma região como a Europa tenha diminuído quase duas vezes. A quota-parte da América do Norte também diminuiu ligeiramente. A quota da Austrália e da Oceânia manteve-se inalterada. Mas a parte da América Latina, da Ásia e, sobretudo, da África aumentou acentuadamente. É fácil calcular que em África vivem atualmente tantas pessoas como na América do Norte e na América Latina juntas, e mais do que nos países do espaço pós-soviético e na Europa.

Outro tipo de cálculo merece também ser mencionado. Em 1950, dos 21 países mais populosos do mundo, sete situavam-se na Europa, onze na Ásia, um em África e na América do Norte e dois na América Latina. Na primeira década do século XXI, o número de países na Ásia aumentou para 11 (China, Índia, Indonésia, Paquistão, Bangladesh, Japão, Filipinas, Vietname, Turquia, Irão, Tailândia), na América do Norte não se alterou (EUA), na América Latina, ascendeu a 2 (Brasil, México), enquanto em África aumentou para 3 (Nigéria, Egito, Etiópia). Na Europa, observou-se uma tendência decrescente para 4 (Rússia, Alemanha, Reino Unido, França). No entanto, vários dados absolutos, mais do que este facto, causam surpresa. Por exemplo, a população do Paquistão em 1950-2014 aumentou de 40 para 185 milhões de pessoas, enquanto na Turquia, Vietname, Nigéria e México aumentou de 28 para 76 milhões, 30 para 92,5 milhões, 33 para 178,5 milhões e 27 para 123,7 milhões de pessoas, respetivamente. ((Países do mundo (por ordem de população em 2014)).

Trata-se de uma abordagem regional, uma vez que foi inerente a uma situação demográfica diferente nos países desenvolvidos e nos países em desenvolvimento, cuja contribuição para a população mundial total é completamente diferente. A reprodução da população nos países desenvolvidos é simples, ao passo que nos países em desenvolvimento é alargada. Para provar esta tese, basta comparar a sua "fórmula": 111 = 24-8 = 1 e 16. Outro método de prova é a comparação da dinâmica da taxa média anual de crescimento da população (quadro 21).

Tabela.21.

A taxa média anual de crescimento da população nos países desenvolvidos e em desenvolvimento

Fonte: PNUD. Relatórios de Desenvolvimento Humano. 2011

O Grupo dos Países	1950-1955 Anos	1960-1970 Anos	1990-1995 Anos	1995-2000 anos	Primeira década do século XIX
Desenvolvido	1,2	1,1	0,6	0,4	0,2
Desenvolvimento	2,0	2,5	1,8	1,6	1,5

A análise do Quadro 21 ilustra claramente que as diferenças na dinâmica dos dois grupos de países estão a desenvolver-se progressivamente. Assim, nos anos 1950-1955, os países economicamente desenvolvidos ficaram 1,6 vezes atrás dos países em desenvolvimento, em 1990-1995 - 3 vezes e na primeira década do século XIX - 7,5 vezes. Consequentemente, a quota-parte dos países em desenvolvimento na garantia do crescimento da população mundial aumentou de 79% em meados do século XX para 95% na viragem dos séculos XX e XXI. É por isso que a sua quota-parte na população mundial também está sempre a aumentar (Fig. 56). Não há números menos impressionantes e absolutos. Durante o período de 1980 até à primeira década do século XIX, a população dos países desenvolvidos aumentou apenas de 1160 milhões para 1,211 mil milhões de pessoas, e a dos países em desenvolvimento - de 3,27 mil milhões para 5,253 mil milhões de pessoas! No entanto, em 2011, o número de pessoas na Terra ultrapassou os 7 mil milhões (World Population Clock. 2012).

É de salientar que, no início do século XXI, os países em desenvolvimento representavam 81% da população mundial, enquanto a percentagem dos países economicamente desenvolvidos era de 19%. É de referir que, em 1970, a diferença era de 71% para 29% a favor dos países em desenvolvimento (V. Maksakovsky. 2009. P. 162).

Para explicar esta dinâmica populacional, é necessário aplicar o teorema da transição demográfica. Em primeiro lugar, as diferenças muito significativas na dinâmica da população que observamos entre os países economicamente desenvolvidos e os países em desenvolvimento podem ser explicadas do ponto de vista desta teoria. O facto é que a revolução demográfica, pelo menos na Europa, ocorreu (e também já foi discutida) mesmo nos tempos modernos. Assim, em meados do século XX, a maioria dos países economicamente desenvolvidos do mundo entrou na terceira fase da transição demográfica, com um crescimento natural da população mais baixo. No final do século XX, muitos deles já tinham passado para a quarta fase, que se caracteriza pela estabilização da população ou mesmo por algum declínio. Os valores numéricos relativos e absolutos acima referidos ilustram claramente este facto. Quanto à revolução demográfica nos países em desenvolvimento, que conduziu à explosão demográfica, o seu início situa-se exatamente em meados do século XX. Vejamos as suas forças motrizes (JosefEhmer, Jens Ehrhardt, MartinKohli. 2011).

É certo que, até meados do século XX, o tipo tradicional de reprodução da população, com uma elevada taxa de natalidade e uma elevada mortalidade, era caraterístico dos países da Ásia, África e América Latina. Mas com o início e depois com o colapso final do sistema colonial, entraram na segunda fase da transição demográfica com o mais alto nível de dinamismo. Vale a pena referir que o mecanismo da explosão demográfica que começou nessa altura é bastante simples e está relacionado com o fluxo não sistemático de mudanças, que se observa durante a dinâmica da natalidade e da mortalidade. O declínio dramático da mortalidade é a principal força motriz do boom demográfico. A maioria dos países em desenvolvimento passou para uma nova fase de reprodução. Obviamente, nunca antes se registou na história um declínio rápido semelhante do índice de mortalidade, especialmente, duas e até três vezes. Os demógrafos afirmam que para a Europa e a América do Norte seriam necessários cerca de 100-150 anos, enquanto que para a Ásia, África e América Latina seriam necessários apenas quinze a vinte anos. Observam também que esta fratura foi conseguida principalmente devido a factores externos, ou seja, aproveitando a experiência dos países desenvolvidos para melhorar as condições sanitárias gerais da população e, em particular, para combater as epidemias (Uhlenberg P. 2009).

Mesmo a tempo do início da década de 50 do século XX, foram desenvolvidos meios químicos baratos para lidar eficazmente com as epidemias e os serviços médicos e de saúde nacionais dos países em desenvolvimento recebem da Organização Mundial de Saúde e de outros fundos internacionais esses produtos. Como resultado, foram feitos progressos consideráveis na luta contra essa massa, particularmente, em África, como uma doença tropical como a malária (incluindo, através da pulverização de DDT). O mesmo se aplica à luta contra a cólera. Em seguida, a OMS lançou-se na redução do número de focos de varíola, da qual morriam cerca de 2 milhões de pessoas por ano e milhões de sobreviventes ficavam desfigurados para o resto da vida. Em meados dos anos 70, esta doença perigosa foi derrotada (OMS. 2014).

No entanto, os países em desenvolvimento, na sua grande maioria, não passaram para um novo tipo de fertilidade. Para alterar o tipo de fecundidade, são normalmente necessárias mudanças muito mais profundas nas normas culturais tradicionais, novos comportamentos demográficos, que prevejam a regulação do processo de reprodução. Este, mais uma vez, levou à assincronia das duas fases da transição demográfica e serviu como a principal causa da explosão demográfica.

No entanto, desde então, passou-se meio século, durante o qual a situação demográfica neste grupo de países não se alterou. Muitos países em vias de desenvolvimento, nomeadamente os menos desenvolvidos, estão ainda à mercê da explosão demográfica, embora um pouco enfraquecidos. Mas alguns já entraram na terceira fase da transição demográfica, que, como sabemos, se caracteriza por uma diminuição não só da mortalidade mas também da fertilidade. Como seria de esperar, foram necessárias décadas para que houvesse mudanças socioeconómicas significativas, urbanização, reestruturação do antigo modo de vida, bem como a implementação de medidas da política da população mais ativa.

Dois tipos de reprodução

O tipo de reprodução pode ser abordado de diferentes perspectivas. Se começarmos pela história da sua formação, então, como já referimos, podem ser analisados três tipos consecutivos - o arquétipo, um estilo tradicional e um estilo moderno. Se falarmos apenas do estilo contemporâneo, também é possível encontrar diferenças significativas. Por conseguinte, os demógrafos têm vindo a fornecer dois (ou três) tipos de reprodução, que são caraterísticos da nossa época. Por isso, devemos familiarizar-nos com estes dois tipos.

As baixas taxas de natalidade e de mortalidade, respetivamente, e o crescimento natural são caraterísticos do primeiro tipo de reprodução da população. Este tipo de reprodução difundiu-se principalmente nos países economicamente desenvolvidos, que se encontram na terceira fase da

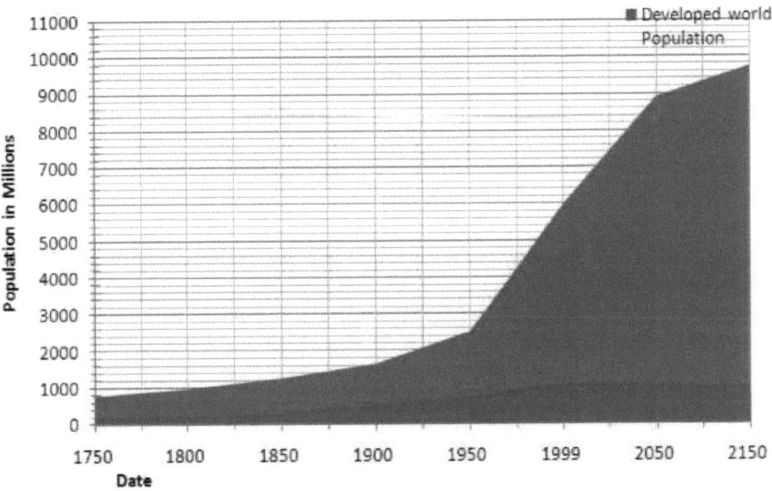

transição demográfica ou já na sua quarta fase (Fig. 36). (V. Neidze. 2004. P. 41)

Tabela: 22. Diferença da reprodução da população por Estados desenvolvidos e em desenvolvimento.

Fonte: http://www.coolgeography.co.uk/A-level/AQA/Year%2012/Population/Population%20change/Global_Population_Change.htm

Os dados relativos à taxa de natalidade nos países deste tipo variam geralmente entre 8 e 15 ‰, sendo o valor médio para os 28 Estados-Membros da UE de 10 %. Este valor é considerado extremamente baixo. Para uma melhor compreensão, pode acrescentar-se que, com esta fertilidade, o nível de fertilidade das mulheres é de 1,1-1,8 filhos estatísticos dentro do período reprodutivo, e não proporciona uma reprodução alargada da população (V. Maksakovsky. 2009. P. 171).

Os factores que afectam a fertilidade já foram mencionados. Os factores demográficos devem ser objeto de uma atenção especial. A sua lista inclui também a proporção de idades jovens - um fenómeno que recebeu o nome de envelhecimento por baixo, bem como o aumento da percentagem de idades idosas (não "reproduzidas"), o envelhecimento por cima. No entanto, aos factores demográficos há que acrescentar muitos factores socioeconómicos, psicológicos, médicos e sociais, morais, que se reflectiram em fenómenos tão negativos como a crise familiar, manifestada em famílias pequenas, o adiamento para mais tarde do nascimento do primeiro filho, a fragilidade do casamento, o aumento do número de filhos ilegítimos (Seeger, M. W.; Sellnow, T. L.; Ulmer, R. R. 1998. Pp. 231-275). No início dos anos 60 do século XX, o número de divórcios por 1000 casamentos nos países da Europa situava-se entre 100 e 200, mas no início do século XXI aumentou para 200-300. Durante o mesmo período, a percentagem de filhos ilegítimos aumentou 5 a 10 vezes. Por exemplo, no Reino Unido e em França, a percentagem de crianças ilegítimas ultrapassa os 30%, na Dinamarca os 40% e na Suécia, Noruega e Islândia os 50%! (V. Maksakovsky. 2009. P. 171).

Os países pós-socialistas da Europa Central e Oriental e da CEI foram afectados pela profunda crise socioeconómica dos anos 90, que se juntou a todos os factores acima descritos. Estes factores estão associados às dificuldades da transição da antiga economia planificada para uma economia de

mercado. Não é por acaso que, nestes países, a situação demográfica no período de transição foi a mais difícil (Tilcsik, A. (2010).
A mortalidade no primeiro tipo de reprodução situa-se aproximadamente no mesmo intervalo - de 8 a 13%, e para os países da UE em média 10% (V. Maksakovsky. 2009. P. 171). Há que admitir que este valor é bastante elevado, porque no mundo existem mais de cem países onde estes dados são inferiores. Naturalmente, esta situação também se explica pelas caraterísticas demográficas - aumento da esperança de vida, envelhecimento da população, alterações da sua estrutura sexual. Mas razões como as doenças profissionais, os acidentes de trabalho, o impacto do alcoolismo, a toxicodependência, a propagação da SIDA, bem como as consequências de catástrofes naturais e provocadas pelo homem também devem ser consideradas (Caraterísticas Sociais, Demográficas e Económicas. 2014).
Por exemplo, todos os anos morrem cerca de 250 mil pessoas nas estradas do mundo (V. Maksakovsky. 2009. P. 172).
Pelo caminho, é de notar que a taxa de mortalidade infantil (crianças com menos de 1 ano de idade) na maioria dos países com o primeiro tipo de reprodução é bastante diferente. É a mais baixa do mundo e ascende a 5-10 ‰, reflectindo o elevado nível como o bem-estar geral e a saúde (CIA - The World Factbook. 2013).
Comentemos o aumento natural da população. Na Tabela 22, o indicador de 10 ‰ é adotado como limite superior para este tipo de reprodução, o que, naturalmente, pode ser considerado algo arbitrário e provisório (Country Comparison: Birth Rate. 2014). No entanto, verifica-se que dentro deste, o primeiro tipo entre países - es gaugebaria existem diferenças suficientemente grandes para permitir a sua divisão, pelo menos, em três subgrupos.
O primeiro subgrupo inclui os países em que se mantém uma situação demográfica relativamente favorável e em que, pelo menos, se verifica uma taxa de natalidade e um crescimento natural positivos, ou seja, a reprodução alargada da população. Os Estados Unidos podem servir de exemplo deste tipo, onde a "fórmula" da reprodução na primeira década do século XI, em média, era a seguinte 14,1 ‰ - 8,3 ‰ = 5,8 ‰. A Irlanda, a Islândia, a Noruega, os Países Baixos, a França, a Grécia, a Coreia, o Canadá, a Austrália e a Nova Zelândia também devem ser incluídos no mesmo subgrupo, onde o aumento natural é de 2 a 7 ‰. Isto significa que a população deste subgrupo de países aumenta 0,2-0,7 % por ano. A este ritmo, o aumento anual para duplicar o número de residentes pode exigir de 100 a 350 anos (Country Comparison: Birth Rate. 2014).
Além disso, deve ser mencionado outro facto muito importante: na última década, alguns países em desenvolvimento já se juntaram a este subgrupo do primeiro tipo. Os boomers de atenuação gradual passaram da segunda para a terceira fase da transição demográfica. A julgar pela figura 57, estes países incluem: China, Tailândia, Sri Lanka na Ásia e Argentina, Uruguai, Chile, Cuba na América Latina (Country Comparison: Birth Rate. 2014).
No segundo subgrupo podem ser incluídos os países economicamente desenvolvidos, onde o aumento natural da população já não proporciona a reprodução alargada da população, mas está apenas um pouco acima da marca zero (Reino Unido, Bélgica, Espanha, Finlândia, Portugal, Polónia, Japão), ou mesmo na posição "zero" (Suécia). Nestes países, cada mulher tem entre 1,3 e 1,7 filhos estatísticos, enquanto que, para a reprodução simples, este valor não deveria ser inferior a 2,15 (Country Comparison: Birth Rate. 2014).

Por último, o terceiro subgrupo inclui países com um crescimento natural da população negativo. Na maioria deles, uma mulher é responsável por apenas 1,1-1,2 nascimentos. Curiosamente, este subgrupo inclui apenas países da Europa, e enquanto em 1990 eram apenas 3, em 2000 o número ascendia a 15, e na primeira década do século XXI manteve-se a mesma tendência, embora com algumas alterações na sua composição (Tabela 23) (Population Reference Bureau. 2011).

Tabela.23
Países europeus com um crescimento natural da população negativo. Nível médio para a primeira década
do século XXI
Fonte: Gabinete de Referência da População. 2011.

País	Taxa de natalidade %	Taxa de mortalidade %	Crescimento natural
Ucrânia	10,5	16,4	-5,9
Rússia	10,5	16,0	-5,5
Bulgária	9,7	14,3	-4,6
Letónia	9,0	13,6	-4,6
Bielorrússia	10,8	14,2	-3,4
Hungria	9,8	13,2	-3,4
Estónia	9,9	13,2	-3,3
Lituânia	8,6	10,9	-2,3
Alemanha	8,3	10,5	-1,8
Croácia	9,6	11,4	-1,8
Itália	8,9	10,3	-1,4
República Checa	9,1	10,5	-1,4
Eslovénia	8,9	10,2	-1,3
Roménia	10,7	11,7	-1,0
Áustria	8,8	9,7	-0,9

Por outras palavras, pode afirmar-se que, atualmente, na Europa, há 15 países que estão a atravessar uma crise demográfica e que se caracterizam por um declínio natural da população. Em muito poucos deles (Rússia, Alemanha), esse declínio é compensado, em certa medida, pela imigração. O quadro 23 chama especificamente a atenção para o facto de 12 dos 15 países representados pertencerem aos Estados pós-socialistas (Population Reference Bureau. 2011). A profunda transformação política e socioeconómica, e este período de transição em alguns deles, está longe do fim.

Por conseguinte, nos países do primeiro tipo de reprodução da população, a política demográfica tem como principal objetivo aumentar a taxa de natalidade e o crescimento natural. Trata-se, antes de mais, dos países da Europa Ocidental, onde a percentagem de despesas com a política familiar é particularmente elevada na Dinamarca, na Finlândia e na Suécia. Na Alemanha, o pagamento mensal por cada filho é de 300 euros (V. Maksakovsky. 2009. P. 174). Em grande parte, devido à política demográfica, a reprodução alargada da população é preservada em França e nos Estados Unidos.

O segundo tipo de reprodução é caracterizado por uma fertilidade elevada e muito elevada. Recentemente, foram registadas taxas de mortalidade relativamente baixas, o que, em última análise, conduz a um crescimento natural da população elevado e muito elevado. A maioria destes países ainda se encontra na segunda fase da transição demográfica, embora alguns deles já tenham começado a entrar na terceira fase. É certo que o segundo tipo de reprodução só se observa nos países em desenvolvimento do mundo moderno (V. Neidze. 2004. P. 42).

Apesar da ligeira diminuição dos dados relativos à taxa de natalidade nos países em desenvolvimento, esta atinge agora novamente uma média de 24 ‰. Este facto explica-se pela manutenção de tradições antigas de casamento precoce, de ter muitos filhos, pela prevalência de idades jovens, bem como pelo nível ainda baixo de riqueza material, pelo recurso ao trabalho infantil, pela educação e pela predominância do modo de vida rural. O desejo dos pais de terem o maior número possível de filhos é, desde há muito, uma resposta natural nestes países à mortalidade infantil e infantojuvenil muito elevada. No que respeita às taxas de fertilidade específicas, estas variam muito - de 15 a 50 ‰. Portanto, a taxa de natalidade é de 45-50 ‰, e deve ser considerada como uma espécie de máximo fisiológico, em que a fertilidade das mulheres está muito próxima do seu limite superior (V. Maksakovsky. 2009. P. 175). Seguindo o princípio do "mais-mais", vejamos estes "países campeões" (Quadro 24).

Tabela.24

Países em desenvolvimento em que a taxa de natalidade é superior a 45 ‰. Dados médios da primeira década do século XXI

Fonte: V. Maksakovsky. 2009. P. 175

País	Taxa de natalidade %	O número de filhos de uma mulher
Níger	48,3	8,0
Uganda	47,4	7,1
Afeganistão	47,0	6,8
Mali	46,8	7,0
Chade	46,0	6,7
Somali	45,6	7,3
Angola	45,0	7,2

Por conseguinte, o Quadro 21 mostra apenas os países menos desenvolvidos da África Subsariana, bem como o Afeganistão. Para além disso, a fertilidade era superior a 50 ‰ no final dos anos 90 do século XX no Níger, Uganda, Afeganistão e Somália (V. Maksakovsky. 2009. P. 175).

Relativamente aos dados de mortalidade, como já foi referido, esta diminuiu acentuadamente nas últimas décadas, embora ainda hoje varie num intervalo muito amplo - de 2-3 ‰ a 30 ‰ (V. Maksakovsky. 2009. P. 176). Consequentemente, apesar do sucesso dos cuidados de saúde em muitos países em desenvolvimento, a taxa de mortalidade é ainda muito elevada. Isto explica-se pela prevalência de muitas doenças, incluindo a SIDA, a subnutrição e os frequentes surtos de fome, os numerosos conflitos militares e o mau estado do ambiente. Em termos de mortalidade, entre os "países campeões" encontram-se os menos desenvolvidos de África, como o Botswana, a Suazilândia, o Lesoto, o Zimbabué, o Malawi, o Níger e Moçambique (20-30 ‰) (V. Maksakovsky. 2009. P. 175). Isto apesar do facto de a taxa média de mortalidade do segundo tipo de reprodução ser de apenas 8 ‰, ou seja, ter alcançado a média mundial (V. Neidze. 2004. P. 42).

A mortalidade infantil em muitos países em desenvolvimento é ainda mais impressionante. No início do século XXI, era de 110-120 ‰ em oito países africanos (Burundi, Lesoto, Somália, Guiné, Chade, Angola, Ruanda, Mali) e em quatro outros (Níger, Moçambique, Malawi, Serra Leoa) de 120 a 145 ‰. Mas o recorde absoluto de mortalidade infantil continua a ser de 161 ‰ para o Afeganistão. Se considerarmos que na Suécia e no Japão a mortalidade infantil é de apenas 3 ‰, então o índice ultrapassa o Afeganistão em 53 vezes! ("CIA - The World Factbook: Taxa de Mortalidade Infantil". 2012).

Quanto ao indicador final de crescimento natural da população para este grupo de países, é preciso lembrar que para os países do segundo tipo de reprodução, incluímos condicionalmente aqueles onde a taxa é superior a 10 ‰ (V. Neidze. 2004. P. 42). Mas a sua amplitude é muito maior do que no primeiro tipo de reprodução, o que também permite destacar pelo menos três subgrupos na sua estrutura.

No primeiro subgrupo incluem-se os países onde as taxas de crescimento ainda se mantêm a um nível muito elevado, o que indica a continuação do boom demográfico nos mesmos. Vamos incluir neste subgrupo os países onde o crescimento natural excede 25 ‰ e o seu número ascende a 22. (V. Maksakovsky. 2009. P. 177). (Tabela 25).

Tabela.25.

Países em desenvolvimento, onde o aumento natural é superior a 25 ‰. Dados médios da primeira década do século XXI

Fonte: V. Maksakovsky. 2009. P. 177

País	Crescimento natural %	País	Crescimento natural %
Iémen	34,6	Arábia Saudita	27,0
Uganda	34,6	Iraque	27,0
Omã	32,9	Níger	27,0
Madagáscar	30,3	Guiné	26,6
República Democrática do Congo	29,6	Afeganistão	26,3
Chade	29,6	Libéria	26,3
Mauritânia	29,2	Sudão	26,0
Somali	28,6	Quénia	25,5
Guatemala	28,6	Burquina-Faso	25,5
Benim	28,3	Eritreia	25,1
Mali	27,3		

Quase todos os países incluídos neste quadro estão classificados como menos desenvolvidos. Cinco deles situam-se no Sudoeste Asiático, 15 em África e um na América Latina. Além disso, verifica-se um aumento natural no Iémen e no Uganda, que corresponde a uma taxa de crescimento anual média de 3,4%, ou seja, a duplicação do número de habitantes durante cerca de 20 anos. Mas mesmo com uma taxa de crescimento de 2,5% para esta duplicação são necessários apenas 28 anos (V. Maksakovsky. 2009. P. 177).

O segundo subgrupo inclui talvez os países mais em desenvolvimento da Ásia, África e América Latina, onde o aumento natural varia entre 15 e 25 ‰ e a taxa média de crescimento anual entre 1,5 e 2,5 % (V. Neidze. 2004. P. 41). Todos estes países ainda se encontram na segunda fase da transição demográfica, mas o pico da explosão demográfica já passou, como o demonstram não só as reduções da mortalidade, mas também da fertilidade. O Paquistão, o Bangladesh, a Malásia e a Síria são exemplos destes países na Ásia, enquanto o Egito, a Líbia e Marrocos representam a África e o México, a Colômbia, o Equador e a Bolívia a América Latina.

O terceiro subgrupo de países inclui os países com menor crescimento natural da população (10 a 15 ‰), que, reconhecidamente, já se encontram na periferia da terceira fase da transição demográfica (V. Maksakovsky. 2009. p. 178). Caracterizam-se por uma taxa de natalidade não muito elevada e uma mortalidade relativamente baixa. Este subgrupo inclui, regra geral, os países mais "avançados" do mundo em desenvolvimento em termos socioeconómicos, como a Índia, a Indonésia, a Turquia, o Irão, as Filipinas, o Vietname, os Emirados Árabes Unidos na Ásia, a Argélia, a Tunísia e o Gana em África, o Brasil, a Venezuela e a Costa Rica na América Latina. Ao fim de algum tempo, estes países irão provavelmente preencher as fileiras do primeiro tipo de reprodução da população - como já aconteceu na China, Tailândia, Sri Lanka e alguns outros países, aos quais já nos referimos.

O progresso global do desenvolvimento socioeconómico, o número crescente de residentes urbanos, o ensino superior, o emprego das mulheres e outros factores semelhantes afectaram significativamente esta tendência positiva. Mas também não deve ser subestimado o valor da política demográfica levada a cabo pelos países em desenvolvimento. É evidente que, nestes países, o objetivo principal é reduzir a taxa de natalidade e o crescimento natural da população, recorrendo a uma série de medidas administrativas, económicas e educativas. Também são criados serviços de planeamento familiar.

A política demográfica mais eficaz foi implementada na Ásia. No início dos anos 50 do século XX, a Índia, Hong Kong, Singapura e Sri Lanka começaram a aplicar esta política. O Paquistão, a

Indonésia, a Coreia do Sul, a China, a Tailândia, a Malásia, o Vietname, Taiwan, a Turquia e o Irão juntaram-se a eles na década de 60. Todos estes países implementaram legislação relacionada com o aumento da idade do casamento para homens e mulheres como uma das medidas importantes de planeamento familiar, com base no facto de que este "envelhecimento do casamento" deveria reduzir a fertilidade. E assim aconteceu. Além disso, o planeamento familiar incluía o controlo generalizado da natalidade por meio de contraceptivos, que, segundo as estatísticas das Nações Unidas, em toda a Ásia ascendia a 65% no início do século XXI. Mais de 80 % de todas as famílias da Ásia Ocidental utilizavam este método. Além disso, estes números são mais elevados do que na Europa (Organização Mundial de Saúde, 2014).

Em muitos materiais geográficos relacionados com a política demográfica, os êxitos na região asiática são ilustrados pelos dois países mais populosos - a China e a Índia, o que se justifica se partirmos do fim dos seus resultados. Isto aplica-se, em particular, à China, onde a taxa média anual de crescimento da população desceu de 2,2% nos anos 50 do século XX para 0,7% em 2005, ou seja, mais de três vezes. O principal objetivo da política demográfica na China começou a passar de uma família numerosa para uma família de um só filho. Por isso, os seus slogans são os seguintes: "Um filho na família", "Um casal - um filho", "Pessoas sem irmãos e irmãs!"; "Mais tarde, pelo menos, menos!" - o que significa estímulo a casamentos mais tardios, aumento dos intervalos entre nascimentos, redução da composição familiar (Flor Cruz, Jaime. 2010).

As medidas específicas da política populacional chinesa, que foram legisladas pela Constituição de 1978 e pela lei sobre o planeamento familiar, começaram por se limitar à realização de propaganda em massa, à distribuição de contraceptivos, à autorização oficial do aborto, à esterilização, etc. Mas depois foram complementadas por medidas administrativas, jurídicas e económicas muito mais rigorosas. Assim, a idade do casamento foi aumentada para 24 anos para os homens e 22 anos para as mulheres. Os casais que se limitam a ter um filho têm direito a um aumento do salário, a subsídios mensais e a cuidados médicos gratuitos. Passaram a usufruir das vantagens de colocar um filho no jardim de infância, na escola, no liceu e até no trabalho. Em contrapartida, para as famílias com dois e três filhos, foi desenvolvido o sistema de "castigo" - multas, cancelamento de privilégios, etc. Isto sem contar com o facto de que, para o nascimento do bebé, é necessário obter uma autorização especial do comité local de planeamento familiar. Além disso, no início do século XXI, a China ocupava o primeiro lugar no mundo em termos de utilização de contraceptivos (83% dos casais) (Kane, Penny; Choi, CY. 1999).

Apesar de, em outubro de 2014, a população da China ter ultrapassado os 1.367.140.000 mil milhões de pessoas, nos próximos anos, de acordo com os especialistas chineses, aumentará em 10,8 milhões de pessoas. De acordo com a versão oficial chinesa das medidas de política demográfica, foi permitido evitar o nascimento de cerca de 300 milhões de chineses! (The Economist, 2013).

Na Índia, as políticas demográficas começaram a ser aplicadas ainda mais cedo do que na China. Apesar do facto de, durante mais de meio século, os seus princípios não terem mudado, a ênfase na família de dois filhos com o lema: "Somos dois e queremos ter dois filhos" ou "Dois filhos são suficientes!" continuou a ser a principal prioridade.

No entanto, continua a ser uma prioridade máxima (Política Nacional de População da Índia. 2014). O país dispõe de uma extensa rede de centros de planeamento familiar que têm aumentado muito a idade do casamento, as campanhas eram voluntárias, e depois a esterilização forçada dos homens. Como resultado, a taxa de natalidade e o crescimento natural abrandaram acentuadamente. Mas, em geral, a eficácia da política demográfica na Índia foi muito inferior à da China. Por exemplo, a utilização de contraceptivos é inferior a metade dos casais casados. O atraso da Índia deve-se principalmente a factores socioeconómicos - pobreza, uma parte significativa da sua população, baixa literacia, etc.

As medidas de política demográfica foram bastante eficazes na América Latina, onde 70% de todas as famílias usam atualmente contraceptivos. (Fabiana Frayssinet. 2014). Em África, o Egito e a Tunísia foram os primeiros países a adotar políticas demográficas, seguidos de Marrocos, do Gana e do Quénia. Mas, em geral, de acordo com a última década do século passado, apenas 25% das mulheres controlam a sua função reprodutiva neste continente e, nos países menos desenvolvidos, como o Burundi, o Chade, a Mauritânia, a República Democrática do Congo, a República Centro-Africana, o Benim e a Eritreia, o número ascende a 1-4% (Fundo Africano de Desenvolvimento, 2000).

Assim, pode concluir-se que os países em desenvolvimento do mundo têm atualmente duas grandes regiões onde as políticas demográficas ou não são aplicadas ou estão ainda a dar os primeiros passos. Em primeiro lugar, os países muçulmanos do sudoeste asiático, onde qualquer planeamento familiar é visto como uma interferência inaceitável na vida doméstica e familiar estabelecida. Em segundo lugar, são os países africanos a sul do Sara. Obviamente, a taxa de natalidade e o crescimento natural mais elevados são específicos dos dois países destas regiões. Aparentemente, estes países serão durante muito tempo a principal área de distribuição do segundo tipo de reprodução da população.

Qualidade da população

Até à data, dedicámo-nos sobretudo a uma caraterização quantitativa da população mundial. Os seus parâmetros qualitativos são igualmente importantes. Já foi mencionado acima que a expressão da qualidade da população pertence a um significado relativamente novo que não está claramente definido nem mesmo na literatura científica. É muitas vezes misturado com um conceito relacionado, mas não idêntico, ao conceito de qualidade de vida, quando há alguns erros durante a realização do indicador. Parece que 171

que se tivermos em mente a qualidade da população, os seus principais indicadores devem incluir: 1) o estado de saúde; 2) o seu nível de educação; 3) o nível dos seus rendimentos.

Ainda é difícil diferenciar os índices mencionados no mundo moderno. Ao mesmo tempo, é possível prever antecipadamente que pode existir a principal diferença entre os países economicamente desenvolvidos e os países em desenvolvimento.

Para começar pelo estado de saúde da população, é preciso ter em mente que, durante a avaliação da sua qualidade, este valor específico é tomado em primeiro lugar, porque é a base da vida e das actividades de cada pessoa e de toda a sociedade.

Ao mesmo tempo que determina o nível de saúde da população, ainda que indiretamente, pode ser avaliado pelo nível de desenvolvimento da saúde. Por sua vez, este nível é caracterizado pelo custo de tais objectivos e pela forma como é proporcionado o acesso aos cuidados de saúde. As despesas de saúde são geralmente avaliadas pela sua percentagem no PIB de um país. Nos países economicamente avançados, esta proporção é frequentemente de 2-10% (nos EUA - 14%), de 2-5% nos países em desenvolvimento e nos países menos desenvolvidos é frequentemente inferior a 1% (agenda de desenvolvimento da ONU. 2013).

As despesas de saúde podem ser avaliadas em dólares per capita por ano. Em média, para o mundo inteiro, o valor ascende a 630 dólares, incluindo a América do Norte - 4700, a Europa - 1500, a América do Sul - 550, a Ásia - 250 e a África Subsariana - a partir de 100 dólares. Para os países individuais, o custo máximo para os Estados Unidos é de cerca de 5 000 dólares e para a Suíça é de 3500 dólares, enquanto o mínimo é para a República Democrática do Congo e a Serra Leoa (15) (World Health Organization. Countries. 2014).

O acesso aos cuidados de saúde pode ser estimado pelo número de médicos e de camas de hospital por 100 mil habitantes. A comparação destes números mostra também esta diferença entre regiões e países altamente e menos desenvolvidos. No mundo, o número médio é de 150 médicos por 100 mil habitantes, na América do Norte é superior a 500, 350 na Europa, 200 na América do Sul, 70 na Ásia e 15 na África Subsariana (Healthcare statistics. 2014).

Em relação ao princípio dos países individuais "mais-mais" permite definir a amplitude de tais diferenças: de 600 médicos em Itália, 550 nos EUA e 480 na Rússia, para 2-10 na maior parte da África subsariana. Acontece que nos países desenvolvidos um médico representa 200 a 350 pessoas, mas no Chade, Eritreia, Malawi - 50 mil! De acordo com o número de camas de hospital por 100 mil habitantes, o Japão ocupa o primeiro lugar - 1500, seguido da Rússia e da Bielorrússia - 1100, e na Etiópia, por exemplo, existem apenas 25 (Organização Mundial de Saúde. Países. 2014).

O estado de saúde da população pode ser discutido não apenas de acordo com o nível de cuidados de saúde. Frequentemente, utiliza-se também a esperança média de vida da população, que pode ser considerada como "índice de esperança de vida a partir da taxa de natalidade", por ser escassamente correta.

É certo que, de acordo com os cientistas, a esperança média de vida das pessoas deveria ser de 110115 e mesmo de 120-140 anos. No entanto, na realidade, não é isso que acontece. No entanto, verifica-se uma tendência geral para o aumento. Já foi referido o quão pequena era a esperança média de vida nas épocas anteriores da história. Em 1950, o mundo inteiro tinha aumentado para 50 anos e para 57, 63 e 65 anos em 1970, 1990 e na primeira década do século XXI, respetivamente. Obviamente, esta tendência positiva reflecte o efeito de muitos factores, incluindo a saúde da população do nosso planeta (The World Factbook - Esperança de vida à nascença. 2014).

Para terminar com os índices globais, é necessário mencionar a presença de uma diferença bastante significativa entre a esperança média de vida dos homens e a das mulheres, que é geralmente mais elevada para as mulheres. Esta distinção universal baseia-se nalgumas caraterísticas fisiológicas do corpo feminino, mas que também se juntam ao impacto do aumento da mortalidade entre os homens pelas razões já mencionadas anteriormente. É de notar que o excesso de esperança de vida das mulheres em relação à esperança de vida dos homens está a aumentar em todas as épocas. Mesmo na segunda metade da década de 50 do século XX, as mulheres viviam, em média, mais 2,4 anos do que os homens, na década de 80 e no início do século XXI - mais 4,5 anos (68,2 contra 63,7 anos) (Hitti, Miranda. 2005).

Considerando este valor a partir da posição de dois grupos básicos de países, no mundo moderno, então, como esperado, seria muito maior nos economicamente desenvolvidos. No entanto, nos países onde predomina o primeiro tipo de reprodução da população e onde ocorre o seu envelhecimento, a esperança média de vida está a aumentar lentamente, enquanto nos países em desenvolvimento este indicador está a crescer mais rapidamente. Em todo o caso, no início do século XXI, a relação entre os dois grupos de países de acordo com este indicador era ainda de 75 e 65 anos (Kalben, Barbara Blatt. 2002. p. 17).

Agora, com base neste contexto, consideremos a situação em algumas das principais regiões do mundo (Quadro 26).

Tabela.26

Esperança média de vida nas grandes regiões do mundo. Primeira década do século XXI.

Fonte: V. Maksakovsky. 2009. P. 182

Região	esperança de vida, anos
Espaço pós-soviético	67
Europa	75
Ásia	67
África	52
América do Norte	77
América Latina	72
Austrália e Oceânia	75

Os dados do Quadro 26 quase não carecem de comentários adicionais. As regiões com predominância de países economicamente desenvolvidos - América do Norte, Europa, Austrália - registam uma esperança média de vida próxima da média deste grupo de países (75 anos). Entre as regiões em desenvolvimento, a variação é muito maior. Se a América Latina se aproxima do nível das regiões economicamente desenvolvidas, a África ainda está 23-25 anos atrás delas! (OMS Esperança de vida. 2013).

E agora temos de nos debruçar sobre a comparação da esperança média de vida em diferentes Estados. Comecemos por selecionar a abordagem mais generalizada para a sua análise, dividindo todos os países do mundo em dois grupos (Fig. 58). Como se pode verificar, na América do Norte e na Europa, todos os países apresentam o valor acima da média mundial. Na América Latina, apenas a Bolívia, a Guiana e o Haiti registam um valor inferior, enquanto na Oceânia é a Papua-Nova Guiné que regista esse valor. Em contrapartida, o número destes países na Ásia é elevado. Estes incluem: Índia, Paquistão, Myanmar, Iraque, Mongólia e Coreia do Norte. Quanto a África, a bacia hidrográfica estende-se entre o norte, a Arábia e parte de toda a África a sul do Sara, onde não existe nenhum país com uma esperança média de vida superior a 65 anos (CIA - The World Factbook Life Expectancy. 2012).

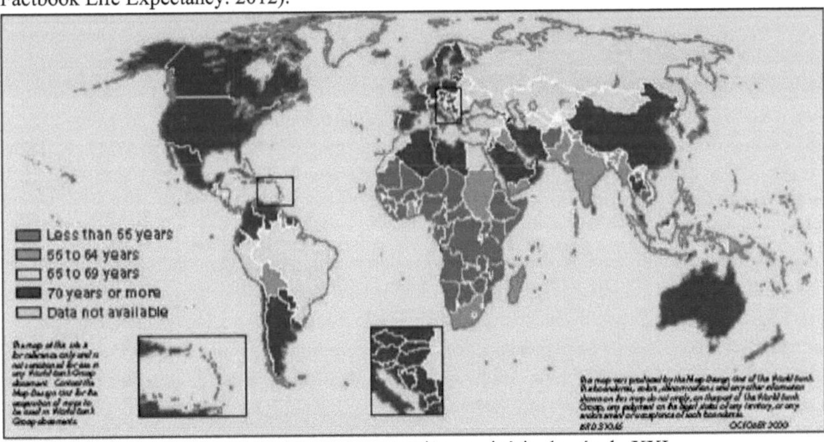

Fig. 36. Esperança média de vida por países e regiões no início do século XXI

Fonte: http://www.worldbank.org/depweb/english/modules/social/life/mapl.html

Mas esta abordagem generalizada não é obviamente suficiente. Assim, utilizamos agora para a análise deste indicador o princípio do "mais-mais", que já foi frequentemente utilizado anteriormente - aq cota bundovania(Quadro23).

Tabela27

Cinco países com a esperança média de vida mais elevada e mais baixa, 2012

Fonte: The World Factbook Expectativa de vida. 2012

País	esperança de vida	País	esperança de vida
Japão	84,6	Zimbabué	45,77
Islândia	83,3	Malawi	43,82
Suécia	83	Serra Leoa	41,24
Espanha	82,5	Lesoto	40,38
Canadá	82,5	Zâmbia	38,63

As principais conclusões do Quadro 27 sugerem alguns indicadores. Entre os países com a esperança média de vida mais elevada, apenas os países ocidentais prósperos se destacam. E 175
o valor mais baixo, como era de esperar, aparece em alguns dos países africanos menos desenvolvidos, que também foram atingidos pela epidemia de SIDA. Acontece que, no Japão, a duração da vida é 2,5 vezes mais longa do que na Zâmbia. Na verdade, uma enorme distância indica as diferenças marcantes na população entre os países mais e menos desenvolvidos (The World Factbook Life Expectancy. 2012).

Por conseguinte, voltemos à questão da esperança média de vida de homens e mulheres por país e não a nível mundial. No resto do mundo, verifica-se o comportamento oposto, com exceção de alguns países de África (Quénia, Zimbabué, Zâmbia, Botsuana, Suazilândia), onde os homens vivem um pouco mais do que as mulheres. Por conseguinte, a nossa atenção deve, provavelmente, centrar-se apenas nas disparidades mais marcantes.

Nos países africanos, estas disparidades dramáticas estão praticamente ausentes: aqui, as mulheres vivem, em média, mais 1 a 3 anos do que os homens. Na Ásia e na Oceânia, a diferença aumentou para 3,4 anos, na América do Norte e na América Latina - até 5-7 anos, enquanto na Europa - até 8 anos. Consequentemente, a maior diferença de longevidade entre os dois sexos deve ser procurada entre os países europeus. Assim, a França (diferença de 7 anos) e a Alemanha (6-6,5 anos) servem de exemplos semelhantes na Europa Ocidental, a Estónia, a Letónia e a Lituânia (uma diferença de 11 anos) - na Europa Central e Oriental, juntamente com a Polónia, a Hungria e a Eslováquia (8 anos), a Roménia (7 anos), a Bulgária e a República Checa (6,5 anos). A Rússia e a Ucrânia (12-13 anos), a Bielorrússia (10,5 anos) estão entre os países da CEI (Maksakovsky. 2009. P. 185). Obviamente, em cada caso, estas diferenças necessitam de uma explicação especial, mas uma razão comum aos países europeus é óbvia - ainda estão a sofrer as consequências demográficas da Segunda Guerra Mundial.

Finalmente, passamos ao terceiro dos mais importantes indicadores da qualidade da população - o rendimento per capita das pessoas (PIB per capita. 2014). Essencialmente, é o eterno problema da riqueza e da pobreza, que discutiremos repetidamente ao longo do livro. Está diretamente relacionado com a qualidade da população, porque a pobreza implica geralmente um baixo nível de cultura, educação e formação, uma saúde precária e, em última análise, constitui um grande obstáculo à formação de uma nova educação e de uma nova economia, como já foi discutido.

É certo que o rendimento per capita dos países varia enormemente, mas aqui o principal divisor de águas é entre os países economicamente desenvolvidos e os países em desenvolvimento (Quadro 26).

Tabela. 29

Fonte: Diferenças de rendimento per capita entre os dois grupos de países e as grandes regiões do mundo. Início do século XXI (V. Maksakovsky. 2009. P. 189).

O mundo inteiro, grupos de países e regiões	Rendimento per capita em dólares americanos	% em média no mundo
O mundo inteiro	5000	100
Economicamente desenvolvido Países fora da Europa	19 300	390
Países da Europa Ocidental	15 830	320
Países do Leste Europa	7250	146
Países em desenvolvimento em Geral	2465	50
Países da América Latina	4850	98
Países de África, Próximo e Médio Oriente	3475	70
Países asiáticos sem Próximo e Médio Oriente	2240	45
Países de África (sem o Norte de África)	980	20
Países pós-soviéticos	3630	73

De acordo com o ano de 2013, um grupo de países desenvolvidos não europeus, que inclui os Estados Unidos (53 001 dólares), o Canadá (43 253), a Austrália (45 138), o Japão (36 654) e alguns outros, registam o nível mais elevado de rendimento per capita (de acordo com o índice PPC). Ligeiramente inferior a ele, está o grupo de países da Europa Ocidental, onde Luxemburgo (90.333 dólares), Noruega (64.363), Suíça (53.267), Reino Unido (36.208) e Espanha (31.942) ocupam as posições mais distintas (World Economic Outlook Database, outubro de 2014).

Por conseguinte, a qualidade da população destes países é muito elevada. Na Europa de Leste, o rendimento per capita é ainda significativamente inferior. Nos países em desenvolvimento, em geral, o seu nível é duas vezes inferior ao do mundo em média e na África subsariana é cinco vezes inferior (incluindo nos países mais pobres - 10 vezes) (Banco Mundial. 2014).

Estas são as três componentes fundamentais do conceito de população - saúde, educação e rendimento per capita.

A estrutura (composição) da população mundial: estrutura etária e sexual e recursos humanos.

A estrutura por sexo e idade é um dos indicadores mais importantes da população. Como já foi referido, é interessante não só do ponto de vista puramente demográfico, mas também socioeconómico. Por sua vez, os processos de reprodução e as migrações externas têm um impacto significativo nesta estrutura.

Comecemos pela estrutura sexual, ou seja, a proporção quantitativa de homens e mulheres, que é determinada por dois factores principais.

O primeiro fator é a diferenciação sexual da mortalidade nos diferentes grupos etários. Está provado há muito tempo que, em média, nascem 104-107 rapazes por cada 100 raparigas, mas durante cerca de 18-20 anos, devido à maior mortalidade entre os rapazes, a proporção entre os sexos é normalmente alinhada (V. Neidze. 2004. P. 42). E então entram em ação as tendências gerais que já foram discutidas. Em primeiro lugar, é o aumento da mortalidade entre os homens, que aumenta ainda mais no século XX devido à enorme perda da população masculina nas duas guerras mundiais. Em segundo lugar, é uma clara prioridade das mulheres em termos de esperança de vida. Consequentemente, o número de mulheres idosas e a sua esperança de vida tornam-se geralmente mais evidentes, o que conduz à viuvez feminina e a problemas sociais de solidão.

O segundo fator é o impacto das migrações externas. O envolvimento muito maior dos homens nestes processos leva a que, nos países e regiões com predominância de emigração, a preponderância das mulheres se torne ainda maior, não se observando a predominância masculina nos países e regiões de imigração. Historicamente, a Europa, primeiro, e a América do Norte e a Austrália, depois, podem servir de exemplos paradigmáticos deste género.

Para completar esta breve introdução geral, há que dizer mais sobre a caraterização da estrutura sexual da população e, tipicamente, devem ser utilizadas as duas medidas principais seguintes: 1) a percentagem de homens e mulheres na população; 2) o número de homens, para os quais são contabilizadas 100 (ou 1.000) mulheres ou vice-versa - o número de mulheres em relação ao de homens.

Se passarmos agora às especificidades geográficas e partirmos, como é habitual, dos Indicadores Globais, o resultado final deverá ter várias surpresas: verifica-se que, em todo o mundo, há ligeiramente mais homens do que mulheres. Em termos absolutos, esta vantagem é de cerca de 50 milhões de pessoas. Assim, 1011 homens correspondem a 1000 mulheres. A resposta a esta questão deve ser procurada nas diferenças regionais (Quadro 27). (V. Maksakovsky. 2009. P. 191)

Estes quadros permitem agrupar 27 grandes regiões do mundo em três grupos.

Quadro 30 Estrutura sexual da população das grandes regiões do mundo na década de 90. Fonte: (V. Maksakovsky. 2009. P. 191)

Região	Percentagem de homens na população total %	Quantos homens são mais (+) ou menos (-) do que mulheres. Milhões de pessoas	O número de homens por 1000 mulheres
Espaço pós-soviético	47,2	-16	911
Europa	48,7	-13	958
Ásia	51,2	+75	1049
África	49,8	-3	990
América do Norte	48,8	-7	954
América Latina	49,9	-1	999
Austrália e Pacífico	50,2	+0,1	1011

O primeiro grupo incluirá a África, a América Latina, a Austrália e a Oceânia, onde a proporção entre homens e mulheres se manteve aproximadamente ao nível de "fifty-fifty" (50:50).

Por conseguinte, a quantidade de homens e mulheres nas regiões supramencionadas está quase igualmente distribuída e os desequilíbrios significativos da estrutura sexual não são, de todo, típicos destas regiões.

O segundo grupo é constituído pela Europa e pela América do Norte, que são dominadas pelas mulheres. Isto aplica-se particularmente à região do espaço pós-soviético, onde uma grande preponderância de mulheres se deve principalmente às duas guerras mundiais, bem como ao aumento da mortalidade entre os homens e à esperança média de vida muito mais elevada das mulheres. A Europa caracteriza-se por um desequilíbrio predeterminado da estrutura sexual da população (Population Handbook. 2011). Quanto à América do Norte (a região de colonização relativamente nova e imigração em massa), até há relativamente pouco tempo, era típica a preponderância de homens. Mas depois de atingir um certo nível de maturidade e estrutura sexual, também aqui as mulheres ganharam vantagem (Population Handbook. 2011).

O terceiro grupo de regiões, com uma margem significativa de homens, inclui efetivamente apenas a Ásia, onde esta superioridade persiste na maioria dos países. As raízes deste fenómeno devem ser procuradas na tradicional inferioridade das mulheres na família e na sociedade, especialmente caraterística das regiões muçulmanas da Ásia, e num nível mais elevado de mortalidade devido aos casamentos precoces, aos partos frequentes e ao trabalho diário extenuante. É evidente que a Ásia, onde vivem três quintos da população mundial, tem um impacto decisivo na proporção mundial da estrutura sexual.

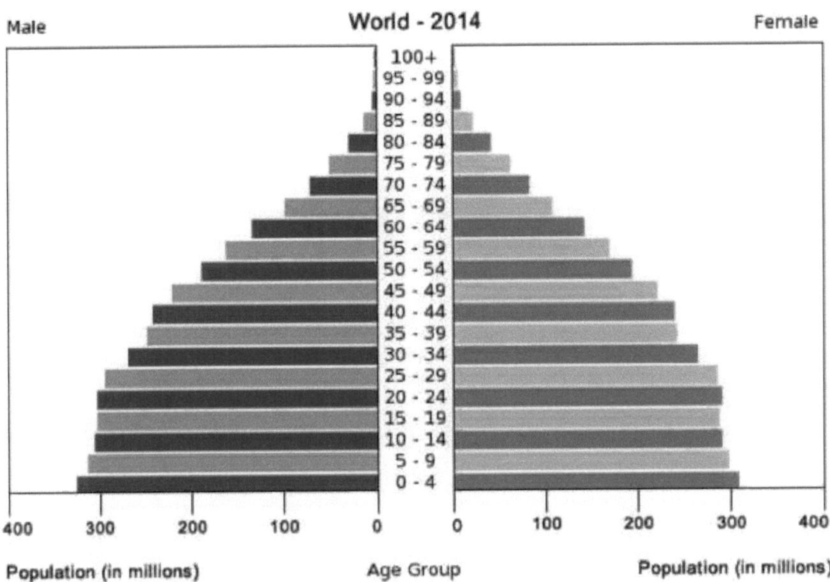

Tab.31. Estrutura sexual da população mundial
Fonte: CIA World Factbook - Salvo indicação em contrário, as informações contidas nesta página são exactas em 23 de agosto de 2014

Se passarmos do nível das grandes regiões para o dos diferentes países (Quadro 31), o padrão geográfico já aqui assinalado é bastante claro. A única coisa que requer algum comentário é a predominância de mulheres no Norte de África. Mas o Norte de África também representa a região árabe-muçulmana, onde o estatuto das mulheres não é muito diferente da sua posição no Sudoeste Asiático. Comecemos pelos países com maior prevalência de homens, que se concentram na Ásia. Os Estados do Golfo, produtores de petróleo, são aqui destacados em termos relativos, onde a proporção de homens na população total (início do século XXI) varia entre 60 e 70 % e a quantidade de homens por cada 100 mulheres está distribuída da seguinte forma EAU - 214, Qatar - 206, Kuwait - 150, Bahrein - 132. Esta disparidade sexual extrema explica-se pela imigração maciça para estes países, predominantemente de mão de obra masculina. Nos países asiáticos com grande população - China, Índia, Paquistão, Bangladesh - a proporção de homens na população total é de 51-52% e 104-106 homens representam 100 mulheres. No entanto, o número de homens na China e na Índia é 35-37 milhões superior ao das mulheres (V. Maksakovsky. 2009. P. 193). Por conseguinte, é mais provável que estes dois países determinem o número de homens com excesso de peso em todo o mundo. A julgar pelo que foi dito, os países com maior prevalência de mulheres encontram-se na Europa. Se, como já fizemos anteriormente, restringirmos apenas os cinco principais países desta categoria, então ela incluirá os seguintes países (Quadro 32).

Tabela.32.

Os cinco primeiros países em termos de prevalência da população feminina. O nível médio para a primeira década do século XXI.

Fonte: V. Maksakovsky. 2009. P. 193

País	A percentagem de mulheres na população total	A percentagem de mulheres por 1000 homens.
Letónia	53,9	116
Estónia	53,9	115
Ucrânia	53,8	115
Rússia	53,4	113
Lituânia	53,2	113

Note-se que todos os países enumerados no quadro são do espaço pós-soviético. Imediatamente a seguir, seguem-se outros países e, mais recentemente, também do espaço pós-soviético - Bielorrússia, Moldávia, Cazaquistão, Geórgia, Arménia, Azerbaijão, onde em 100 homens há 105110 mulheres. Aproximadamente o mesmo desempenho é caraterístico dos países pós-socialistas da Europa Central e Oriental, incluindo a preponderância das mulheres na Hungria (109 para 100). Na Europa Ocidental, a maior vantagem deste tipo encontra-se em Itália e na Suíça (106 para 100) (V. Maksakovsky. 2009. P. 193).

Juntamente com a estrutura sexual, é de grande interesse discutir a estrutura etária da população, que depende da dinâmica da fecundidade e da mortalidade, tendo em conta as suas caraterísticas etárias durante um longo período anterior (Environmental Science Activities for the 21st Century. 2014). É claro que o domínio a longo prazo da alta taxa de natalidade deve levar a um aumento do número de idades mais jovens e da sua quota na população total. Em contrapartida, o declínio da fecundidade e o aumento da mortalidade infantil e infantojuvenil implicariam uma redução das idades mais jovens e a diminuição da sua quota-parte. Deve ter-se em conta que a taxa de crescimento da esperança média de vida aumenta a percentagem das idades mais velhas. Quanto à classificação demográfica por idade, os grupos etários podem diferir uns dos outros, o que significa que a distribuição etária é mais ou menos fraccionada.

A classificação pormenorizada distingue geralmente os grupos etários dos recém-nascidos (1-7 dias), lactentes (menos de 1 ano), seguidos da primeira e segunda infância (de 1 a 11-12 anos), adolescência (15-16 anos), rapazes e raparigas (até 20-21 anos), adultos (mulheres e homens de 55 a 60 anos), idosos (de 56-61 a 72-74 anos), pessoas idosas (a partir de 75 anos) e longevas (após 90 anos) (Population Age Structure. 2014).

Em demografia, utiliza-se a distribuição da população por grupos etários de um ano e de cinco anos. Assim, normalmente constrói-se uma pirâmide idade-sexo.

A distribuição da população de acordo com os nascidos num único ano e os nascidos durante cinco anos é também utilizada em demografia. É assim que se desenham as pirâmides de sexo e idade.

Mas na geografia socioeconómica é cada vez mais utilizada uma classificação maior da composição etária da população, baseada na atribuição dos três principais grupos etários, que diferem principalmente na capacidade das pessoas para trabalhar. Trata-se de um grupo de crianças (menos de 14 anos), que reúne as pessoas na idade, antes de iniciarem as actividades laborais. Por outro lado, existe um grupo de adultos (a partir dos 15 anos), que inclui as pessoas em idade ativa. Quanto ao limite superior deste grupo, de acordo com as estatísticas demográficas internacionais, inclui pessoas até aos 65 anos, uma vez que adoptou uma idade de reforma alargada. Finalmente, trata-se de um grupo de idosos (mais de 60 e 65 anos), que reúne as pessoas em idade de reforma (Jani S. Little e Andrei Rogers. 2007. Pp.23-39).

Agora podemos passar à consideração dos indicadores específicos da estrutura etária da população pertencente a todas as regiões do Mundo (Tab.33). Se considerarmos estes números numa perspetiva dinâmica, verificamos que o enfraquecimento dos "boomers" e o aumento da esperança de vida e da proporção de crianças no mundo e nas regiões começaram a diminuir, enquanto a proporção de adultos e idosos aumentou. Mas este processo é lento e gradual. Por outro lado, uma análise comparativa do padrão 60 permite-nos chegar a uma conclusão muito importante de que existem dois tipos de estrutura etária da população, que correspondem a dois tipos de reprodução já conhecidos.

Tabela 33. A estrutura etária da população mundial e das principais regiões População por grupos etários - continentes e sub-regiões - dados de julho de 2013

Fonte: ONU, Departamento de Assuntos Económicos e Sociais, Divisão da População (2011). Perspectivas da População Mundial: A revisão de 2010

região do continente	idade 0-14	idade 15-44 anos	45-64 anos	idade superior a 65 anos	total
Mundo	1,864,072,480	3,292,837,689	1,406,651,977	566,451,615	7,130,013,761
África	435,599,165	494,601,127	124,903,796	39,632,587	1,094,736,675
África Oriental	149,220,753	156,019,657	34,071,329	11,074,205	350,385,944
África Central	60,212,613	59,378,390	13,173,239	3,947,057	136,711,299
Norte de África	67,985,151	106,110,669	34,728,479	11,191,548	220,015,847
África Austral	17,786,005	29,193,003	9,076,738	2,881,720	58,937,466
África Ocidental	140,394,643	143,899,408	33,854,011	10,538,057	328,686,119
Américas	232,457,926	429,009,427	207,564,011	94,275,100	963,306,464
Caraíbas	10,874,977	19,206,653	8,654,558	3,756,336	42,492,524
América Central	48,109,838	76,860,538	27,034,662	10,285,773	162,290,811
América do Norte	69,664,664	141,234,001	93,225,955	49,495,431	353,620,051
América do Sul	103,808,447	191,708,235	78,648,836	30,737,560	404,903,078
Ásia	1,071,296,285	2,054,495,079	863,219,225	303,805,188	4,292,815,777
Ásia Oriental	284,127,601	737,278,586	408,123,284	163,660,704	1,593,190,175
Ásia Central e Meridional	550,372,038	897,496,288	300,446,591	92,203,339	1,840,518,256
Sudeste Asiático	161,195,045	299,398,736	116,539,983	36,033,145	613,166,909
Ásia Ocidental	75,601,601	120,321,469	38,109,367	11,908,000	245,940,437
região do continente	idade 0-14	idade 15-44 anos	45-64 anos	idade superior a 65 anos	total
Mundo	1,864,072,480	3,292,837,689	1,406,651,977	566,451,615	7,130,013,761
Europa	115,609,968	298,291,781	202,580,422	124,395,303	740,877,474
Europa de Leste	45,004,062	126,440,413	80,579,024	41,257,541	293,281,040
Europa do Norte	17,463,358	39,799,206	26,047,476	17,529,833	100,839,873
Europa do Sul	23,501,336	61,908,902	42,130,632	29,245,915	156,786,785
Europa Ocidental	29,641,212	70,143,260	53,823,290	36,362,014	189,969,776
Oceânia	9,109,136	16,440,275	8,384,523	4,343,437	38,277,371

O primeiro tipo de estrutura etária é caraterístico do primeiro tipo de reprodução, com baixa fertilidade, mortalidade relativamente baixa e esperança média de vida muito elevada. Este tipo inclui regiões da Europa, América do Norte, Austrália e Oceânia. O traço mais caraterístico do primeiro tipo é a proporção de crianças inferior à registada a nível mundial e uma proporção mais elevada de idosos. Por um lado, é benéfico porque aumenta a proporção de pessoas em idade ativa. Por outro lado, este facto levanta o problema da estrutura etária do envelhecimento da população. Em média, as pessoas com mais de 60 anos nas regiões do mundo acima referidas representam 1/5 da população total, incluindo 3-4% das pessoas com mais de 80 anos (World Population Prospects: 2004).

A grande maioria destas pessoas não é produtora nem consumidora. Graças às redistribuições estatais das fontes, ser velho na Europa Ocidental ou na América do Norte não significa ser pobre.

Os idosos fazem cada vez mais exigências em matéria de pensões e de assistência médica, e o número de activos que têm de as satisfazer não aumenta. Consequentemente, são eles que suportam um fardo maior.

O segundo tipo é caraterístico da estrutura etária do segundo tipo de reprodução da população, que é típica da sua elevada fecundidade e de taxas de mortalidade muito reduzidas e de um crescimento natural elevado ou muito elevado. É certo que, neste caso, se trata de África, da América Latina e da Ásia. Esta região caracteriza-se por uma elevada proporção de crianças e uma baixa percentagem de idosos. As médias para estas três regiões são: crianças - 30%, idosos - 8% (CIA World Fact book. 2014).

Tab. 34. População por grupos etários em percentagem do total - continentes e sub-regiões - dados de julho de 2013

Fonte: ONU, Departamento de Assuntos Económicos e Sociais, Divisão da População (2011). Perspectivas da População Mundial: A revisão de 2010

Região continental	% idade 0-14	% idade 15-44	% idade 45-64	% idade 65+	total
Mundo	26.1 %	46.2 %	19.7 %	7.9 %	100%
África	39.8 %	45.2 %	11.4%	3.6 %	100%
Américas	24.1 %	44.5 %	21.5 %	9.8 %	100%
Ásia	25.0 %	47.9 %	20.1 %	7.1 %	100%
Caraíbas	25.6 %	45.2 %	20.4 %	8.8 %	100%
América Central	29.6 %	47.4 %	16.7 %	6.3 %	100%
África Oriental	42.6 %	44.5 %	9.7 %	3.2 %	100%
Ásia Oriental	17.8 %	46.3 %	25.6 %	10.3 %	100%
Europa de Leste	15.3 %	43.1 %	27.5 %	14.1 %	100%
Europa	15.6 %	40.3 %	27.3 %	16.8 %	100%
África Central	44.0 %	43.4 %	9.6 %	2.9 %	100%
Norte de África	30.9 %	48.2 %	15.8 %	5.1 %	100%
América do Norte	19.7 %	39.9 %	26.4 %	14.0 %	100%
Europa do Norte	17.3 %	39.5 %	25.8 %	17.4 %	100%
Oceânia	23.8 %	43.0 %	21.9%	11.3 %	100%
América do Sul	25.6 %	47.3 %	19.4 %	7.6 %	100%
Ásia Central e Meridional	29.9 %	48.8 %	16.3 %	5.0 %	100%
Sudeste Asiático	26.3 %	48.8 %	19.0 %	5.9 %	100%
Região continental	% idade 0-14	% idade 15-44	% idade 45-64	% idade 65+	total
Mundo	26.1 %	46.2 %	19.7 %	7.9 %	100%
África Austral	30.2 %	49.5 %	15.4 %	4.9 %	100%
Europa do Sul	15.0 %	39.5 %	26.9 %	18.7%	100%
África Ocidental	42.7 %	43.8 %	10.3 %	3.2 %	100%
Ásia Ocidental	30.7 %	48.9 %	15.5 %	4.8 %	100%
Europa Ocidental	15.6 %	36.9 %	28.3 %	19.1 %	100%

Não é de admirar que esta estrutura etária também gere um grande problema, mas bastante diferente do que se verifica nos países desenvolvidos. Em primeiro lugar, é o problema da "carga demográfica", ou seja, o rácio entre a idade das crianças e a população ativa. Em segundo lugar, é o problema do emprego, uma vez que proporcionar novos empregos à geração mais jovem é uma tarefa praticamente impossível. Em terceiro lugar, é o problema da educação, que, pela mesma razão, também se torna difícil de resolver.

Em seguida, vamos tentar especificar as caraterísticas dos dois tipos de estrutura etária da população de acordo com os exemplos mais marcantes de diferentes estados, com base no mesmo princípio de "mais-mais".

Entre o primeiro tipo de estrutura etária das posições extremas, sugere-se a seguinte distribuição da percentagem de crianças e idosos (Quadro 35).

Tabela.35

Fonte: Cinco países com a menor proporção de crianças e a maior proporção de idosos. Início do século XXI.

Fonte: (V. Maksakovsky. 2009. P. 196)

País	A percentagem de crianças até aos 15 anos %	País	A percentagem de pessoas com mais de 60 anos, %
Alemanha	14,6	Itália	24,1
Espanha	14,3	Grécia	23,4
Japão	14,2	Japão	23,3
Itália	14,1	Alemanha	23,2
Bulgária	14,1	Suécia	22,3

Com base no que foi dito, não é de admirar que estes dois indicadores estejam incluídos nos cinco principais países da Europa e que apenas o Japão seja um Estado não europeu. Em todos estes países, o número de pessoas idosas é muito superior ao número de crianças. Estes países têm o maior número de centenários.

Até há pouco tempo, a habitante mais velha do planeta era considerada a francesa Jeanne Calment, da cidade de Arles. Nasceu em 1875, quando o mundo ainda não conhecia os automóveis, os aviões, o cinema e sobreviveu a 20 presidentes franceses. Após a sua morte em 1997, com 122 anos, a inglesa Eva Morris, nascida em 1885, tornou-se a residente mais velha. Após a morte de Morris, em 2000, a presidência foi transferida para Kamata Hongo, da ilha japonesa de Kyushu, que em 2005 celebrou o seu 118th aniversário. Em 2003, morreu o homem mais velho do planeta, Yukigi Chukandzi, com 114 anos de idade. No ano de 2014, uma mulher do México celebrou o que se acreditava ser o seu 127th aniversário, tornando-a a pessoa viva mais velha do mundo. O documento indica que a sua data de nascimento é 31 de agosto de 1887 (The Telegraph. 2014).

Quanto ao segundo tipo de estrutura etária, estão representados abaixo os que têm uma prevalência máxima de idades infantis (Quadro 36).

Tabela.36

Cinco dos países mais "jovens" do mundo. Início do século XXI

Fonte: V. Maksakovsky. 2009. P. 197

País	A percentagem da população até aos 15 anos, %
Uganda	50,4
Níger	49,0
Somali	47,8
República Democrática do Congo	47,8
Chade	47,2

Tal como ilustrado, os cinco países menos desenvolvidos mais importantes pertencem à África Subsariana, onde as crianças são quase metade de todos os residentes. Seguem-se imediatamente muitos outros países da mesma região - Angola, Mali, Benim, Burkina Faso, bem como alguns países do Sudoeste Asiático, como o Iémen. Estes países diferem no que respeita ao maior "peso demográfico" da população ativa. Embora, evidentemente, se deva ter em conta que, em comparação com os países desenvolvidos, onde

a idade ativa, de acordo com a lei, começa a partir dos 15 ou 16 anos; nos países em desenvolvimento, as crianças começam geralmente a trabalhar muito mais cedo. Quanto à idade dos idosos (mais de 65 anos), é muito difícil selecionar os cinco países de topo, porque no mundo em desenvolvimento há pelo menos 25 países onde a percentagem de idosos na população é de apenas 2-3%. No entanto, entre eles, os "campeões" são: Kuwait (1,7%) e Uganda (1,9%) (V. Maksakovsky. 2009. P. 197). Podem ser chamados de antípodas da Itália e da Grécia. Ver os dados do quadro 36.

Além disso, nos últimos anos, alguns países em desenvolvimento, embora poucos, também enfrentaram o problema do envelhecimento bastante rápido da população. O exemplo mais marcante deste tipo é a China. Anteriormente, este país, bem como o mundo em desenvolvimento, caracterizava-se por uma elevada proporção (em 1950 - 34%) de crianças e a mais baixa proporção de população idosa (6%). No entanto, uma política demográfica consistente que visava o declínio geral da fertilidade, já mencionada acima, e mesmo com um aumento acentuado da esperança média de vida, levou a que, no início do século XXI, a proporção de crianças diminuísse para 24% e a de pessoas com mais de 60 anos excedesse 10%, ou seja, mais de 130 milhões de pessoas. (População por idade e sexo, 1950 - 2050). Este envelhecimento da população complica o problema da segurança social e dos cuidados de saúde. No futuro, a situação será ainda mais complicada porque, de acordo com as projecções chinesas, em 2025 o número de idosos poderá ascender a 300 milhões de pessoas (China Age structure. 2014).

A China é uma exceção à regra geral; no seu conjunto, as enormes diferenças na estrutura etária entre os países desenvolvidos e os países em desenvolvimento manter-se-ão durante muito tempo. Pode acrescentar-se que estas diferenças se reflectem muito claramente nas pirâmides etárias e sexuais. O primeiro tipo de estrutura etária é caracterizado por uma grande "tampa", que reflecte o processo de envelhecimento, e uma base estreita, que reflecte a pequena proporção de jovens. A pirâmide do segundo tipo, pelo contrário, terá uma base muito larga e um topo pontiagudo (Quadro 37).

Tabela. 37. Pirâmide idade-sexo

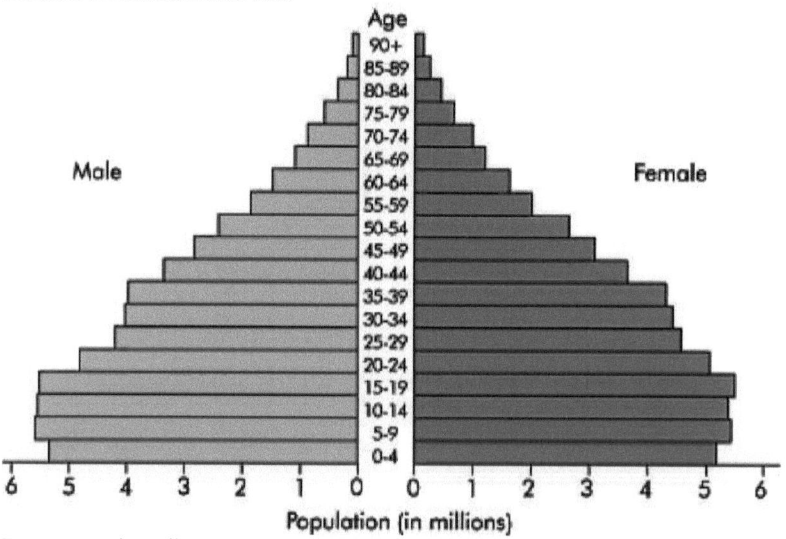

Fonte: https://www.google.ge/webhp?sourceid=chrome-instant&ion=1&espv=2&ie=UTF-8#q=age+structure+diagram

Devido à estrutura etária da população, esta tende a afetar a questão da força de trabalho, que são factores importantes no desenvolvimento das economias nacionais e mundiais. Para efetuar uma avaliação quantitativa dos recursos de mão de obra, é possível utilizar os dados relativos à capacidade de trabalho da população, que constituía cerca de 60 % da população mundial total no início do século XXI. No entanto, é preciso ter em conta que nem todas as pessoas com capacidade de trabalho trabalham. Por conseguinte, na geografia socioeconómica são frequentemente utilizadas as taxas de emprego da população economicamente ativa (PEA) (Business Dictionary. 2014). Note-se que há um desempenho próximo, mas não idêntico, uma vez que a PEA inclui os desempregados e os beneficiários de subsídios de desemprego. A percentagem da PEA na população total do mundo no início do nosso século era de cerca de 50% (máximo na China - 57%, mínimo em Omã - 20%). No que respeita ao emprego, no início do século XXI, o número total de trabalhadores na economia global atingiu quase 2,5 mil milhões de pessoas. 400 milhões correspondem aos países ocidentais desenvolvidos e 175 milhões aos países com economias de transição, com 1,9 mil milhões de pessoas para 189

países em desenvolvimento. (V. Maksakovsky. 2009. P. 199). Ao mesmo tempo, nos países ocidentais e nos países com economias em transição, as mulheres representam cerca de metade de todos os trabalhadores. Nos países em desenvolvimento, a percentagem de emprego das mulheres é muito inferior. Em grande medida, esta situação verifica-se nos países muçulmanos.

Resta agora nomear os países com o maior número absoluto de trabalhadores por conta de outrem. Como era de esperar, a China (750 milhões) lidera este indicador no início do século XXI, seguida da Índia (400 milhões), da Indonésia e do Brasil com uma grande margem. Entre os países desenvolvidos, este número é particularmente elevado nos Estados Unidos (140 milhões) e no Japão (85) (V. Maksakovsky. 2009. P. 199).

A estrutura (composição) da população mundial: composição etno-linguística e religiosa

Antes de passar à análise da composição étnica da população mundial, convém mencionar brevemente a composição racial (Loring Brace, C. 2005). Trata-se certamente de uma questão importante, mas também nos cursos escolares e universitários é tradicionalmente associada mais à geografia física do que à geografia social e económica. Assim, limitamo-nos aqui ao facto de recordar a existência de quatro grandes raças - Caucasóide, Mongoloide, Negroide e Australóide, que se subdividem em muitos grupos raciais, até às formas mistas e de transição (List ofHuman Races. 2014).

Conceitos tão importantes como "etnia" e "etno-génese" já foram discutidos. Para além disso, é necessário mencionar que os etnógrafos dividem tipicamente em três tipos de comunidades étnicas: tribo, nacionalidades e nação (Ethnicity vs. Race, 2014). As tribos e as uniões tribais eram caraterísticas do sistema comunal primitivo e representam agora apenas uma espécie de relíquia de uma era distante. Com a transição para a sociedade de classes primitiva, surgiram como nacionalidades das comunidades étnicas consolidadas da fase seguinte do desenvolvimento, que hoje são representadas por algumas mais amplas, por exemplo, pequenos povos indígenas do Norte, bem como nacionalidades ainda bastante numerosas nos países em desenvolvimento da Ásia e de África. Mas a forma mais elevada de comunidade étnica é a nação, que começou a surgir na transição da Idade Média para os tempos modernos.

A nação é uma comunidade socioeconómica, que surgiu com base num território comum, laços económicos, língua, cultura, psicologia étnica e consciência (Anthony D. Smith. 1983).

Atualmente, a grande maioria dos grupos étnicos do mundo são nações. Por conseguinte, na literatura, a par do conceito mais geral de composição étnica da população, o conceito da sua estrutura nacional é muito utilizado.

Coloca-se a questão do número de grupos étnicos. Na literatura específica sobre o assunto são apresentados números diferentes, mas, aparentemente, o mais significativo é de 3-4 mil (V. Neidze. 2004. P.44). No entanto, a grande maioria deles é um número muito pequeno de pessoas, que não será considerado.

No início do século XXI, a quantidade de nações que ultrapassam 1 milhão de habitantes cada uma equivale a 330 povos, constituindo 96% do total da população mundial. Entre eles, destacam-se 38 povos com população superior a 25 milhões de habitantes, 21 povos com mais de 50 e 11 com mais de 100 milhões de habitantes: a maior parcela desses povos na população mundial é de quase 45% (V. Maksakovsky. 2009. P. 201). O quadro 38 destaca estes povos. (Quadro 38).

Tabela. 38

As maiores nações do mundo no início do século XXI

Fonte: V. Neidze. 2004. P. 45

Nome das pessoas	Número da nação em milhões	Principais países de residência
Chinês	1,1 (mil milhões)	China
Hindus	245	Índia
Americanos dos EUA	193	EUA
Bengaleses	189	Bangladesh, Índia
Brasileiros	149	Brasil
Russos	146	Rússia
Japonês	125	Japão
Biharianos	97	Paquistão, Índia
Mexicanos	91	México
Pendgabianos	90	Índia
Javans	89	Indonésia

Os dados do Quadro 38 não necessitam de qualquer explicação especial. No entanto, o facto de 8 das 11 maiores nações do mundo pertencerem aos países em desenvolvimento não pode ser ignorado.

Mais precisamente, os principais países em desenvolvimento são: China, Índia, Brasil e México, bem como Indonésia, Paquistão e Bangladesh.

Após este preâmbulo geral, passemos à questão mais interessante do ponto de vista da geografia socioeconómica e política, relacionada com a tipologia da estrutura nacional do mundo. A especificidade geográfica permite identificar cinco tipos de países com diferentes composições nacionais (étnicas).

Atribuamos o primeiro tipo de país mono-nacional, no qual a grande maioria da população pertence à nação principal (título) e as minorias étnicas representam apenas 1 a 6%, quase sem perturbar a homogeneidade geral da estrutura nacional. Vários países da Europa podem ser apresentados como exemplos deste género. Quase metade deles são praticamente mono-nacionais. Por exemplo, na Islândia e em Portugal as principais nações são representadas por 99 % de toda a população, na Albânia, Áustria, Alemanha, Dinamarca, Irlanda - 98%, na Grécia, Países Baixos, Noruega, República Checa, Suécia - 95% (V. Maksakovsky. 2009. P. 202). Entre os países asiáticos, o Bangladesh, a Jordânia, o Iémen, a Coreia do Norte, a Coreia do Sul, a Arábia Saudita e o Japão são mononacionais. Em África - Egito, Tunísia, Somália, Burundi, Madagáscar, na América Latina - Brasil, Colômbia, Cuba, El Salvador, Jamaica.

Os Estados dominados por duas nações titulares podem ser incluídos na lista dos países do segundo tipo. Os exemplos mais marcantes deste tipo são a Bélgica, onde num só país vivem flamengos e valões, e o Canadá, onde historicamente vivem os dois principais habitantes da nação, os anglo-canadianos e os franco-canadianos.

Uma predominância significativa (70-90%) de uma nação, embora com a presença de uma minoria mais ou menos significativa, é caraterística dos países de terceiro tipo. Na Europa, estes países são a Bulgária, a Grã-Bretanha, a Espanha, a Lituânia, a Roménia, a Eslováquia, a França e a Croácia. Na Ásia - Vietname, Israel, Camboja, China, Chipre, Mongólia, Myanmar, Singapura, Sri Lanka e os países árabes do sudoeste asiático. Em África, o terceiro tipo de países é a Argélia, o Botsuana, o Zimbabué e a Mauritânia, na América do Norte - os Estados Unidos. Na Oceânia - Austrália e

Nova Zelândia (V. Maksakovsky. 2009. P. 202).
Como geógrafos, não podemos deixar de prestar especial atenção à China, cuja dimensão se faz sentir aqui. De facto, as minorias representam apenas 9 % da população, mas correspondem a 118 milhões de pessoas! 16 das 56 minorias representam mais de 1 milhão de pessoas, e as suas áreas de distribuição cobrem quase 2/3 da RPC (Key facts and figures about China's population. 2014).
Apesar de os países do quarto tipo terem uma composição étnica mais complexa, são relativamente homogéneos do ponto de vista étnico. A Indonésia e as Filipinas, na Ásia, podem servir de exemplo, onde a quantidade de povos e nações (mais de 150 na Indonésia (População da Indonésia. 2014) e 93 nas Filipinas (Jan Lahmeyer.1996)) são considerados parentes uns dos outros (População da Indonésia. 2014).
Mais na África Subsariana (República Democrática do Congo, Angola, Tanzânia, Moçambique, etc.) - aqac. A América Latina é extremamente interessante neste domínio. Nalguns países, o número de povos diferentes é de 10 ou mais. No entanto, todos estes povos foram há muito consolidados em grandes nações - brasileira, mexicana, etc. Sem dúvida que, numa análise mais atenta, é possível encontrar colonos europeus na base de algumas nações, enquanto noutras - mestiços e mulatos e povos indígenas (CIA - The World Factbook. 2008).
Por último, os países multinacionais com uma população étnica complexa e diversificada devem ser afectados à quinta categoria. Por exemplo, na Europa, é a Suíça, a Bósnia e Herzegovina, em África - a África do Sul, na Ásia - o Afeganistão, o Irão, a Tailândia e, claro, a Índia - o país mais diversificado do mundo, onde os estudiosos identificaram cerca de 850 grupos étnicos. Só o número de pessoas "milionárias" aqui ultrapassa os 40 (Atula Ahuja. 2014).
Até certo ponto, neste domínio, a Índia pode ser comparada apenas à antiga União Soviética e à Rússia moderna. Na União Soviética, foram utilizados vários tipos de metodologia com o objetivo de determinar o número de nações.
Assim, de acordo com o censo de 1926, havia 190 nações, e o censo de 1989 - 128, incluindo, 22 pessoas, "um milionário" (Enciclopédia Britânica. 1991.P. 720).
A questão dos processos étnicos, profundamente desenvolvida pelos principais cientistas, está diretamente relacionada com a tipologia da estrutura nacional do mundo. É importante para nós o facto de a etnia ser uma formação dinâmica. Historicamente, muda não só de forma evolutiva, mas também, nalguns casos, de forma abrupta. Todos os processos étnicos se subdividem em divisão e unificação. Sob a influência de um único processo de divisão étnica, uma etnia, que existia no período anterior, pode ser dividida em partes, ou pode destacar-se de qualquer outra parte, incluindo, como resultado de migração externa. Exemplos deste género podem ser encontrados principalmente no passado histórico. Consideremos, pelo menos uma vez, a divisão unificada de antigos grupos étnicos em nações independentes - russos, ucranianos e bielorrussos, ou a reinstalação, na Era dos Descobrimentos, de ingleses, espanhóis, portugueses e franceses no Novo Mundo e na Austrália, que levou à formação de novas nações.
Em resultado da unificação étnica (fusão), que prevê a junção de grupos étnicos, ou seja, a assimilação e a consolidação, regista-se um fenómeno completamente contraditório. O que acontece é que os grupos pertencentes a diferentes origens étnicas se fundem e formam-se comunidades étnicas maiores.
Exemplos deste género estão também repletos na história da civilização humana. Mas, no mundo moderno, são muito mais comuns do que as divisões étnicas. Um dos exemplos mais marcantes é a formação da nação americana como resultado da assimilação de novas vagas de imigrantes.
Os processos étnicos, especialmente os evolutivos, podem ocorrer em ambientes bastante pacíficos, mas em muitos casos (especialmente em países multi-étnicos, bi-nacionais e países com grandes populações minoritárias), conduzem frequentemente a conflitos étnicos e muitas vezes etno-religiosos graves.

Para completar a caraterização da composição étnica da população do mundo, precisamos de considerar outra questão importante da classificação dos povos (grupos étnicos), especialmente quando são tão necessários. Em geral, é utilizada a classificação genealógica das nações, que considera a língua como a base do principal meio de comunicação entre os indivíduos e a caraterística mais importante de qualquer grupo étnico. É bastante natural que o nome da nação e a língua sejam geralmente coincidentes. Por conseguinte, seria mais adequado designar esta classificação por etno-linguística.

Curiosamente, no atual nível de desenvolvimento da ciência, a literatura científica fornece informações muito contraditórias sobre o número total de línguas no mundo. De acordo com uma fonte, são cerca de 5000, ou seja, o mesmo que os povos, na outra - cerca de 3000 (Stephen R. Anderson. 2014).

Esta discrepância deve-se, em primeiro lugar, ao facto de ser muitas vezes difícil estabelecer uma distinção suficientemente clara entre a língua e o dialeto da língua, que apresenta diferenças muito grandes. Por exemplo, os chineses que falam diferentes dialectos de Han podem entender-se pouco ou nada.

Na classificação genealógica combinada, as línguas são reunidas em famílias linguísticas com base no seu vocabulário e gramática afins. Por sua vez, as famílias dividem-se em grupos linguísticos mais pequenos, combinando as línguas mais aparentadas, e por vezes subdividem-se em subgrupos.

A classificação etnolinguística do mundo pode ser estudada com bastante pormenor, tendo em conta o facto de o mapa do mundo nos atlas geográficos apresentar mais de 180 povos, agrupados em cerca de 20 famílias linguísticas com algumas línguas ditas isoladas, sem relações genéticas aparentes com outras (por exemplo, japonês, coreano, basco) (Ethnologue Languages of the World. 2014). Para não dissipar a atenção, mas antes concentrarmo-nos nos aspectos mais importantes, vejamos o mapa, onde são apresentadas as diferentes famílias linguísticas.

Fig. 37. Famílias de línguas do mundo.

Fonte: http://people.umass.edu/nconstan/201/Language%20Families%20World%20Map.png

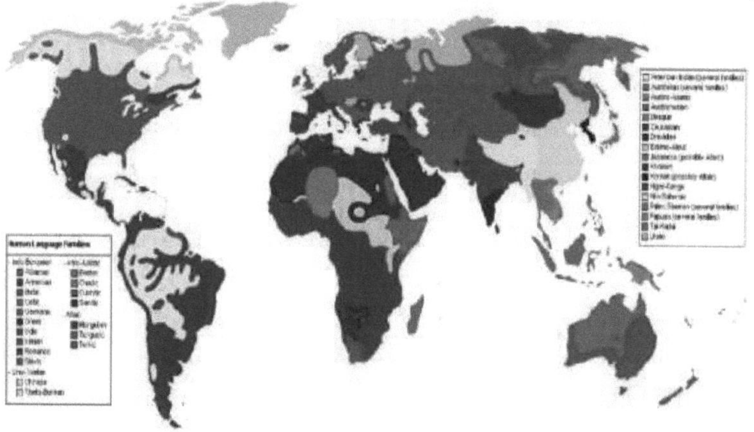

Em seguida, são abordadas as famílias linguísticas mais populares.

A primeira família é a família indo-europeia, cuja área de distribuição abrange a Europa, o Sudoeste e o Sul da Ásia, a América do Norte e do Sul e a Austrália. O maior grupo linguístico da família é o indo-ariano, que inclui línguas como o hindi, o urdu, o bengali, o punjabi, etc. O grupo românico é o maior e inclui o espanhol, o francês, o italiano, o português e várias outras línguas. O mesmo se aplica aos grupos alemão (inglês, alemão, holandês, etc.) e eslavo (russo, ucraniano, bielorrusso)

(Irene Thompson. 2013).

A segunda é a família sino-tibetana. A língua chinesa ocupa o segundo lugar na classificação geral. Em terceiro lugar, está a família Níger - Cordofão, à qual pertence a maioria das línguas da região da África Subsariana. Em quarto lugar, está a família afro-asiática, que tem por base os povos árabes do Médio Oriente. Em quinto lugar, a família austro-nesiana, que representa as nações do Sudeste Asiático e da Oceânia. Em sexto lugar, a família dravidiana, que é formada principalmente pelos povos do sul da Índia (C. George Boeree.1987).

Vale a pena discutir o número de falantes das principais línguas do mundo no início do século XXI. Naturalmente, a língua chinesa ocupa o primeiro lugar na classificação, sendo falada por 1,2 mil milhões de pessoas. O segundo lugar pertence ao inglês (520 milhões). No entanto, e apesar de estarmos a falar da língua inglesa não só como língua materna mas também como língua oficial, esta foi preservada em muitos países da Commonwealth (Figura 63). O espanhol (400 milhões) ocupa o terceiro lugar, o que também se deve principalmente ao facto de ser a língua oficial de 20 países da América Latina. O quarto lugar é ocupado pelo hindi (360 milhões), seguido do árabe (250 milhões), do bengali (225 milhões), do português (210 milhões), do russo (200 milhões), do indonésio (190 milhões), do japonês (127 milhões), do francês (120 milhões) e do alemão (100 milhões). Em geral, estas 12 línguas são faladas por cerca de 2/3 de todos os habitantes do nosso planeta (V.Maksakovsky. 2009. P. 205).

Fig. 38. A distribuição das principais línguas no mundo

Fonte: http://thewholeworldinyourhands.blogspot.com/2010/05/languages-in-world.html

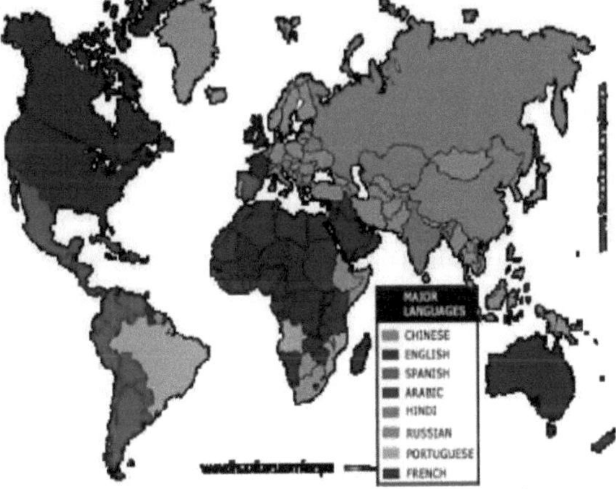

Deve também ser mencionada a questão do multilinguismo, que antes era particularmente relevante para a Suíça e que agora se tornou relevante para todos os países da União Europeia. Após os alargamentos de 2004, 2007 e 2013, 24 línguas tornaram-se línguas oficiais da UE (Línguas.

Apoiar a aprendizagem de línguas e a diversidade linguística. 2014). Por conseguinte, o seu estudo tornou-se uma tarefa importante das relações interestatais, cuja implementação conduziu a resultados tangíveis, especialmente em países pequenos. Por exemplo, quase todos os residentes do Luxemburgo já são capazes de participar numa conversa numa língua estrangeira para eles.

Outra questão interessante está relacionada com a composição etno-linguística da população. Este é um dos sistemas da língua escrita. O alfabeto, baseado na língua latina, foi amplamente difundido no mundo.

É adotado na maioria dos países da Europa e, como resultado da migração, foi introduzido na América do Norte e na América Latina (como evidenciado pelo seu próprio nome), em África e na Austrália. Nos vários Estados pós-soviéticos e no Sudeste da Europa, o alfabeto cirílico domina, enquanto o alfabeto georgiano é utilizado na Geórgia e o arménio na Arménia (Halliday, M. 1985. p.19).

Em todo o Oriente árabe, utiliza-se a escrita árabe, nos países do subcontinente indiano - a escrita baseada no sânscrito (Houben, Jan. 1996. P. 11) e na China e no Japão - a escrita hieroglífica (De Francis, John. 1990).

Cada um destes sistemas tem as suas próprias particularidades de escrita que, por vezes, são muito dramáticas. Por exemplo, no latim, aceita-se a escrita da esquerda para a direita, no árabe - da direita para a esquerda, e no hieroglífico - de cima para baixo. O alfabeto árabe, composto por 28 letras, não tem consoantes (O que é o alfabeto árabe? 2014). Os hieróglifos chineses têm um tipo silábico, morfémico, em vez de alfabético. Cada morfema é uma determinada palavra, cujo significado também varia consoante o tom em que é pronunciada. Por exemplo, "ma", pronunciado no primeiro tom significa "mãe", no segundo tom - "cânhamo", no terceiro - "cavalo", e no quarto - "maldição". Exemplos de palavras compostas por dois morfemas de raiz podem servir para muitos nomes de lugares chineses. O nome da província de Hubei é uma combinação dos morfemas "hu" - "lago" e "beat" - "norte". No sentido de que significa "norte do lago" (Dongting). O facto de a quantidade de traços em vários hieróglifos ser igual a 25 ou 30, revela a complexidade especial da escrita hieroglífica. Uma pessoa instruída deve conhecer de 4 a 7 mil desses caracteres! (Victor Mair. 2011).

Depois de analisarmos a composição etno-linguística da população mundial, passemos à caraterização da sua composição religiosa (confessional). Obviamente, existe uma relação estreita entre as diferentes orientações religiosas, uma vez que as primeiras crenças religiosas dos povos surgiram nos primórdios da humanidade e, ao longo dos milénios, o número de religiões em todos os tempos aumentou e o seu papel continua a aumentar. Atualmente, apesar de todas as conquistas da ciência, da tecnologia e da cultura, cerca de 4/5 da população mundial (de acordo com outros dados, esta proporção é ainda maior) deve ser classificada como crente, praticando uma das muitas religiões (M.Zgenti. J. Kharitonashvili. 1999. P. 30-31).

No entanto, o número de seguidores não é equivalente. Durante a classificação das religiões, optou-se por subdividi-las em três grupos. Primeiro, há as religiões mundiais que professam 197

Em segundo lugar, existem as religiões nacionais (por vezes designadas por nacional-regionais), que são professadas pela maioria das pessoas de uma mesma nacionalidade. Em segundo lugar, existem as religiões nacionais (por vezes designadas por nacional-regionais), que são professadas pela maioria das pessoas da mesma nacionalidade. Em terceiro lugar, há as crenças tribais locais. A Tabela 39 apresenta a caraterização quantitativa destes grupos religiosos.

Tabela.39. Distribuição dos crentes de determinadas religiões. Início do século XXI.

Fonte: V. Maksakovsky. 2009. P.208

Religiões do mundo	Número de crentes, milhões de pessoas	Religiões nacionais	Número de crentes, milhões de pessoas
Cristianismo, incluindo:	2100	Hinduísmo	850
Católicos	1070	Nacional da China Religiões	400
Protestantes	780	Xintoísmo	70
Ortodoxo	250	Judaísmo	15
O Islão, incluindo	1500	Religiões tribais locais	240
Sunitas	1300		
Folhas	200		
Budismo	380		

Fig. 39. Principais direcções das religiões no mundo

Fonte: https://www.google.ge/webhp?sourceid=chrome-instant&ion=1&espv=2&ie=UTF-8#q=Religião+direcções+no+Mundo

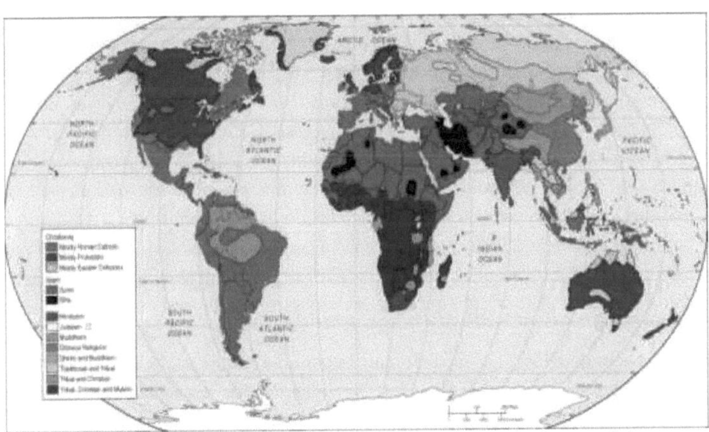

Fig. 40. Principais grupos religiosos em percentagem da população mundial

Fonte: Percentagem mundial de adeptos por religião.png

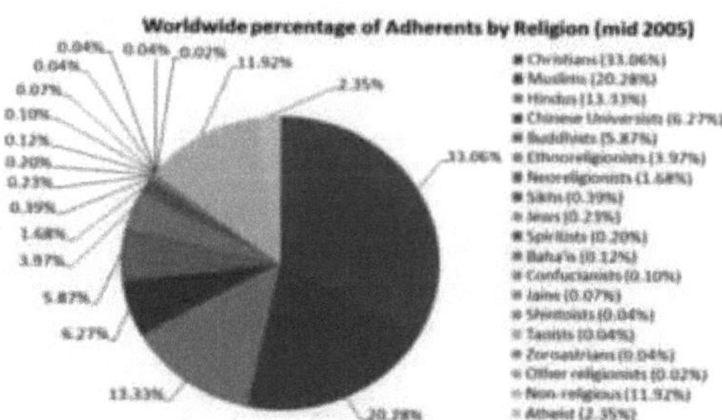

A partir da Fig. 40, conclui-se que a mais comum das religiões mundiais é o cristianismo, fundado no século I d.C. na Palestina e depois difundido por todo o mundo. O seu cerne é a crença em Jesus Cristo como Homem-Deus, o Salvador e Deus Filho. A principal fonte da fé cristã é a Sagrada Escritura, ou seja, a Bíblia. O nascimento de Jesus, que ocorreu há mais de 144
há dois mil anos, em Belém, marca uma nova era para os cristãos (G. Thomas Kurian e James Smith 2010). Tal como discutido nos capítulos anteriores relacionados com a introdução histórica e geográfica, o Cristianismo acabou por se dividir em três ramos principais - o Catolicismo, a Ortodoxia e o Protestantismo (Luteranismo, Calvinismo, Anglicanismo, etc.), que diferem na interpretação de determinados dogmas religiosos, ritos e atuação por parte da organização da igreja. Assim, a Igreja Católica Romana caracteriza-se pela rígida centralização, baseada na omnipotência real do Papa, cuja residência serve a sede do Vaticano. Em contrapartida, o cristianismo ortodoxo está dividido em 15 igrejas independentes (autocéfalas), uma das quais constitui a Igreja Ortodoxa Georgiana (Ronald G. Roberson. 1990).

O protestantismo caracteriza-se pela presença de muitos movimentos e seitas religiosas.

A observação do mapa da geografia das religiões prova que o cristianismo é predominante na Europa, bem como na América do Norte e do Sul, na Austrália e em África e na África subsariana, em resultado da sua colonização por nações europeias.

O Islão é a segunda religião do mundo em número de adeptos. Teve origem no início do século VII na Arábia e o seu fundador foi o Profeta Maomé (Mahomet), após o qual esta religião recebeu o nome de Islão ou Maometismo. O livro sagrado dos muçulmanos - o Corão - reúne sermões, orações, ensinamentos, histórias e parábolas proferidos por Maomé durante a sua vida. É também de notar que no Quadro 32 existem duas direcções principais do Islão - o sunismo e o xiismo, que surgiram pouco depois da morte de Maomé. À primeira vista, as diferenças entre elas não são assim tão grandes (os muçulmanos sunitas reconhecem no Corão a Tradição Sagrada - a Sunnah), mas na vida real têm levado e continuam a levar, por exemplo no Iraque, a lutas sangrentas irreconciliáveis (Marshall Cavendish. 2010).

Há cinco princípios básicos do Islão. O primeiro e mais importante deles é a adoração de um Deus omnipotente e misericordioso - Alá ("Allah Akbar" - "Deus é grande!"). - Este grito é normalmente ouvido durante a veneração de Maomé. A segunda é rezar cinco vezes por dia, virado para Meca. O terceiro, pagar o imposto anual ao pobre. Quarto, não comer, beber, fumar, divertir-se, etc. durante o mês do Ramadão, o nono mês do calendário lunar muçulmano, à luz do dia. O quinto, fazer uma peregrinação (Hajj) à cidade sagrada muçulmana Meca, na Arábia Saudita, pelo menos uma vez na vida. Recentemente, o número de participantes numa Hajj ascendeu a 2 milhões de peregrinos. Além disso, os muçulmanos não podem comer carne de porco, beber álcool e jogar. O seu dia sagrado é a sexta-feira. A cronologia também começa em 622 do calendário cristão, altura em que o profeta Maomé foi obrigado a mudar-se de Meca para Medina (Watt, W. Montgomery. 2000).

Fig. 41. Difusão do Islão na Ásia, África e Europa
Fonte: TheMuslimTimes. 31 de outubro de 2014.
http://www.themuslimtimes.org/2013/02/religion/islams-path-to-africa/attachment/thespreadofislam

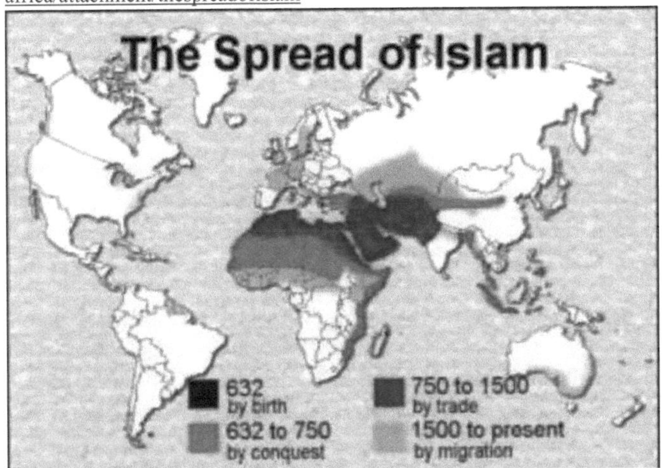

A área geográfica de propagação do Islão não é tão extensa como a área do Cristianismo e está limitada sobretudo à Ásia - onde vivem dois terços dos muçulmanos - e a África (Fig. 41). Em 1969, foi criada a "Conferência Islâmica" (OIC) que inclui atualmente cerca de 50 países e em 20 deles o Islão é a religião do Estado (V.Karumidze. 2004. P. 57). Alguns destes países fazem questão de sublinhar o seu compromisso com o Islão mesmo nos nomes oficiais dos Estados. Por exemplo, a República Islâmica do Irão, a República Islâmica do Paquistão, o Estado Islâmico do Afeganistão. A Indonésia, a Índia, o Paquistão, o Bangladesh, o Irão, a Turquia, o Egito e a Nigéria destacam-se particularmente pelo número de crentes muçulmanos neste grupo de países e a Turquia, a Arábia Saudita, o Kuwait, a Argélia (99-100%), o Iraque, o Paquistão, a Líbia e a Tunísia (97-98%) fazem-no pela percentagem de muçulmanos na população - (Muslim Population by Country. 2011). Quase todos os países muçulmanos, exceto o Irão, o Azerbaijão, parte do Iraque, o Iémen e o Líbano, dominam o Islão sunita (M.Zgenti. LKharitonashvili. 1999. p.31).

A terceira religião do mundo - o Budismo - é a mais antiga em termos de fundação (séculos VI-V a.C.). Está associada a uma pessoa real - o príncipe Siddhartha Gautama, do Norte da Índia, que então recebeu o nome de Buda ("Iluminado"). Informações mais detalhadas sobre a essência do budismo podem ser encontradas na literatura recomendada. No entanto, todos nós já ouvimos falar de 201

sobre os dogmas básicos do budismo - negligenciar as acções violentas em detrimento do mal, aspirar à condição de liberdade interior (nirvana), coleção de textos puramente budistas - tripitaka ("três cestos"), representantes da religião budista vestidos com cores vivas.

Também no Budismo existem duas correntes principais - Hinayana e Mahayana - que, em conjunto, formam uma área bastante compacta, abrangendo os países do Sul, Sudeste e Leste da Ásia. A Tailândia, o Laos, o Camboja e o Sri Lanka são os países mais tipicamente budistas onde esta religião predomina mas, quantitativamente, a maioria dos budistas concentra-se na China e no Japão. Uma outra direção comum do budismo - o lamaísmo - está difundida na Mongólia, no Tibete e no Butão (Prebish, Charles. 1993).

O hinduísmo, que mais de 80 % da população da Índia professa, é a mais maciça das religiões nacionais (V. Maksakovsky. 2009. P. 210). Mas a China e o Japão estão entre os países multi-religiosos. Na China, o confucionismo, o taoísmo e as formas chinesas de budismo são normalmente combinados, ao passo que no Japão, são o xintoísmo (literalmente "Caminho dos Deuses"), o budismo e o confucionismo. Tanto na China como no Japão, todas as cerimónias fúnebres e memoriais são realizadas em santuários budistas e as cerimónias de casamento em santuários taoístas e xintoístas (M.Zgenti. J.Kharitonashvili. 1999.p.31).
Quanto ao judaísmo, tem adeptos em 80 países, mas é a religião do Estado apenas em Israel (Sergio Pergola. 2010). Toda a vida das comunidades judaicas ortodoxas é regida pelo Talmude, que contém centenas de regulamentos e proibições rigorosos. Assim, aos sábados, os judaístas estão proibidos não só de trabalhar, mas também de acender e apagar o fogo, cozinhar ou tocar em dinheiro. É proibido comer carne de porco, lebre e misturar produtos lácteos e de carne na comida. Os homens têm de usar sempre touca. É também de salientar que a cronologia do judaísmo é considerada pelos seguidores desta religião a partir da "criação do mundo". Por conseguinte, o ano de 2017 é, na realidade, o ano 5778th em Israel (Calendário judaico. 2017).
Para completar a análise da Fig. 40, convém mencionar as confissões tribais e tradicionais locais (fetichismo, animismo, totemismo, culto dos antepassados e dos mortos). Estas são atualmente preservadas apenas nos países menos desenvolvidos de África, como o Botswana, Angola, Moçambique, Madagáscar, Togo, Benim, Libéria, Serra Leoa, República Centro-Africana, bem como entre os Papuas da Papua-Nova Guiné.
Em conclusão, há que ter em conta o aspeto regional da composição religiosa da população mundial. É evidente que os católicos, os ortodoxos e os protestantes predominam entre os crentes na Europa. Na Ásia, os muçulmanos, os hindus, os seguidores das religiões tradicionais e os budistas chineses ocupam posições dominantes. Em África, dois quintos dos crentes são muçulmanos, seguidos de católicos, protestantes e representantes de crenças tribais locais. Na América, quase dois terços dos crentes - católicos e protestantes predominam entre outros. Na Austrália e na Oceânia, os protestantes estão em primeiro lugar e os católicos em segundo (V. Maksakovsky. 2009.P.211).
Tendo concluído a composição religiosa da população mundial, é particularmente importante chamar a vossa atenção para o valor total dos estudos culturais sobre este tópico. É importante descobrir se é necessário sublinhar o grande papel das religiões mundiais e nacionais (regionais) no que diz respeito às questões da civilização de toda a humanidade, bem como ao estabelecimento de regiões civilizadas a nível mundial. As religiões internacionais e nacionais (regionais) desempenham um papel significativo na formação da civilização humana e das partes civilizadas do mundo, que são consideradas por muitos cientistas como um embrião religioso. No entanto, é aconselhável manter o equilíbrio.
A cultura espiritual dos povos está relacionada com a religião desde tempos imemoriais: seria extremamente difícil compreender as obras dos principais escritores e poetas do mundo sem conhecer a mitologia grega. Se não se conhecessem as histórias bíblicas, seria muito difícil representar respetivamente as obras-primas dos maiores artistas do Renascimento. O mesmo se aplica às obras da cultura material. Por exemplo, os sítios do Património Mundial, incluindo os que têm fins religiosos e de culto, desempenham um dos papéis mais importantes.
Muitas pessoas no mundo tiveram a oportunidade de se familiarizar com os monumentos do património cultural situados em diferentes regiões do mundo. Por exemplo, aqueles que estiveram na Europa Ocidental, obviamente chamaram a atenção para as famosas igrejas católicas e protestantes em França (em Paris, Reims, Chartres, etc.), Itália (Roma, Florença, Pisa, etc.), Espanha (em Sevilha, Toledo, Burgos, etc.), Alemanha (Colónia, Speyer, etc.), Reino Unido (Londres, Durham, Canterbury, etc.), Portugal, República Checa, Polónia e outros países. Isto

significa que agora tem de fazer fila - os monumentos mundialmente famosos do Islão no Norte de África e no Sudoeste Asiático, os monumentos budistas no Nepal (Lumbini, o local de nascimento de Buda), na Indonésia (Borobudur), no Camboja (Angkor), no Sri Lanka (Kandy), na China (Potala), numerosos templos hindus na Índia, o xintoísmo no Japão.

Colocação e migração

No que diz respeito ao estudo da geografia da população, já foram abordadas questões sobre a teoria da distribuição da população e os factores sob cuja influência se forma o quadro geral da distribuição da população no mundo. Agora é altura de dar corpo e explicar este quadro.

A principal caraterística da distribuição da população do nosso planeta é a sua desigualdade. De facto, por um lado, 15% das terras da Terra não são habitadas e 8% do seu território é habitado por cerca de dois terços da população mundial! (V. Neidze. 2009. P. 52) Para explicar estes contrastes, passamos aos principais factores que afectam a distribuição da população.

Esperemos que não sejamos acusados de determinismo geográfico se começarmos a discussão a partir dos factores naturais que encontramos de muitas formas diferentes. Seria mais apropriado afirmar que o processo de distribuição da população foi significativamente afetado pela forma do relevo terrestre. Desde a época da revolução neolítica e do nascimento da agricultura, as pessoas tentaram colonizar principalmente as terras baixas. Atualmente, cerca de 55% da população vive a uma altitude de 200 m acima do nível do mar e, se acrescentarmos a altitude de 200 a 500 m, serão 80%. No entanto, os dois territórios juntos ocupam apenas 28% do território da Terra. A maior parte da população vive na Europa e na Austrália, onde, até uma altura de 500 m, se concentra mais de 90% da população, seguindo-se a Ásia e a América do Norte (75-80%). Nas zonas situadas acima dos 1000 m, apenas 8% das pessoas vivem, na sua maioria, em África e na América do Sul (V. Neidze. 2009. P. 52).

Se olharmos para o mapa físico do mundo, podemos encontrar muitos exemplos de países "baixos". Quanto aos países mais "altos", são sobretudo referidos o Nepal, o Afeganistão e o Irão, na Ásia, e o México, a Bolívia e o Peru, na América Latina. A maior parte da população destes países vive a uma altitude superior a 1000 m acima do nível do mar. Na Bolívia, no Peru e na China (Tibete), a fronteira da habitação humana eleva-se acima dos 5000 m. A atual capital da Bolívia, La Paz, situa-se nos Andes, a uma altitude de 3700 m, e é considerada a capital mais alta do mundo (V. Neidze. 2004 p. 52).

Outro fator natural importante são as condições climáticas do habitat. De acordo com vários especialistas, a maioria das pessoas no mundo vive em zonas climáticas subequatoriais (35%), sub-subtropicais (31%) e subtropicais (21%), enquanto a zona boreal representa apenas 2,7% e a sub-polar - 0,07% (V. Maksakovsky. 2009. P. 213). Não é necessário explicar esta distribuição, assim como nos desertos gigantes pouco povoados do Norte de África e do Sudoeste da Ásia Central.

Os factores históricos, especialmente a época do povoamento, tiveram um grande impacto na localização da população mundial. Não devemos ficar surpreendidos com a informação de que mais de 85% de todos os habitantes da Terra vivem atualmente no Velho Mundo (Europa, Ásia e África) e menos de 15% no Novo Mundo (América e Austrália) (Population Size, Distribution and Growth. 2004). Este fator ajuda-nos, em certa medida, a explicar a ocorrência dos três principais grupos de população existentes no planeta atualmente. O primeiro, o maior de todos, abrangendo o Sul, Sudeste e Leste da Ásia, deve em grande parte a sua origem aos maiores rios históricos e à agricultura de irrigação intensiva em mão de obra (nomeadamente, a cultura do arroz). O segundo agrupamento surgiu já na era da revolução industrial na Europa, enquanto o terceiro surgiu na mesma época na parte nordeste dos Estados Unidos e no sudeste do Canadá.

No entanto, os factores históricos não se limitam apenas ao momento da chegada. Basta recordar o despovoamento catastrófico da África subsariana nos séculos XVII-XIX, resultante do tráfico de escravos e da exploração brutal.

Mas os factores naturais e históricos da distribuição da população, que servem de base à manifestação dos factores socioeconómicos, incluem, entre outros, o nível de desenvolvimento e especialização da economia e a sua estrutura territorial, a acessibilidade dos transportes e o desenvolvimento do território. A proximidade do território com o Oceano Mundial, cujas zonas costeiras têm atraído constantemente as pessoas que se dedicam à navegação, à indústria do peixe e à agricultura, seguida da indústria e do lazer, pode servir de exemplo deste tipo. Atualmente, mais de metade da população vive na zona de 200 quilómetros ao longo das costas dos mares e oceanos, ao passo que na zona de 50 quilómetros residem cerca de 30% das pessoas e os residentes urbanos chegam mesmo a 40% (V. Neidze. 2004. P. 52). Na Austrália e na Oceânia, esta zona de contacto "terra - oceano" concentra 4/5, na Europa, América do Norte e do Sul - um terço de todos os residentes. A Grã-Bretanha pode ser chamada de país individual, onde três quartos da população vivem a menos de 50 km do mar (População do Reino Unido 2014) e especialmente o Japão, onde o número é 9/10 (Japão - População. 2013).

A situação demográfica em cada país pode também ser considerada como um dos factores socioeconómicos. Obviamente, nos países com uma explosão demográfica contínua e um crescimento rápido da população, a sua distribuição altera-se rapidamente em comparação com os países com um crescimento natural nulo.

Para caraterizar a distribuição da população no território da superfície terrestre, recorre-se à investigação relacionada principalmente com a densidade populacional. Com ela, tentaremos novamente especificar a tese da distribuição desigual da população da Terra.

Começamos, naturalmente, pelos dados globais, ou seja, pela densidade populacional média de todo o território habitado. Durante o século XX e, especialmente, desde o início da explosão demográfica, começou rapidamente a aumentar de 12 pessoas por 1 km2 em 1900 para 18,5 em 1950, 30 - em 1975, 40 - em 1990, 47 - em 2005 e 53 - em 2012 (Department of Economic and Social Affairs Population Division. 2013). Neste contexto geral, as diferenças regionais aparecem muito claramente na primeira década do século XXI: 118 pessoas por 1 km2 na Ásia e 110, 28, 26, 15, 4 na Europa, África, América Latina, América do Norte, Austrália e Oceânia, respetivamente (V. Maksakovsky. 2009. P. 216).

A análise dos diferentes países (Fig. 68), que podem ser divididos em três grupos - alta, média e baixa densidade populacional - é ainda mais interessante. O primeiro grupo inclui legitimamente países onde a densidade excede 200 pessoas por 1 km2. O número destes países é limitado a apenas 20. A figura 68 mostra que se trata dos Países Baixos e do Reino Unido na Europa, do Bangladesh, do Japão, da Índia e das Filipinas na Ásia e do Ruanda em África. Os países com baixa densidade populacional (até 10 pessoas por 1 km2) apresentam o mesmo modelo e também podem ser definidos pelo desenho 68 - Islândia e Rússia na Europa, Cazaquistão, Turquemenistão, Mongólia na Ásia, Líbia, Chade, RCA, Namíbia em África, Canadá no Norte e Bolívia na América Latina, Austrália. Verifica-se que os países com densidade média no mundo estão em maioria (Department of Economic and Social Affairs Population Division. 2013).

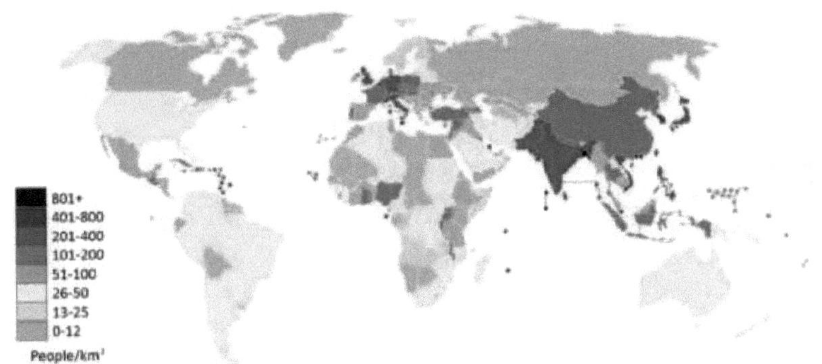

Fig. 42. Densidade média da população por países e regiões
Fonte: Mapa da densidade populacional mundial.PNG

No entanto, ao analisar a Figura 42, deve ter-se em consideração que existem alguns Estados e territórios autónomos, incluindo a ilha, que têm densidades populacionais altas e ultra-altas. Por exemplo, no Mónaco, atinge 18,475 mil, em Hong Kong - 6,571 mil, em Singapura - 7,618 mil, Malta - 1,321 mil pessoas por 1 km2 (Department of Economic and Social Affairs Population Division. 2013). Seguem-se o Barém, Barbados, Taiwan e as Maurícias.

No entanto, dentro das fronteiras do mesmo país, são registadas flutuações acentuadas nos dados relativos à densidade populacional. Exemplos clássicos deste tipo de distribuição da densidade são: China, Egito, Indonésia, Canadá, Brasil, Rússia, Turquemenistão, Tajiquistão.

No Egito, quase toda a população está concentrada no Vale e no Delta do Nilo, que ocupa apenas 4% da sua área total (Worldometers Real Time World Statistics. 2014). Isto significa que vivem quase 2.000 pessoas por 1 km^2 , enquanto no deserto vizinho o número é inferior a 1 pessoa (Population Density in Egypt. 2014). Na Indonésia, na ilha de Java, a densidade populacional ultrapassa as 1.000 pessoas, enquanto na profundidade de algumas outras ilhas desce para 3-4 pessoas por 1 km - esec gasarkvevia (Badan Pusat Statistik. 2011). No Canadá, dois terços da população vivem na faixa sul de 150 quilómetros, que se estende ao longo da fronteira com os EUA, e na parte norte do país uma pessoa representa 25-30 km2 (Beauchesne, Eric. 2011).

Concluindo a caraterística da distribuição da população, vamos tocar noutra questão metodológica importante. É preciso ter em conta que, embora uma certa dimensão e densidade populacional sejam pré-requisitos para o desenvolvimento de cada país, não existe uma relação direta entre elas e o nível de desenvolvimento socioeconómico. Para verificar isto, basta comparar em termos de densidade populacional a Rússia, o Canadá ou a Austrália e, do outro lado, o Bangladesh ou o Ruanda.

A questão da localização está intimamente ligada à questão da migração da população, uma vez que a imagem desta localização no mundo, em algumas regiões e países, é formada não só sob a influência dos grupos de factores acima enumerados, mas também dos fluxos migratórios das pessoas, por vezes designados por movimento mecânico da população (em contraste com o seu movimento natural). Uma vez que já descrevemos brevemente as abordagens à classificação (ou melhor, à tipologia) das migrações, é agora razoável passar à sua análise específica e, por conseguinte, o que nos interessará são as migrações externas (internacionais), em grande medida no que diz respeito à atualidade e não ao aspeto histórico.

Em primeiro lugar, imaginemos a escala global da migração internacional. De acordo com as estatísticas, em 1965, 75 milhões de pessoas já estavam envolvidas em tais migrações. Em 1975, o número de migrantes aumentou para 85, em 1985 - para 100, em 1990 - para 150, em 2002 - para 175 milhões e em 2014 - para 214 milhões de pessoas (International Migration. Health and Human

Rights. 2013). Não é por acaso que alguns cientistas começaram a utilizar a expressão figurativa "nação de migrantes". É possível argumentar que, em maior ou menor grau, ela está representada em todas as grandes regiões do mundo. Em termos dos principais fluxos tipológicos de migrantes internacionais, pode dividir-se em:

Em condições de elevado crescimento demográfico na Ásia, em África e na América Latina, há um enorme excedente de mão de obra e interesses nas suas exportações, enquanto os países economicamente desenvolvidos, em particular os da Europa, à beira do despovoamento, pelo contrário, precisam de mão de obra estrangeira, sobretudo não qualificada, disposta a aceitar qualquer trabalho desvalorizado, fisicamente pesado e insalubre. O segundo fator é a enorme diferença de condições (de espaço) e de salário entre os países pobres, que têm mão de obra abundante, e os países ricos, que recebem migrantes. Atualmente, dezenas de milhões de famílias nos países pobres só sobrevivem graças às remessas dos trabalhadores migrantes dos países ricos, cujo montante total anual está estimado em 100-150 mil milhões de dólares pelas organizações internacionais. Os maiores receptores de remessas são a Índia e o México (mais de 10 mil milhões de dólares cada), as Filipinas (6,4), o Egito, Marrocos e a Turquia (3 mil milhões) e as transferências para o Líbano, Bangladesh, Jordânia, El Salvador e Colômbia rondam os 2 mil milhões de dólares (Relatório sobre a Migração Internacional 2013).A migração laboral é a principal, mas não a única, forma de migração dos países em desenvolvimento para os países desenvolvidos. A partir dos anos 60, o que começou a crescer rapidamente não foi apenas a "fuga de músculos", mas também a "fuga de cérebros", que pode ser geralmente designada por migração intelectual.

Neste caso, estamos a falar da emigração de cientistas, engenheiros e técnicos e outros profissionais médicos, bem como de potenciais empregados nestas profissões - estudantes, estagiários são enviados para a escola, mas não regressam a casa. É difícil avaliar a escala global deste tipo de migração intelectual, mas não há dúvida de que o número ascende a muitas centenas de milhares de profissionais e as perdas nos países em desenvolvimento - dezenas de milhares de milhões de dólares.Uma outra razão importante para o aumento dos fluxos migratórios dos países em desenvolvimento para os países desenvolvidos é a procura de asilo político, que também é procurada por dezenas de milhares de pessoas que vivem em vários "pontos quentes" do nosso planeta.

Como resultado, formaram-se nas últimas décadas duas áreas principais de atração de migrantes dos países em desenvolvimento - a Europa Ocidental e a América do Norte - nos países economicamente desenvolvidos (Fig.43).

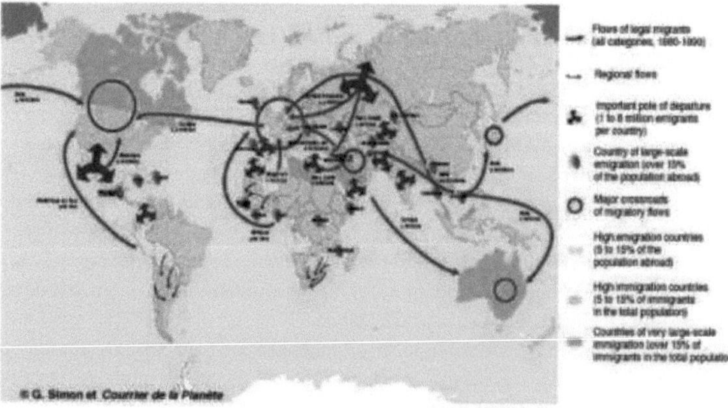

Fig. 43. Os principais fluxos migratórios no mundo moderno

Fonte: http://lewishistoricalsociety.com/wiki2011/tiki-read_article.php?articleld=27

Neste sentido, a Europa Ocidental é um exemplo de uma espécie de metamorfose histórica. A região, que durante séculos foi a principal fonte de emigração em massa, transformou-se no maior centro de imigração do mundo. Embora as estimativas quantitativas da imigração sejam muitas vezes divergentes (porque as pessoas que já adquiriram a cidadania dos seus países de adoção e os membros das suas famílias, os trabalhadores temporários, os visitantes ou os "trabalhadores convidados", os migrantes sazonais e irregulares podem ser considerados imigrantes). Em geral, são considerados imigrantes os milhões de pessoas que vieram do Norte de África, do Sudoeste e do Sul da Ásia e, mais recentemente, também da China, para não falar dos países doadores desenvolvidos. A Alemanha (3,5 milhões), a França (1,6 milhões) e o Reino Unido (1,2 milhões) caracterizavam-se especialmente pelo número de trabalhadores estrangeiros no início do século XXI e o Luxemburgo (55%) e a Suíça (20%) pela percentagem no emprego total. Para fazer uma ponte lógica entre a migração e a colocação da população, é possível especificar que existem famílias com filhos de imigrantes, que representam atualmente quase 9/10 do crescimento total da população na Europa Ocidental (V. Maksakovsky. 2009. P.219)!

As consequências socioeconómicas negativas da imigração em massa para a região a partir de países com economias em desenvolvimento, em especial, como a ameaça crescente do terrorismo e o aumento dos conflitos étnicos, também devem ser tidas em consideração. É um facto que apenas uma pequena parte dos migrantes se naturaliza totalmente no seu novo ambiente social e cultural. A maior parte deles continua a viver nos seus "guetos", nos arredores das grandes cidades, que não querem ou não podem abandonar, transformando-os em centros de criminalidade, toxicodependência e outros vícios sociais. Por isso, 151

De tempos a tempos, em muitos países da Europa Ocidental, são frequentes as acções contra "estrangeiros" que chegam a confrontos armados e motins. O "fator islâmico" desempenha um papel importante, sobretudo se tivermos em conta que, no início do nosso século, existiam na Europa Ocidental mais de 15 milhões de muçulmanos, dos quais 5 milhões em França, 3 milhões na Alemanha e 1,5 milhões no Reino Unido (V. Maksakovsky. 2005. P. 220).

O mês de novembro de 2005 foi marcado pelo desenrolar dos acontecimentos nos subúrbios de Paris, onde se desencadeou uma guerra civil entre os jovens imigrantes árabes e as autoridades francesas. Todas as noites, centenas de carros ardiam nas ruas e muitas lojas, restaurantes, escritórios e escolas eram alvo de ataques. Para além de Paris, Lille, Estrasburgo, Bordéus, Marselha, Toulouse e outras cidades sofreram com as acções dos desordeiros. O governo, que instaurou o estado de emergência, conseguiu reprimir a revolta com grande dificuldade, o que provocou um choque não só em França mas também em toda a Europa. Mas a ideia de uma nação francesa unificada tornou-se, de certa forma, uma ilusão perdida.

A segunda região de imigração maciça dos países em vias de desenvolvimento é a América do Norte, nomeadamente os Estados Unidos. Obviamente, a população deste país tem sido historicamente afetada pelo afluxo de imigrantes. No início do nosso século, apesar das quotas rigorosas fixadas pelo governo federal, o seu afluxo aumenta, atingindo (incluindo os imigrantes ilegais) cerca de 1 milhão de pessoas por ano. Mas, recentemente, a geografia dessas migrações mudou radicalmente. Se, após a Segunda Guerra Mundial, 70% dos imigrantes chegavam aos EUA vindos da Europa e do Canadá, no início do século XXI este número tinha caído para 15-16%. Atualmente, mais de metade de todos os imigrantes para os EUA são da América Latina. Como resultado, o número de hispânicos ultrapassou o número de afro-americanos, que tradicionalmente constituíam o segundo maior subgrupo da nação americana. Outro 1/3 dos imigrantes provém dos países em desenvolvimento da Ásia - China, Filipinas, Vietname, Índia e Turquia. No total, os imigrantes nos Estados Unidos representam 12 % da força de trabalho (V. Maksakovsky. 2009. P. 220). Mas, ao mesmo tempo, existem diferentes problemas sociais e étnicos, especialmente tendo em conta o facto de muitos imigrantes não falarem inglês.

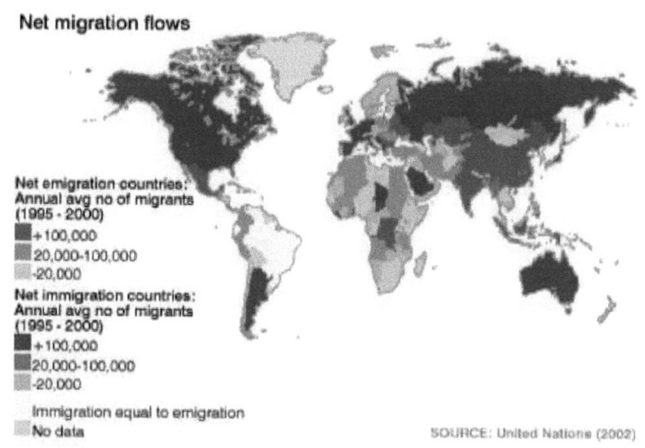

Fig. 44. A proporção de migrantes na população de cada país
Fonte: http://news.bbc.co.Uk/2/shared/spl/hi/world/04/migration/html/global_picture.stm
A República da África do Sul, que dá a oportunidade a trabalhadores imigrantes do Lesoto, do Botswana e de Moçambique de trabalharem nas suas minas, também deve ser mencionada. Israel também acolhe trabalhadores imigrantes.

Atualmente, as migrações entre os países economicamente desenvolvidos caracterizam-se principalmente pela Europa Ocidental, quase todos os países que fazem parte da União Europeia. Estes países já criaram um espaço político e económico comum, um sistema monetário e estão a formar um espaço educativo unificado. A migração em massa entre estes países surgiu há muito tempo. Os países do Sul da Europa - Espanha, Portugal, Itália e Grécia - foram durante muito tempo os principais fornecedores de mão de obra relativamente barata. Mas já na década de 90 a situação se alterou e a Itália, por exemplo, tornou-se um importador no próprio mercado de trabalho. Na UE, trata-se de um novo tipo de migração internacional, que se pode designar por integração. O seu mecanismo é determinado pelo Acordo de Schengen, promulgado em 1995, que eliminou as antigas barreiras e restrições à migração livre e sem visto de trabalhadores na maioria dos países da UE. Estes fluxos de pessoas afectaram, naturalmente, a localização e a circulação da população.

Em segundo lugar, é a direção dos fluxos migratórios intercontinentais para os países economicamente desenvolvidos - da Europa Ocidental para os Estados Unidos. Durante muito tempo, após a Segunda Guerra Mundial, continuou a ser a mais importante, reflectindo não só a migração normal de mão de obra, mas também uma significativa "fuga de cérebros" da Europa para os Estados Unidos, que para os EUA tem sido muito 152
rentável.

Basta dizer que, de acordo com algumas estimativas, ao atrair um cientista de nível médio na área das humanidades, o lucro líquido dos EUA ascendeu a 230 mil dólares americanos, ao passo que custou ao país 250 mil dólares americanos e 650 mil dólares americanos para o fazer em relação a um engenheiro e a um médico (V. Maksakovsky. 2009. P. 222). A literatura profissional fornece informações sobre o número de laureados com o Prémio Nobel nos EUA que são cientistas imigrantes. No entanto, no final do século XX, quando o fosso tecnológico entre a Europa Ocidental

e os Estados Unidos se tornou nitidamente menor, a extensão da "troca de cérebros" também diminuiu.
O Canadá e a Austrália são dignos de nota, uma vez que, historicamente, também registam um aumento significativo de imigrantes. Outros países economicamente desenvolvidos fornecem-lhes principalmente mão de obra. Enquanto a percentagem de trabalhadores estrangeiros no Canadá é de 20 % (John Powell. 2009), na Austrália é de 25 % (Australian Bureau of Statistics. 2012). Ambos os países estão interessados num maior afluxo de migrantes.
As migrações entre países desenvolvidos ocorreram no passado, mas generalizaram-se há pouco tempo. Neste ponto, destacamos duas áreas principais da imigração laboral.
Os mais importantes são os países produtores de petróleo do Golfo Pérsico (ver Figura 69), onde o número total de trabalhadores migrantes aumentou de 2 milhões em 1975 para 10 milhões em 2000 (excluindo os membros da família, os trabalhadores domésticos e os imigrantes ilegais). A maioria destes trabalhadores encontra-se na Arábia Saudita, seguida dos Emirados Árabes Unidos, Omã, Qatar e Barém. Estes números, por si só, são bastante impressionantes, mas não afectaram verdadeiramente os resultados absolutos e relativos: nos Emirados Árabes Unidos e no Qatar, a proporção de estrangeiros na população atinge 9/10, no Kuwait aproxima-se disso e, mesmo em grande parte do território da Arábia Saudita, é de 3/5! (Mehran Kamrava e Zahra Babar. 2012).
O interesse mútuo dos países ricos do Golfo Árabe e dos países vizinhos muito mais pobres da Ásia e de África explica-se de forma muito simples. O primeiro possui enormes oportunidades financeiras - um afluxo inesgotável de petro-dólares, mas não tem trabalhadores e profissionais em número suficiente, e a mentalidade é mais propensa à administração e gestão do que às actividades produtivas. Um segundo atrai os rendimentos - embora não muito elevados, mas ainda assim muito superiores aos que podem ter no seu país. Por isso, não podem deixar de se congratular com o facto de, por lei, cada habitante árabe autóctone, por exemplo, nos Emirados Árabes Unidos, poder contratar quatro trabalhadores estrangeiros. Acontece que toda a riqueza material dos países do Golfo - cidades modernas com edifícios únicos, arranha-céus, portos, aeroportos, auto-estradas, sistemas de irrigação - é criada por trabalhadores migrantes. O próprio "ouro negro" é extraído e transformado por esses trabalhadores. Se, numa primeira fase, até meados dos anos 70, quase todos os países do Golfo necessitavam de mão de obra estrangeira, que era fornecida por outros países árabes - Jordânia, Iraque, Egito, Iémen, Sudão, Somália, Líbano, Síria -, o afluxo de trabalhadores de países não árabes como a Índia, o Paquistão, o Bangladesh, o Sri Lanka, o Irão, a Indonésia, a Tailândia e as Filipinas começou a aumentar com o crescimento da extração, refinação e exportação de petróleo.
A segunda fonte de atração de mão de obra migrante nos anos 70-90 formou-se nos países recentemente industrializados da Ásia, que registaram um salto no desenvolvimento das forças produtivas.
As migrações para os países com economia de transição são um fenómeno relativamente novo que surgiu no início dos anos 90 após o colapso do sistema socialista mundial. Foram desenvolvidos dois focos principais de migração internacional - os países da Europa Central e Oriental (PECO) e os países da CEI.
A transformação dos PECO num dos principais fornecedores de migrantes ao Ocidente explica-se por razões políticas e económicas. Políticas, porque a mudança do sistema social nem sempre é acompanhada por revoluções de "veludo" e, em alguns casos, conduziu a uma deterioração acentuada dos conflitos interétnicos e outros e mesmo a uma longa guerra civil, especialmente na antiga Jugoslávia. Económica - devido à crise económica do início dos anos 90. Atualmente, após a entrada oficial da maior parte dos países da Europa Central e Oriental na UE, abriram-se ainda mais oportunidades para a migração de pessoas de Leste para Oeste na Europa. Os "antigos" Estados-Membros da UE são motivo de grande preocupação porque, de acordo com as estimativas

disponíveis, o potencial total de migração laboral dos PECO ultrapassa atualmente um milhão de pessoas (V. Maksakovsky. 2009. P. 225).

Os países da CEI, sucessores da União Soviética após o seu colapso, transformaram-se num dos maiores centros mundiais de migrações internacionais.

Em conclusão, deve ser feita outra adição significativa sobre a migração interna (doméstica) da população, que também tem um impacto muito grande na colocação. Isto aplica-se ao tipo de migrações internas maciças - "aldeia - cidade", bem como à migração "cidade - cidade", "cidade - aldeia", "aldeia - uma aldeia". Para países gigantes como a Rússia, o Canadá, a China, os EUA, o Brasil, a Austrália, os processos de colonização e desenvolvimento da nova terra, a criação de instalações industriais e de transporte sempre tiveram e continuam a ter grande importância.

População urbana e rural

Já foram mencionadas duas grandes formas de povoamento humano - urbano e rural. Historicamente, surgiram quase em simultâneo - de facto, as primeiras cidades apareceram na era das antigas civilizações fluviais nos vales do Nilo, do Tigre e do Eufrates, do Indo, do Amarelo, do Mekong, e desenvolveram-se ainda mais na Antiguidade e na vida urbana helenística. Obviamente, esta tendência foi típica da era da Idade Média, do Renascimento, da Nova Era.

No entanto, no início do século XX, a população rural mundial excedia consideravelmente a urbana: em 1900, a proporção de ambas ascendia a 87:13. Isto significa que, se atualmente são frequentes os debates sobre a população das cidades, o fenómeno da urbanização como um processo global, "a explosão do desenvolvimento das cidades", o aumento do papel das cidades na vida da sociedade e a disseminação do modo de vida urbano, todos eles se aplicam principalmente ao século XX, quando tanto a escala como o ritmo da urbanização mundial experimentaram um verdadeiro impulso.

Comecemos pela dimensão da urbanização, ou seja, pelos indicadores que nos darão uma ideia do número crescente de residentes urbanos e da sua percentagem na população mundial (Quadro 40).

Tabela. 40 Dinâmica da urbanização mundial em 1900-2010 anos

Fonte: National Library ofMedicine. 2014

Ano	População urbana, milhões de pessoas	A percentagem da população urbana na população mundial, %
1900	220	13,3
1950	750	29,7
1960	1027	34,2
1970	1356	36,7
1980	1822	39,2
1990	2292	43,5
2000	2870	47,4
2005	3148	49,0
2010	3473	51,1

A análise do Quadro 40 permite selecionar um processo global de urbanização ao longo dos últimos cem anos, com duas fases adicionais. A primeira abrangeu a primeira metade do século XX, quando a população urbana aumentou em 530 milhões de pessoas (para comparação: para todo o século XIX - em 170 milhões). Mas ainda mais impressionantes são os desempenhos das cinco décadas e meia seguintes, quando o número de residentes aumentou em 2,4 mil milhões de pessoas e a sua percentagem na população total atingiu efetivamente metade e meia. Atualmente, todos os anos, o número de residentes aumenta em cerca de 60 milhões de pessoas (M. Zgenti. J. Kharitonashvili. 1999. P. 25-26). Não admira que, na segunda fase, o conceito de "explosão urbana" se tenha estabelecido na área da investigação e no léxico quotidiano que envolveu o planeta.

Foi durante a segunda metade do século XX que o número de aglomerados urbanos aumentou significativamente, sendo o número total estimado por alguns especialistas em 85-90 mil. Foi na era moderna que as funções produtivas e outras funções não produtivas das cidades se alargaram e aprofundaram extremamente e, finalmente, se formou o conceito de estilo de vida urbano. Apesar de metade das pessoas ainda viverem no campo, a cidade tornou-se ainda mais o "estado-maior de cada país" (The Economist. 27 de outubro de 2012).

No entanto, a par da escala, temos de nos interrogar - aq ras gulisxmob? sobre as velocidades de urbanização, sobre as quais o Quadro 33 dá apenas uma ideia aproximada. Se nos debruçarmos sobre a taxa média de crescimento anual da população urbana ao longo de períodos de cinco anos, verifica-se que em 1950-1955, 1970-1975, 1990-1995, 2000-2005 e 2005-2010 foi de 3%, 2,6%, 2,4%, 2,1%, 2%, respetivamente (V.Maksakovsky. 2009. P. 226). Isto indica o início de uma tendência descendente, suavizando, mas não anulando, o processo de "explosão urbana". A taxa média de crescimento anual da população urbana continua a ser muito mais elevada do que a taxa de crescimento da população mundial.

Mas nós, enquanto geógrafos, devemos interessar-nos pelos aspectos geográficos da "explosão urbana" - ao nível dos países economicamente desenvolvidos e em desenvolvimento e ao nível das grandes regiões do mundo. Obviamente, a magnitude das diferenças está entre eles.

A comparação entre os países economicamente desenvolvidos e os países em desenvolvimento indica o seguinte.

O pico da dinâmica da urbanização nos países desenvolvidos regista-se no final do século XIX e início do século XX. Sem dúvida, a população urbana continuou a crescer mais tarde, mas a sua taxa média de crescimento anual diminuiu, atingindo apenas 0,5% em 2000-2005. Consequentemente, o número total de residentes neste grupo de países aumentou de 445 milhões em 1950 para 925 milhões em 2005, ou seja, cerca de 2 vezes, e em 2010 atingiu 950 milhões de pessoas (National Library of Medicine. Retrieved on 5th of November, 2014). Os países economicamente desenvolvidos há muito que se caracterizam pela direção da urbanização em profundidade, que é acompanhada pelo aumento dos níveis de vida urbana, esbatendo as diferenças acentuadas entre a cidade dinâmica e a aldeia estagnada, entre as vilas e as cidades, etc. Por outras palavras, caracteriza-se não tanto por indicadores quantitativos como qualitativos e este fator deve ser tido em consideração.

Nos países em desenvolvimento, a situação é bastante diferente em muitos aspectos. Na segunda metade do século XX, estes países tornaram-se a principal arena da "explosão urbana", com uma taxa média de crescimento anual da população urbana superior a 3-4% e que, mesmo em 2000-2005, não diminuiu tanto - até 2,8%. Consequentemente, o número total de residentes neste grupo de países passou de 304 milhões em 1950 para 1,942 mil milhões de pessoas em 2005, ou seja, 6,7 vezes (Barney Cohen, 2006) e, em 2010, ultrapassou os 2,5 mil milhões de pessoas. Já em 1975, o número de habitantes urbanos era de 215

nos países em desenvolvimento excedeu a sua população nos países desenvolvidos e, em 2010, esta vantagem aumentou para mil milhões de pessoas (The World Bank Research Observer. 2014).

Atualmente, os países em desenvolvimento são responsáveis por 9/10 do aumento total da população urbana no mundo. Não é surpreendente que, dos 10 países com o maior número de residentes urbanos, 6 sejam países em desenvolvimento (dados de 2005): China (575 milhões), Índia (310 milhões), Brasil (155 milhões), Indonésia (103 milhões), México (81 milhões) e Nigéria (62 milhões) (V.Maksakovsky. 2009. P. 228). Acontece que, só na China, a população urbana é apenas ligeiramente inferior à dos Estados Unidos, do Japão, da Alemanha e do Reino Unido juntos.

No entanto, por detrás destes indicadores promissores encontram-se indicadores qualitativos completamente diferentes. Afirma-se frequentemente que, nos países em desenvolvimento, a urbanização se reflecte sobretudo na dimensão do território e não no seu desenvolvimento. Isto significa que não é indicativo de um estilo de vida urbano completo. Por vezes, as suas caraterísticas são caracterizadas pelo termo "falsa urbanização" (ou pseudourbanização). A principal razão para a falsa urbanização é o constante afluxo de população rural pobre para a cidade, a que se chama marginal (do Lat. Marginalis - localizado no limite). Estas pessoas e a cidade conservam muito do seu estilo de vida rural familiarizado com a economia de tipo "bazar", engrossando as fileiras dos desempregados e semi-desempregados. Está associada a uma falsa urbanização e à formação de bairros degradados, formando toda uma "cintura de pobreza", onde habitam frequentemente 30 a 40 % da população urbana total dos países em desenvolvimento (Population Action International. 2014).

A comparação do processo de urbanização nos países desenvolvidos e em desenvolvimento conduz à discussão a nível regional, utilizando alguns indicadores relativos às grandes regiões do mundo (Quadro 41)

Tabela.41

Dinâmica da urbanização mundial nas principais regiões, por percentagem

Fonte: V. Maksakovsky. 2009. P. 230

Regiões	1950	1980	2005
URSS e espaço pós-soviético	39	62	71
Europa	57	70	78
Ásia	16	29	38
África	15	29	39
América do Norte	66	77	80
América Latina	43	67	77
Austrália e Pacífico	61	74	73

Os dados do Quadro 41 apenas confirmam o padrão que deduzimos. Nas regiões mais desenvolvidas - Europa, América do Norte, Austrália, durante a segunda metade do século XX - início do século XXI, registou-se um certo aumento da população urbana, mas a sua percentagem na população urbana mundial está a diminuir gradualmente. Nas regiões com predominância de países em desenvolvimento - Ásia, África e América Latina - a "explosão urbana" manifesta-se mais claramente e, pelo contrário, verifica-se um crescimento muito rápido da população urbana, aumentando simultaneamente a percentagem destas regiões na população urbana mundial. É particularmente impressionante na Ásia, que é quase 1,6 vezes superior à quota das quatro regiões desenvolvidas no seu conjunto. Na América Latina, há mais cidadãos do que na Europa, em África, o seu número aumentou desde o ano de 2010 (População, Total. 2014).

Outras fontes indicam diferentes tipos de cidades, típicas das grandes regiões do mundo. Neste tipo de cidade da Europa Ocidental, cujas raízes remontam sobretudo à época romana e à Idade Média, é possível distinguir a parte antiga da praça do mercado, da câmara municipal, da catedral e das ruas estreitas (aquilo a que se chama "as velhas pedras da Europa") e uma parte nova que surgiu nos séculos XIX-XX. Este tipo asiático (oriental) de cidade também se subdivide na parte antiga - o bazar, as ruas comerciais e os bairros de artesãos - e uma parte nova de construção europeia.

Este é o tipo de cidade africana (i.e. África do Sara) dividida em partes "nativas" e europeias. Este é o tipo de cidade norte-americana com uma planta retangular claramente definida, no centro da qual existe uma zona comercial (centro da cidade) com arranha-céus que simbolizam o seu poder e prosperidade. O centro da cidade está rodeado por zonas residenciais com edifícios relativamente baixos, de 3 a 5 pisos, e casas de campo. Este é o tipo de cidade latino-americana, que surgiu na colonização espanhola e portuguesa, com uma grande praça central ("Plaza Mayor"), a partir da qual as ruas descem, criando assim uma espécie de tabuleiro de xadrez.

Tendo considerado a escala global e regional da urbanização e as diferenças no seu ritmo de desenvolvimento, passamos agora a um indicador ainda mais importante - o nível de urbanização, que é referido principalmente quando se discute a população urbana do mundo, da região ou do país.

O número mundial já foi apresentado no Quadro 33 e, nomeadamente, agora que os habitantes das cidades constituem metade da população mundial. Se considerarmos os países economicamente desenvolvidos e os países em desenvolvimento, apesar da "explosão urbana" no segundo destes grupos e da redução gradual do fosso, o segundo grupo de países continua a ficar atrás do primeiro. É importante referir que, na década de 1950, o nível de urbanização nos países desenvolvidos e em desenvolvimento era de 55% e 17%, respetivamente. Em 1980, estes valores atingiram 70 % e 29 % e no início do século XXI - 75 % e 42 % (V. Neidze. 2004. Pp.58-59).

O mesmo se aplica à comparação da urbanização das principais regiões do mundo (Quadro 41).

Os dados do Quadro 41 mostram claramente que, apesar da elevada taxa de crescimento da população urbana, a Ásia e a África estão duas vezes atrás da América do Norte e da Europa. Quanto à América Latina, em termos de proporção da população urbana, assemelha-se mais às regiões economicamente desenvolvidas do que às regiões em desenvolvimento. Refira-se apenas o facto de ser a América Latina que pode servir de exemplo clássico de "falsa urbanização", em que o crescimento da população urbana é significativamente superior ao ritmo da industrialização e da criação de emprego.

O aumento da percentagem da população urbana na América Latina está estreitamente ligado à migração interna, ou seja, à fuga dos camponeses para as cidades, especialmente as grandes, devido à falta de terras e às más condições de vida. Os migrantes das zonas rurais são responsáveis por cerca de metade do crescimento total da população urbana na região. Por exemplo, 300-400 mil pessoas por ano chegaram recentemente ao México. Por conseguinte, regista-se um aumento do número de indigentes e o aparecimento de numerosos aglomerados caóticos, sem serviços básicos, nos arredores das grandes cidades. A falsa urbanização é também típica de África, onde muitas das cidades excessivamente povoadas funcionam como centros de crise e não de progresso, tornando-se assim o foco de contradições sociais claramente demonstradas. Quase na mesma medida, aplica-se à Ásia, onde as zonas urbanas estão também extremamente sobrepovoadas. Por exemplo, em Calcutá (Índia), 1000 pessoas ocupam 1 hectare, com meio milhão de pobres a viver, dormir e preparar comida nas ruas. Não é surpreendente que, entre as 10 cidades com a mais baixa qualidade de vida, haja 8 em África (Brazzaville, Cartum, Ouagadougou, Luanda, etc.) e duas na Ásia (Bagdade e Sana'a). É difícil imaginar como estas cidades são diferentes das cidades com a melhor qualidade de vida, como Zurique, Genebra, Berna na Suíça, Munique e Frankfurt na Alemanha, Viena na Áustria, Vancouver no Canadá, Sydney na Austrália (The World Factbook. CIA. 2014).

Considerar o nível de urbanização em diferentes países é talvez a questão mais importante a que chegamos agora. Em todos os atlas geográficos são fornecidos mapas relevantes e tabelas em muitos manuais escolares, mas os níveis de gradação da urbanização e os seus autores são definidos de forma diferente. O mais aceitável é a abordagem de quatro gradações, que é aplicada na Figura 72. Vamos analisá-la por ordem ascendente.

Começamos pelos países com baixo nível de urbanização, onde a percentagem de população urbana não excede os 20%. O mapa mundial moderno de países contém apenas 13 desses países. Todos eles pertencem ao grupo dos menos desenvolvidos e encontram-se principalmente em África e em alguns países do Sudeste Asiático e da Oceânia. Entre eles, há também um "campeão" com a menor percentagem de população urbana - 9% (Butão) (The World Factbook. CIA. 2014).

Os Estados com uma percentagem de população urbana de 20 a 50% pertencem à lista dos países com um nível médio de urbanização. No mundo, são mais de 50, e com os pequenos Estados insulares, não reflectidos na Figura 72, mais de 60. Como se pode ver, eles formam, de forma muito compacta, duas grandes regiões quase contínuas. Uma delas situa-se na região tropical e em parte no Norte de África e a outra no Sul, Sudeste e Leste da Ásia (incluindo a China, a Índia, a Indonésia, o Paquistão e o Bangladesh). Graças à "explosão urbana" e à proporção da população urbana em

África e na Ásia, como já se sabe, o nível de urbanização aumentou significativamente, mas na maioria dos países do mundo o nível médio (cerca de 50%) ainda não foi atingido. Quanto a outras grandes regiões do mundo com um nível médio de urbanização, o número de países é muito reduzido. Na Europa, existem apenas a Albânia, a Bósnia e Herzegovina e a Moldávia, enquanto na Ásia - as repúblicas da Ásia Central e na América Latina - a Guatemala, as Honduras, a Guiana e algumas ilhas das Caraíbas (World Urbanization Prospects. 2011).

Segue-se um grande grupo de quase 70 países, que são corretamente atribuídos aos países altamente urbanizados, com uma percentagem da população urbana entre 50-80 % (World Urbanization Prospects. 2011). A principal região de distribuição destes países são os Estados europeus, que, em conjunto, formam um enorme conjunto territorial. Outros grupos de países, muito mais pequenos, podem ser encontrados no Sudoeste e Sudeste Asiático, Norte, Centro e Sul de África e América Latina. Na maioria dos países, este grupo observado na Figura 72 apresenta um elevado nível de urbanização em conformidade com o nível de desenvolvimento das forças produtivas, enquanto em África e na América Latina, essa conformidade nem sempre é confirmada.

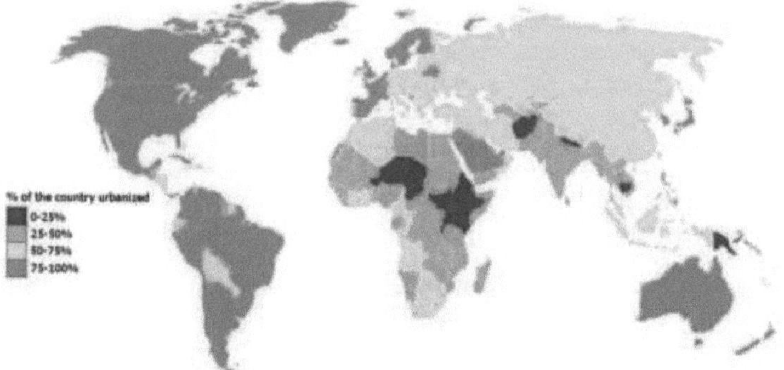

Fig. 45. Nível de urbanização por país
Fonte: Urbanisation-degree.png

A nossa hierarquia de quatro termos completa o grupo de países altamente urbanizados, com uma percentagem de população urbana superior a 80%. Juntamente com os microestados, inclui cerca de 35 países.

A julgar pela Figura 45, encontram-se nas regiões mais importantes do mundo. Por exemplo, na Europa - Bélgica, Alemanha, Grã-Bretanha, Dinamarca, Suécia, na Ásia - Coreia do Sul, Israel, Líbano, Arábia Saudita, Kuwait, em África - Líbia, Gabão, na América do Norte - Estados Unidos e Canadá, na América Latina - Argentina, Chile, Brasil, Venezuela, na Oceânia - Austrália e Nova Zelândia. De acordo com a percentagem da população urbana, a Bélgica (97%) é líder. No entanto, em Singapura, no Mónaco e nas Bermudas esta percentagem atinge os 100% (World Urbanization Prospects. 2011). A explicação para o elevado número de causas históricas, socioeconómicas, naturais e outras. Mas ao avaliar os níveis de urbanização na América Latina, a falsa urbanização deve ser levada em consideração.

Ao mesmo tempo, é de notar que, quando se avalia o nível de urbanização do mundo, é importante ter em conta o facto de não existir uma noção única relacionada com o conceito de "cidade". Para o efeito, utiliza-se uma variedade de critérios qualitativos relacionados com a implementação de várias funções urbanas, o papel da cidade administrativa, os actos jurídicos, etc. Quanto ao critério quantitativo, também é muito variável. Por exemplo, na Dinamarca, na Suécia e na Islândia, as povoações com uma população superior a 200 pessoas são incluídas nas cidades. No Canadá e Austrália - mais de mil, na Alemanha, França, Cuba - mais de dois mil, nos EUA e México - mais de 2,5 mil, na Áustria, Índia, Irão - mais de cinco mil, na Itália, Suíça, Grécia, Portugal - mais de

10 mil, na Rússia - mais de 12 mil, na Nigéria - mais de 20 mil, no Japão - 30 mil (V. Neidze. 2004. P. 56). Como se sabe, a discrepância pode afetar a percentagem da população urbana.

No entanto, o padrão de análise 72 permite-nos chegar a uma conclusão fundamentalmente importante: atualmente, a maior parte da taxa de urbanização mundial já ultrapassa os 50% (International Herald Tribune. 2008).

Para concluir, vamos analisar brevemente a população rural, que ainda representa metade da população mundial que reside em 15-20 milhões de povoações (Grupo do Banco Mundial. 2014). Distinguem-se as formas grupal (aldeia) e dispersa (quinta) de povoamento rural. A primeira prevalece na Rússia, Europa, China, Japão e na grande maioria dos países em desenvolvimento. Neste plano, as próprias aldeias podem ser extremamente diferentes.

Uma linha clara que separa os países desenvolvidos dos países em desenvolvimento é de extremo interesse para o estudo da população rural. Nos países economicamente desenvolvidos, observa-se uma diminuição absoluta e relativa dos habitantes das aldeias. Por exemplo, na Europa e na América do Norte, a sua percentagem já não ultrapassa 1/5. Além disso, sob a influência da rur-urbanização, o estilo de vida urbano estende-se gradualmente à zona rural. Na Ásia e em África, a população rural continua a crescer quantitativamente. Como resultado, no início do século XXI, 9/10 de todos os habitantes das aldeias estavam concentrados nos países asiáticos e africanos, enquanto a China, a Índia, a Indonésia, o Paquistão e o Bangladesh diferem significativamente em termos de número de habitantes (Grupo do Banco Mundial, 2014).

População mundial nas grandes cidades

Até agora, considerámos o processo global de urbanização, excluindo a quantidade e a dimensão da população urbana, que também é muito importante. Normalmente, a escala de tamanho da população atribui cidades pequenas, médias, grandes e maiores. Na prática mundial, a cidade com mais de 100 habitantes é considerada grande, enquanto a com mais de 500 mil habitantes é considerada grande. As cidades milionárias suscitam sempre um interesse acrescido, quando o número de habitantes ultrapassa 1 milhão (M. Zgenti, J. Kharitonashvili. 1999. P. 26). A sua própria escala de tamanho da população também é definida para elas.

Uma das principais caraterísticas da urbanização moderna é o facto de poder ser considerada como a urbanização das grandes cidades. Isto significa que o número de grandes cidades e de cidades milionárias está a crescer rapidamente. Isto aplica-se ao crescimento não só do número, mas também da percentagem de pessoas que nelas vivem.

Comecemos pelas grandes cidades. As estatísticas mostram que, em 1900, existiam no mundo 360 grandes cidades, nas quais viviam apenas 5% da população. Em 1950, o seu número aumentou para 950, enquanto a percentagem da população mundial aumentou para 16%. No final dos anos 80 do século XX, estas cidades eram já 2,5 mil e a sua quota na população mundial atingiu 1/3. No início do século XXI, o número de grandes cidades do planeta ascende a mais de 4 mil, incluindo 220 nos EUA, mais de 200 no Japão e 168 na Rússia (V. Maksakovsky. 2009. P. 234). Mas, de um modo geral, a "explosão urbana" levou ao facto de que agora a quantidade de grandes cidades nos países em desenvolvimento excede a dos países desenvolvidos (Largest Cities of the World. 2012).

O mesmo padrão é observado quando se consideram as grandes cidades. O número de grandes cidades era de 190, 340, 650 e 945 em 1950, 1970, 1990 e na primeira década do século XXI (incluindo 265 nos países economicamente desenvolvidos e 680 nos países em desenvolvimento), respetivamente. (Largest Cities of the World. 2012).

Passemos agora ao elemento mais interessante da escala populacional das cidades - as cidades - milionárias. Voltemos a referir que, na Europa, estas cidades surgiram na Antiguidade (Roma), no Oriente existiram no início da Idade Média (Bagdade na Mesopotâmia, Chang'an, a atual Xian na China). Mas depois desapareceram e só voltaram a aparecer nos tempos modernos. Em 1900, existiam apenas 10 cidades deste tipo, a maior das quais era Londres, com 6,5 milhões de habitantes. Em 1960, o seu número ultrapassou os 100 e em 1990 e 2000 eram 275 e 370, respetivamente. A grande maioria dos países tem um ou dois ou três - um par de cidades-milionárias. Nesta base, destaca-se o seguinte número de cidades: China - 36, Índia - 27, Brasil - 14, Japão - 12, Rússia -11, Estados Unidos - 9 (World Cities, Part 1 - Revision Notes. 2014).

Ao mesmo tempo, os Estados Unidos são o exemplo mais interessante relacionado com a discussão sobre as cidades, onde se pressupõe a subdivisão de toda a população não em urbana e 221
rural, mas metropolitana e não metropolitana. O Serviço de Recenseamento dos EUA introduziu há muito o conceito de habitat estatístico metropolitano (ISA), que corresponde efetivamente à área metropolitana. A utilização destes dados estatísticos ajuda a explicar as caraterísticas deste país, terceiro no mundo em termos de população - o paradoxo que talvez já tenha chamado a sua atenção. Verificou-se que, de acordo com o recenseamento de 2000, apenas 9 cidades - milionários foram registadas. Quanto à aglomeração de cidades milionárias, o seu número chega a 50! (Stanley D. Brunn, Jack Williams, Donald J. Zeigler. 2003).

Uma vez que já abordámos a questão das aglomerações urbanas, é útil recordar que, na sua estrutura territorial, estas se dividem em monocêntricas, com predominância de uma cidade, e policêntricas, formadas como resultado da fusão de muitas cidades importantes. As aglomerações monocêntricas estão na grande maioria do mundo e os seus exemplos são a aglomeração de Moscovo, Paris, Londres, Nova Iorque, etc. A mais madura delas, como os anéis de uma árvore, é constituída pelas seis zonas estruturais seguintes: 1) núcleos urbanos históricos, 2) a zona central, que inclui, para além do núcleo urbano da área construída mais próxima - ? 3) a zona exterior, com edifícios sólidos, mas menos intensivos 4) o primeiro subúrbio pendular, que inclui normalmente uma cintura de parques e cidades satélites próximas 5) um segundo subúrbio pendular, mais distante, com cidades satélites, 6) o território com uma região metropolitana mais extensa. A aglomeração policêntrica é mais caraterística das zonas industriais, com base nas bacias carboníferas existentes (Donbass, Kuzbass, Alta Silésia, Ruhr, etc.).

Podemos agora proceder a uma análise mais pormenorizada da aglomeração - milionários, que servirá de base para os dados do Quadro 42.

Tabela 42

Conurbações milionárias no mundo, início do século XXI

Fonte: V. Maksakovsky. 2009. P. 236

Índices	O mundo inteiro	Em termos económicos Estados desenvolvidos	Estados em desenvolvimento
Número	470	130	340
Número de habitantes milhões de pessoas	1290	350	940
A percentagem na população total %	20	29	18
A percentagem da população urbana %	41	38	42

A análise da primeira coluna do quadro é extremamente interessante. Torna-se ainda mais interessante se acrescentarmos que, em 1950, o número de aglomerações - milionárias no mundo era de apenas 83, enquanto em 1970 era de 165. O número de habitantes dessas aglomerações nos mesmos anos era de cerca de 200 e 400 milhões de pessoas, respetivamente, e nelas viviam 7,5 e 12 % da população total e 26 e 32 % da população urbana. A comparação entre a segunda e a terceira colunas do quadro indica que, em resultado da rápida "explosão urbana", os países em desenvolvimento foram os que registaram o maior número de indicadores em primeiro lugar. Estes podem ser comparados com os países desenvolvidos, mesmo em 1970, pelo número de milionários das aglomerações, que os ultrapassaram significativamente mais tarde. Em termos de número de habitantes nessas aglomerações, a vantagem a favor dos países em vias de desenvolvimento foi também observada no início dos anos 70 no que respeita à percentagem de habitantes das cidades nos anos 80.

Só que a percentagem da população urbana em todos os países em desenvolvimento com milhares de milhões de habitantes é ainda muito inferior à dos países economicamente desenvolvidos. De acordo com as projecções da ONU, a preponderância dos países em desenvolvimento continuará a aumentar. Por exemplo, em 2016, que não está longe, o número de aglomerados - milionários nos países desenvolvidos não se altera efetivamente, e nos países em desenvolvimento aumentará para 385. O mesmo se aplica ao número de habitantes destas aglomerações (360 e 1.100 milhões) (V. Maksakovsky. 2009. P. 236). Mas a quota dos dois grupos de países em torno da população urbana quase não se alterará.

Se, neste contexto geral, como já foi feito, se considerar a distribuição das aglomerações milionárias nas principais regiões do mundo, as conclusões serão igualmente previsíveis. A maioria destas aglomerações situa-se na Ásia, onde na última metade do século surgiram quase metade das novas aglomerações deste tipo. De acordo com as Nações Unidas, esta região será responsável por mais de metade deste aumento no período 2000-2015, seguida da Europa, América do Norte e Latina, África, Austrália e Oceânia. Quanto aos países, os três primeiros são constituídos pela China e pelos EUA (50 cada) e pela Índia (34) no que respeita ao número de aglomerações de milionários (V. Maksakovsky. 2009. P. 236).

Já mencionámos acima que é aceitável classificar a aglomeração - milionários pela dimensão da população. Verifica-se que, no início do nosso século, das 470 aglomerações deste tipo, 90% correspondem a aglomerações com uma população de 1 a 5 milhões de pessoas, sendo que, nos países em desenvolvimento, o seu número era três vezes superior ao dos países desenvolvidos. (V. Maksakovsky. 2009. P. 237).

Nessas aglomerações vive atualmente mais de um quarto da população urbana total. Os exemplos incluem: Novosibirsk, Nizhny Novgorod, Yekaterinburg na Rússia; Kiev, Hamburgo, Birmingham, Lyon, Milão, Viena, Budapeste, Varsóvia na Europa, Ancara, Tashkent, Riade, Ahmedabad, Singapura, Bandung, Hanói, Nanjing, Busan na Ásia, Alexandria, Argel, Nairobi, Monróvia, Cidade do Cabo em África, Pittsburgh, Atlanta, Houston, Las Vegas, Seattle, Vancouver na América do Norte, e Monterrey, Guatemala, Havana, Caracas, Salvador, Montevideo, Austrália - Melbourne, Brisbane, Perth na América Latina.

Segue-se um grupo de aglomerações urbanas com um número de habitantes entre 5 e 10 milhões. O seu número é muito inferior - apenas 22, das quais 6 estão localizadas em países economicamente desenvolvidos (por exemplo, Madrid, Nagoya, Joanesburgo, São Francisco) e 16 em países em desenvolvimento (como Lahore, Banguecoque, Guangzhou, Cartum, Lima). Uma vez que essas aglomerações são relativamente poucas, apenas 5% de todos os habitantes das cidades do mundo estão concentrados nelas. (Brinkhoff, Thomas. 2011).

Fig.46. Supra-cidades do mundo

Fonte: http://largeworld.hol.es/what-is-the-largest-city-in-the-world-91/

A hierarquia das aglomerações urbanas com uma população superior a 10 milhões de pessoas atrai sempre mais atenção para a etapa seguinte, que pode ser designada por "Supra-cidades". De um ponto de vista científico, devem ser vistas como uma manifestação de hiper-urbanização (do grego Hyper - sobre e do latim *"urbain is "* - urbano). Trata-se também de um fenómeno da segunda metade do século XX. Em 1950, apenas Nova Iorque pertencia às "Supra-cidades", em 1960 Tóquio foi acrescentada, em 1970 - Xangai, em 1980 - Cidade do México e São Paulo e em 1990 - Bombaim, Los Angeles, Buenos Aires, Calcutá e Pequim. Em 2000, já incluía as 20 maiores aglomerações, em

2005 - 20 e 9,5 % da população urbana do mundo concentrava-se aí. Em 2014, aumentou para 23 (Major Agglomerations in the World. 2014). Uma vez que as "supra-cidades" do mundo apresentam um interesse especial para a geografia social e económica, vamos analisá-las mais detalhadamente.

Começamos, naturalmente, com uma lista de "Supra-cidades" modernas (Tabela 43) e a figura 46 correspondente.

A primeira coisa que chama a atenção durante a análise do Quadro 37 e da Figura 73 é a desproporção entre os países economicamente desenvolvidos, onde o número de "supercidades" é apenas 5, e os países em desenvolvimento, onde é três vezes mais. Esta é mais uma consequência da "explosão urbana" no mundo em desenvolvimento. Em segundo lugar, esta proporção é particularmente elevada na região asiática, onde existem 11 "supracidades", incluindo países com três (Índia) ou duas (Japão, China) supracidades (Major Agglomerations ın the World. 2014).

Tabela. 43. Maiores cidades do mundo. 2012

Fonte:PaísNúmero de habitanteshttp://www.worldatlas.com/citypops.htmMillion pessoasA aglomeração urbana

Xangai	China	24,150,000
Carachi	Paquistão	23,500,000
Pequim	China	16,410.54
Delhi	Índia	17,838,842
Lagos	Nigéria	17,060,307
Istambul	Turquia	14,160,467
Guangzhou	China	12,700,800
Mumbai	Índia	12,655,220
Moscovo	Rússia	12,111,194
Daca	Bangladesh	12,043,977
Cairo	Egípcio[t]	11,922,949
São Paulo	Brasil	11,895,893
Lahore	Paquistão	11,318,745
Shenzhen	China	10,467,400
Seul	Coreia do Sul	10,388,055
Jakarta	Indonésia	9,988,329
Kinshasa	República Democrática do Congo	9,735,000
Tianjin	China	9,341,844
Tóquio	Japão	9,071,577
Cidade do México	México	8,874,724

Além disso, de acordo com as previsões para 2015, algumas supercidades asiáticas crescerão ainda mais. Por exemplo, Mumbai, com 22,6 milhões de habitantes, será a segunda aglomeração do mundo, depois de Tóquio, e Deli, com 20,9 milhões, a terceira. A população aumentará para 16,8 em Calcutá, Jacarta - para 17,9, Carachi - para 16,2 milhões de pessoas. E isto sem ter em conta o facto curioso de, na China, no final dos anos 90, se ter procedido à expansão da área administrativa de muitas cidades, o que incluiu não só os habitantes dos subúrbios próximos e distantes, mas também o vasto território rural. O exemplo de Chongqing é particularmente notável neste sentido. O seu território, isolado de Sichuan, foi aumentado para 82 km^2 (aproximadamente o território da Áustria ou da República Checa) e a sua população atingiu 30 milhões de pessoas (V. Maksakovsky. 2009. P. 239)! Mas a ONU não considera Chongqing a maior cidade do mundo. Desenvolvendo o tema do quadro 37, o crescimento contínuo das supercidades nos países em desenvolvimento conduz a uma preponderância ainda maior da grande área metropolitana no sistema nacional de povoamento urbano. Por outras palavras, trata-se de uma exacerbação do próprio problema - "a primeira e a segunda cidade", que nos seus escritos tocou muitos dos principais geógrafos. De acordo com a Tabela 37, não é caraterística apenas da China e da Índia, mas também do Brasil. Quanto ao México, a quantidade de população na segunda aglomeração de Guadalajara é 5 vezes inferior à da cidade do México. Quanto ao Bangladesh, a seguir à capital Chittagong, é 6 vezes inferior, ao passo que na Argentina a aglomeração de Córdova é 9 vezes inferior à de Buenos Aires. Contudo, este desequilíbrio pode ser visto numa perspetiva mais ampla, pois não se limita às super-cidades. No mundo em desenvolvimento existem cerca de 40 cidades, cada uma das quais concentra mais de 70% da população total do país (World Urbanization Prospects. 2010).

A capital do Japão, Tóquio, continua a ser a maior aglomeração urbana do mundo desde os anos 70 do século XX. As referências fornecem uma variedade de dados sobre a população de Tóquio, que podem ser explicados respetivamente, uma vez que a aglomeração em questão existe em quatro fronteiras diferentes. A cidade de Tóquio em si é uma área relativamente pequena, com uma população de 8 milhões de pessoas, dividida em 23 distritos administrativos ("ku"), dentro dos quais se encontram as principais atracções, incluindo o Palácio Imperial. Além disso, a Grande Tóquio, ou Bairro Metropolitano, abrange a cidade propriamente dita e a Prefeitura de Tóquio, com uma população de 12 milhões de pessoas. Depois vem a aglomeração de Tóquio Keihin, que abrange três prefeituras vizinhas com cerca de 90 cidades e tem 26,9 milhões de habitantes. Mas vale a pena referir que foi recentemente identificada uma área metropolitana de Tóquio. Trata-se do território urbano situado a 50 quilómetros do centro da cidade. Neste caso, a população de Tóquio aumenta para 35 milhões de pessoas (Governo Metropolitano de Tóquio. 2014).

Os próprios japoneses chamam à sua capital o paraíso urbano e o inferno urbano. Paraíso - porque mesmo antes dos Jogos Olímpicos de 1964, foram construídos em Tóquio muitos edifícios modernos, incluindo arranha-céus, 200 km de estradas, viadutos (autoestrada) e torres de 10 metros. O sistema de metro de Tóquio tem uma rede muito extensa de linhas e estações. Mais tarde, foi iniciada a construção de uma nova parte da cidade numa ilha artificial na baía de Tóquio. Esta é uma indicação clara do contraste entre os edifícios modernos e as velhas casas de madeira. Um engarrafamento de trânsito numa cidade com uma frota de 5 a 6 milhões de automóveis não pode ser evitado nem mesmo por auto-estradas. Acrescente-se que Tóquio foi construída num local extremamente caótico. A maior parte das ruas (o comprimento total só na cidade é de 22 mil quilómetros, o que excede metade do comprimento do equador) não tem nomes. Toda a aglomeração representa essencialmente uma acumulação pesada de muitas vilas e cidades individuais (Governo Metropolitano de Tóquio, 2014).

Tabela 44. Maiores megacidades em países economicamente desenvolvidos. Início do século XXI
Fonte: V. Maksakovsky. 2009. P. 241

Nome da Megapolícia	Os principais centros de megapolícias	Número de aglomerações	Área, m mil quilómetros km2	População, milhões de pessoas	Densidade da população, pessoa/km2	O comprimento do eixo principal
Norte Leste "Bost-Lavagem"	Boston, Nova Iorque, Filadélfia, Baltimor, Washington	40	170	50	295	1000
Banco de os lagos ("Chipits")	Pittsburg, Cleveland, Detroit, Chicago	35	160	35	220	900
Californiano ("SanSan")	São Francisco, Los Angeles, São Diego	15	100	18	180	800
Tokaido	Tóquio, Kawasaki, Iokogama, Nagoya, Osaka, Quioto, Kobe	20	70	55	780	700
Inglês	Liverpool, Manchester, Birmingham, Londres	30	60	30	500	400
Rhein- Ruhr	Amesterdão, Roterdão, Essen, Dusseldorf, Colónia, Frankfurt	30	60	30	500	500

No entanto, a hiper-urbanização encontra expressão não só no número crescente de super-cidades, mas também em formas de assentamento como as áreas urbanizadas, as zonas, o eixo da faixa e, em particular, as megalópoles (Quadro 44). Este termo é utilizado para designar áreas altamente urbanizadas, configuração em faixas, formadas pela fusão de várias ou muitas aglomerações urbanas.

Megalopolis toma o seu nome da antiga cidade grega de Megalopolis, fundada em IV. a.C. e é a fusão ou ligação existente entre os residentes de mais de 35 povoações. Já em meados do século XX, o geógrafo francês Jean Gottman, que trabalhou durante muito tempo nos Estados Unidos, reviveu o termo para designar a enorme faixa urbana que se estende ao longo da costa atlântica dos Estados Unidos, no nordeste do país. No jornalismo, utiliza-se frequentemente um termo ligeiramente diferente - metrópole, que na tradução significa a mesma coisa, mas é aplicado de forma um pouco diferente para designar a principal cidade de um país (Gottmann, Jean. 1989. P. 163).

Uma vez que os critérios de seleção para identificar as cidades como mega-cidades não são suficientemente claros, o seu número total no mundo também é especificado de forma diferente em várias fontes, ou seja, de 6 a mais de 40 (revista Time. 2010). Esta discrepância é explicada por diferenças tanto nas abordagens como no grau de formação das próprias megacidades. O número de megapolícias já estabelecidas, que podem ser consideradas clássicas, é de facto 6 e todas elas estão localizadas nos países economicamente desenvolvidos.

Vamos discutir esta questão utilizando o Quadro 47. Como ilustrado, três das maiores megacidades estão nos EUA, uma no Japão e duas na Europa Ocidental. Pelo número de aglomerações fundidas, a área total e o comprimento linear total da primeira delas é a megalópole do Nordeste dos EUA que, juntamente com outras grandes megapolis e grandes cidades no território dos EUA, produz cerca de 50% do PIB dos EUA (Fig. 47), pelo número de habitantes e densidade populacional - a megalópole japonesa Tokaido. Outras megacidades em países desenvolvidos em diferentes fases de formação são: na costa da Florida nos Estados Unidos, no Golfo do México e no Noroeste. Na Europa Ocidental começou a fusão efectiva da megalópole inglesa e da megalópole do Reno-Ruhr, transformando-a num estatuto internacional e interestatal.

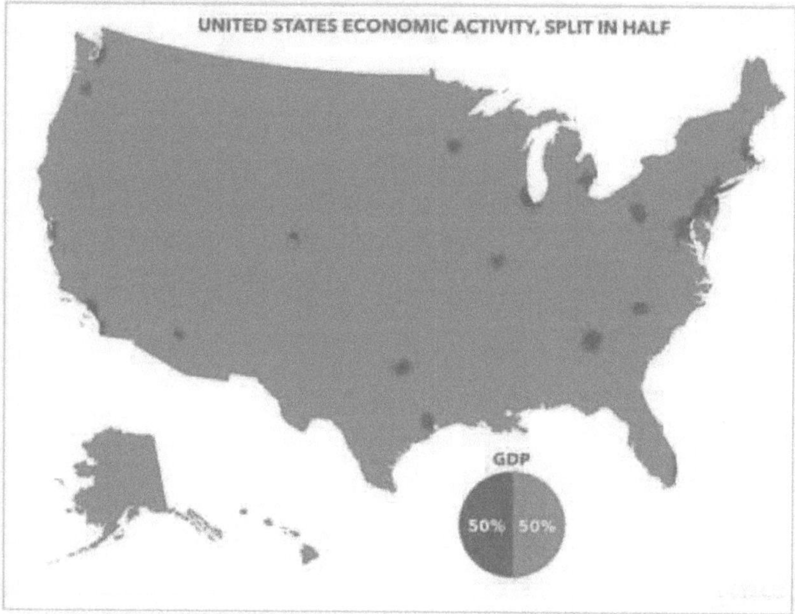

Fig. 47. Megalópole do Nordeste dos EUA.

Fonte: http://www.washingtonpost.com/blogs/the-fix/wp/2014/02/19/you-might-not-like-big-cities-but-you-need-them/

Nos últimos anos, alguns geógrafos económicos interessaram-se mais pelo problema das megacidades nos países em desenvolvimento, como a China, a Índia, a Indonésia, o Egito, a Nigéria e a Argentina. Pela sua área, normalmente até ultrapassam as megalópoles dos países desenvolvidos e não diferem significativamente destas em termos de população. Quanto ao número de aglomerações nelas incluídas e ao comprimento do eixo principal, registam um atraso significativo. Por exemplo, a megalópole de São Paulo - Rio de Janeiro ("São - Rio") é constituída por 20 aglomerações com uma população de 48 milhões de pessoas, que cobrem uma área de 250 km2 e se estendem por 360 km (Brian J. Godfray. 1999).

Para concluir, este capítulo debruça-se sobre a questão da regulação do crescimento da população urbana mundial. Apesar das tentativas de muitos Estados de adoptarem políticas para regular este crescimento, na maioria dos casos, ele continua a ocorrer espontaneamente. Sem dúvida que, em primeiro lugar, se trata dos países em vias de desenvolvimento, as forças motrizes da urbanização que já foram mencionadas anteriormente. Quanto às medidas de controlo propriamente ditas, estas, à semelhança das medidas de política demográfica, podem geralmente ter um carácter administrativo e económico, mas, neste caso particular, são de natureza arquitetónica e de planeamento. Por exemplo, já foram mencionadas a chamada urbanização subterrânea e a construção de edifícios altos nas cidades onde os terrenos estão a tornar-se mais caros. Nos últimos anos, o maior interesse não é apenas a construção de arranha-céus, que começou a ser construída nos Estados Unidos no século XIX, mas também a construção de edifícios ultra-altos. No início do século XXI, já existiam em todo o mundo 100 edifícios com mais de 225 m de altura, incluindo edifícios com mais de 300 m, ou seja, mais altos do que a Torre Eiffel). Sem dúvida, é dada especial atenção aos edifícios mais altos do mundo, com mais de 400 m de altura (The Tallest 20 in2020. 2011).

Em 2010, estimava-se que existiam 50 edifícios super altos. Os Estados Unidos ocupam merecidamente o primeiro lugar, onde tais edifícios são representados pela "Sears Tower" em Chicago, construída em 1974 (108 andares e 442 m) e pelas duas torres gémeas do World Trade Center em Nova Iorque, construídas em 1972-1973. (110 andares, 417 m), que foram destruídas por um ato terrorista de 11 de setembro de 2001. Atualmente, o número de torres ultra-altas nos Estados Unidos é de 20. Mas depois começaram a ser construídas no Leste e Sudeste Asiático e no Golfo Pérsico. Em 1996, na capital da Malásia, Kuala Lumpur, foram construídas duas torres idênticas, as "Petronas Towers", com 88 andares e uma altura de 452 m (com antena). Em 1998, a torre de Xangai "Jin Mao", com 93 andares, atingiu uma altura de 421 m; em 2003, em Hong Kong, foi construída uma torre de 90 andares, que é um centro financeiro internacional com uma altura de 415 m; em 2004, em Taipé (Taiwan), apareceu a torre "Taipé 101", assim chamada devido ao número de andares, que tem uma altura de 448 metros no telhado dos edifícios. Pode encontrá-la no "Livro de Recordes do Guinness". Em 2005, nos Emirados Árabes Unidos, foi iniciada a construção da torre "Burj al Arab", que em 2008 se tornou o edifício mais alto do mundo, com 160 andares e uma altura de 800 metros! (The World's Tallest Buildings. 2014).

Referências:

Bonnett, Alastair (2008). *O que é a Geografia?* Londres, Sage
ChitadzeN(2011). Geopolitics. Tbilisi. ISBN 978-9991-17-328-8. P. 46 (em georgiano)
Strabonis Geographica, Livro 17, Capítulo 7
Eratosthenes' Geography - Fragments collected and translated, with commentary and additional material, by Duane W. Roller, Princeton UP, Princeton (2010)
Guicciardini, Lodovico [Lodovico di Jacopo di Piero Guicciardini]," Grove Art Online, Oxford University Press, acedido em 22 de novembro de 2007.
Sandra Rebok. A INFLUÊNCIA DE BERNHARD VARENIUS NAS OBRAS GEOGRÁFICAS DE THOMAS JEFFERSON E ALEXANDER VON HUMBOLDT. Estugarda, Alemanha, 2007.
FUJITA Masahisa. Thunen e a nova geografia económica. FUJITA Masahisa RIETI. Instituto de Investigação da Economia, Comércio e Indústria. Série de documentos de reflexão do RIETI 11-E-074. novembro de 2011.
Taylor P.J./Flint C. Political Geography. Economia mundial, Estado-nação e localidade. Pearson Education Limited. Edinburgh Gate. REINO UNIDO. ISBN 0 582 357 33 0. 2000. P. 4-50000 2007SS
Galgano, Francis A., e Eugene J. Palka, eds. Modern Military Geography. New York: Routledge, 2011. SSCHUCHARDCHUCHARD_F15_258-270.indd272/2007
Dahrendorf R. Class and Class Conflict in Industrial Society (Classe e conflito de classes na sociedade industrial). Stanford, CA: Stanford University Press, 1959, pp.241-248
Ishill, Joseph. (1927). Élisée e Élie Reclus: In Memoriam. Compilado, ed. e impresso por Joseph Ishill. Berkeley Heights, N.J.: Oriole Press.
http://dwardmac.pitzer.edu/Anarchist_Archives/bright/reclus/ishill/ishill143-149.html
Maksakovsky, V. (2009). Geografia Social e Económica Geral do Mundo (em russo).
Rousseau, Discurso sobre a desigualdade, 1754. Pp. 72-73
Vitver, I (1963). Introdução histórica e geográfica à geografia económica do mundo estrangeiro (em russo).
Stefan Zweig. Momentos Decisivos da História, 1927. "Stefan Zweig". The Columbia Encyclopedia, Sexta Edição. 2008. Encyclopedia.com. 21 de novembro de 2010.
Neidze, V. (2004). Geografia Social e Económica Mundial. Ed. "Lega". Tbilisi, Geórgia (em georgiano).
Enciclopédia da História Mundial (2010). ISBN - 13: 978 07534 0975 - 6. p. 253 (em georgiano)
Luís XIV. Enciclopédia Católica. 2007. Recuperado em 19 de janeiro de 2008
J. H. Shennan (1995). France Before the Revolution. Routledge. pp. 44-45
Dzneladze, D. (1997). World Economy. Tbilisi, Geórgia. p. 217 (em georgiano)
Factos básicos sobre as Nações Unidas. Departamento de Informação Pública. Nações Unidas, Nova Iorque, 2004. P. 3.
Joshua S. Goldstein. Jon C. Pavehouse. International Relations. ISBN: 978-0-205-78021-1. Nona edição. 2010-2011. P. 29
Perda nazi na Polónia avaliada em 290.000". The New York Times. 1941. Recuperado em 16 de janeiro de 2009
Manual da NATO, Divisão de Diplomacia Pública. 1110 Bruxelas, Bélgica. ISBN: 92-845-0178-4. 2006.P.15
http://worldatlas.com/nations.htm
Daniel Schwartz, "1960: The Year of Africa", CBC, 8 de junho de 2010
http://www.listofcountriesoftheworld.com/area-land.html
População total - ambos os sexos". World Population Prospects, a revisão de 2012. Departamento

de Assuntos Económicos e Sociais das Nações Unidas, Divisão da População, Secção de Estimativas e Projecções da População. 13 de junho de 2013. Recuperado em 18 de junho de 2013
http://www.worldatlas.com/worldmap.htm
Kopaleishvili, T. (2012). Gostarias de ser um erudito? P. 509. Tbilisi, Geórgia (em georgiano)
Mapa político do mundo. agosto de 2013. https://www.cia.gov/library/publications/the-world-factbook/graphics/ref_maps/political/pdf/world.pdf
Heywood. Política. Nova Iorque, 2007. P. 27
Definição de economia desenvolvida. Investopedia (2010-04-16). Recuperado em 2013-07-12
Sullivan, Arthur; Steven M. Sheffrin (2003). Economia: Principles in Action. Upper Saddle River, New Jersey 07458: Pearson Prentice Hall. p. 471. ISBN 0-13-063085-3.
Base de dados fiscais da OCDE de 2013.
O conceito de desenvolvimento humano". PNUD. Recuperado em 7 de abril de 2012
Relatório do Desenvolvimento Humano 2014 - "Sustentar o progresso humano: Reduzir as Vulnerabilidades e Criar Resiliência"". HDRO (Gabinete do Relatório de Desenvolvimento Humano) Programa das Nações Unidas para o Desenvolvimento. Recuperado em 25 de julho de 2014
15ª Sessão da Assembleia Geral das Nações Unidas - O Sistema de Tutela e os Territórios Não Autónomos. Pp. 509-510.
Thomas G. Weiss. David P. Forsythe. Roger A. Coate. 1997. The United Nations and Changing World Politics. Segunda edição. Publicado em 1997 nos Estados Unidos da América pela Westview Press. ISBN 0-8133-9962-9. P. 135
Rondeli , A. (2003). Relações Internacionais. Edição "Nekeri". Tbilisi, Geórgia. ISBN 9992858-79-6. p. 125 (em georgiano)
Freedom House in the World. 2013. http://www.freedomhouse.org/report/freedom- world/freedom-world-2013
Mkurnalidze, G. Khamkhadze, M. (2000). *Ciência Política.* Ed. Sociedade "Tsodna". Pp. 113117. Tbilisi, Geórgia (em georgiano).
"República". Merriam-Webster. Recuperado em 14 de agosto de 2010
"República", WordNet 3.0 (Dictionary.com), consultado em 20 de março de 2009
Kamenskaya, E. (2005). *Ciência Política.* Moscovo. Rússia (em russo)
http://m.ranker.com/list/countries-ruled-by-monarchy/reference
Raymond Carr, Spain, 1808-1975 (2ª edição, 1982) pp. 564-91
ACNUR Camboja
Dyer, Clare (2003-10-21). "Mistério levantado sobre os poderes da Rainha". The Guardian (Londres)
http://www.meijigakuin.ac.jp/~watson/ref/mtsh.html
Membros. Secretariado da Commonwealth. Recuperado em 15 de fevereiro de 2008
http://www.50states.com/us.htm
Thomas Fleiner, Alexander Misic, Nicole Topperwien, Direito Constitucional Suíço, 2009. p. 28. Kluwer Law International
Instituto de Investigação de Conflitos Internacionais de Heidelberg (Alemanha). Barómetro de Conflitos 2013. http://hiik.de/de/downloads/data/downloads_2013/ConflictBarometer2013.
Antsupov, A., Shipilov, A (2008). *Estudos de Conflitos*. ISPN 978-5-469-01552-9. p. 11 Moscovo, Rússia (em russo)
Mayers, David. Wars and Peace. Houndmills, Basingstoke, Hempshire: Macmillan Press, 1998. p. 14
Gachechiladze, R (2008). *Médio Oriente; Espaço, pessoas, política*. Tbilisi, Geórgia. p. 462 (em georgiano)

http://news.antiwar.com/2012/04/23/israeli-policies-making-two-state-solution-impossible-says-palestinian-leader/
Robert J. Art. Robert Jervis. Política Internacional. Conceitos duradouros e questões contemporâneas. ISBN. 0321-20947-8. Pearson Education. EUA. 2005. P. 412-413.
Charles W. Kegley, Jr. e Shannon L. Blanton. World Politics. Tendências e Transformações. Edição 2010-2011. ISBN-13: 978-0-495-80220-4. Impresso nos EUA. P. 237-238 http://www.mapsofworld.com/africa-political-map.htm
Jorge I. Dominguez, com David Mares, Manuel Orozco, David Scott Palmer, Francisco Rojas Aravena e Andrés Serbin. Boundary Disputes in Latin America [Disputas de Fronteira na América Latina]. Instituto da Paz dos Estados Unidos.
Joseph. S. Nye. Jr. Understanding International Conflicts. An Introduction to theory and History. Universidade de Harvard. 2007. Pp. 157-165
Heywood. Political Ideologies. An Introduction. ISBN - 0 - 333 -69886. Segunda edição. Novo. York. EUA.P.314
P. Marshall. Nature's Web: Rethinking Our Place on Earth [A Teia da Natureza: Repensando o Nosso Lugar na Terra]. Londres: Cassel, 1995.
R. Eckersley. Environmentalism and Political Theory: Towards an Ecocentric Approach. London: UCL Press, 1992.
A. V. Cheltsov. Meios de medição em sistemas de monitorização do impacto ecológico de processos industriais. Online ISSN 1573-8906. junho de 1992, Volume 35, Número 6, pp 643-645
Preston E. James & Geoffrey W. Martin. After All Possible Worlds: A History of Geographical Ideas, Segunda Edição, p.194
Baransky, N. (1928). *Curso breve de geografia económica* (em russo)
Charles-Louis de Secondât de Montesquieu. La défense de "L'Esprit des lois" (Em defesa do "Espírito das Leis", 1750)
Dobson. Green Political Thought, 3ª edição. Londres: Harper Collins, 2000.
Enciclopédia científica. Publicado pela Usborne Publishing Ltd. ISBN 978-9941-15-120-0. Londres, Reino Unido. 2005. P. 24; p.30
Chitadze, N (2004). Os projectos petrolíferos do Cáspio e o papel da Geórgia no trânsito. Aspectos políticos e económicos. Dissertação de doutoramento. P. 17 (em georgiano).
"Sobre as jazidas de carvão SA". Keaton Energy. Recuperado em 15 de janeiro de 2010
Ivanhoe, L. F, e G G. Leckie, - "Global oil, gas fields, sizes tallied, analyzed," Oil and Gas Journal. 15 de fevereiro de 1993, pp. 87-91
Principais estatísticas mundiais sobre energia. Agência Internacional da Energia. Paris, 2012. 9,
William J. Collins, Anthony I. S. Kemp, J. Brendan Murphy . Nature Geoscience. Dois sistemas orogénicos fanerozóicos contrastantes revelados por dados de isótopos de háfnio. 2011.
Pidwirny, Michael (2006-02-02). Área de superfície do nosso planeta coberta por oceanos e continentes (Tabela 8o-1). Universidade da Colúmbia Britânica, Okanagan. Recuperado em 2007-11-26.
Conglin Xu. Laura Bell. Oil and Gas Journal. As reservas mundiais e a produção de petróleo registam um aumento modesto. 2013.
http://www.ogj.com/articles/print/volume-111/issue-12/special-report-worldwide-report/worldwide-reserves-oil-production-post-modest-rise.html
Nitti, Gianfranco (maio de 2011). "A água não é um recurso infinito e o mundo tem sede". The Italian Insider (Roma). p. 8
Waterfootprint.org: Pegada hídrica e água virtual". A Rede da Pegada Hídrica. Recuperado em 9 de abril de 2014
O Projeto do Milénio. Água: Como é que toda a gente pode ter água limpa suficiente sem conflitos?

2012
Julian L. Simon. The Infinite Supply of Natural Resources [A Oferta Infinita de Recursos Naturais]. International Politics. Pearson, Longman. Nova Iorque. EUA. ISBN 0-321-20947-8. Pp. 531-539
BiologicalResources .
2013
ttp://www.nerrs.noaa.gov/doc/siteprofile/acebasin/html/intro/esbiores.htm
Instituto de Recursos Mundiais. Florestas. Sustentando as Florestas para as Pessoas e o Planeta. 2010 http://www.wri.org/our-work/topics/forests
Detalhes". Secretariado da Convenção sobre Diversidade Biológica. Recuperado em 2012-08-19
http://www.earth-policy.org/indicators/C56/forests_2012
State of the World Forests. Organização das Nações Unidas para a Alimentação e a Agricultura. 2012
Nellemann C e Corcoran E 2010 Dead Planet, Living Planet- Biodiversity and Ecosystem Restoration for Sustainable Development: Uma Avaliação de Resposta Rápida. Programa das Nações Unidas para o Ambiente, GRID-Arendal
Atlas Mundial. 2013. http://www.worldatlas.com/aatlas/infopage/oceans.htm
Christie, A e Brathwaite, R. (Última atualização: 2 de novembro de 2011) Mineral Commodity Report 14 - Gold, Institute of geological and Nuclear sciences Ltd - Recuperado em 7 de junho de 2012
Pinet, Paul R. (1996) Invitation to Oceanography. St. Paul, MN: West Publishing Co., 1996. ISBN 0-7637-2136-0 (3ª ed.)
OceanResources. 2001. http://marinebio.org/oceans/ocean-resources
Conselho de Defesa dos Recursos Oceânicos. 2014. http://www.nrdc.org/oceans/
Holttinen, Hannele et al. (setembro de 2006). "Design and Operation of Power Systems with Large Amounts of Wind Power" (PDF). IEA Wind Summary Paper, Conferência Mundial sobre Energia Eólica 18-21 de setembro de 2006, Adelaide, Austrália.
Irradiância espetral solar de referência: Massa de ar 1.5". Arquivado do original em 11 de junho de 2013. Recuperado em 2009-11-12
Capítulo 8 - Medição da duração da luz solar" (PDF). Guia CIMO. Organização Meteorológica Mundial. Recuperado em 2008-12-01
http://www.thefreedictionary.com/recreation
Rechner (11 de março de 2010). "Carta ao Editor: A recreação ao ar livre estimula a economia". Washington Post. Recuperado em 2 de novembro de 2010
Geografia da População. Uma visão geral da geografia da população .
http://geography.about.com/od/populationgeography/a/populationgeography.htm. 2013
http://www.merriam-webster.com/dictionary/demography
Ethno. Oxford Dictionaries. Imprensa da Universidade de Oxford. Recuperado em 21 de março de 2013
O Novo Dicionário Americano de Oxford 2ª Edição. 2014.
http://www.americanethnography.com/ethnography.php
Dicionário Merriam Webster. http://www.merriam-webster.com/dictionary/ethnogeography. 2014
Statistics Finland. http://www.stat.fi/meta/kas/vaesto_uusiutum_en.html. 2014
Taxa de natalidade mundial - Demografia". Indexmundi.com. Recuperado em 17 de outubro de 2011
http://www.gfmer.ch/Books/Reproductive_health/The_demography_of_fertility_and_infertility.html
O. Frank. A DEMOGRAFIA DA FERTILIDADE E DA INFERTILIDADE. Unidade de Avaliação e Projecções da Situação Mundial da Saúde. Divisão de Vigilância Epidemiológica e Avaliação da

Situação e Tendências da Saúde. Organização Mundial de Saúde. 1211 Genebra 27, Suíça. 2014
Bongaarts, J., e Potter, R.G. (1983): Fertility, Biology, and Behavior: An Analysis of the Proximate Determinants. Academic Press, Nova Iorque.
Mortalidade da população (2007). "Maks Press". P. 332. (Em russo).
Caldwell, John C.; Bruce K Caldwell; Pat Caldwell; Peter F McDonald; Thomas Schindlmayr (2006). Demographic Transition Theory (Teoria da Transição Demográfica). Dordrecht, Países Baixos: Springer. p. 239. ISBN 14020-4373-2.
Malthus T.R. 1798. An Essay on the Principle ofPopulation [Um Ensaio sobre o Princípio da População]. Reimpressão de Oxford World's Classics
Collins English Dictionary 5th Edition publicado pela primeira vez em 2000.
http://dictionary.reverso.net/english-definition/demographic%20policy
Manual da População. Population Reference Bureau. Sexta edição, agosto de 2011.
http://www.prb.org/pdf11/prb-population-handbook-2011_age.pdf
The Free Dictionary. http://www.thefreedictionary.com/ethnos. 2013
Dicionário Oxford. http://www.oxforddictionaries.com/definition/english/ethnogenesis. 2013
Dutta, Biswanath; Fausto Giunchiglia e Vincenzo Maltese (2010). "Uma metodologia baseada em facetas para modelação geo-espacial". Semântica Geoespacial: 4ª Conferência Internacional, Geo S 2011, Brest, França. p. 143.
Matt Rosenberg Densidade populacional. Geography.about.com. 2 de março de 2011. Recuperado em 201112-10
Perspectivas de Urbanização Mundial: The 2005 Revision, Pop. Division, Department of Economic and Social Affairs, UN".
Patricia Clarke Annez, Robert M. Buckley, Urbanização e crescimento. 2007
Vida urbana: Computadores ao ar livre". The Economist. 27 de outubro de 2012. Recuperado em 20 de março de 2013
How Big Can Cities Get? Revista New Scientist, 17 de junho de 2006, página 41
Simkovic, Michael (2013). "Empréstimos estudantis baseados em risco". Washington and Lee Law Review 70 (1): 527. SSRN 1941070
Spence, Michael (2002). "Signaling in Retrospect and the Informational Structure of Markets". American Economic Review 92 (3): 434-459.
Seeger, M. W.; Sellnow, T. L.; Ulmer, R. R. (1998). "Comunicação, organização e crise". Communication Yearbook 21: 231-275
Tilcsik, A. (2010). "Do ritual à realidade: Demography, ideology, and decoupling in a postcommunist government agency." Academy ofManagement Journal, 53(6), 1474-1498.
Agência de Proteção do Ambiente dos EUA. Caraterísticas sociais, demográficas e económicas. 2014.
http://www.epa.gov/greenkit/traits.htm
CIA - The World Factbook: Taxa de mortalidade infantil". Arquivado do original em 18 de dezembro de 2012 (dados mais antigos). Recuperado em 15 de maio de 2013
Comparação de países do CIA World Factbook: Taxa de natalidade. 2014
https://www.cia.gov/library/publications/the-world-factbook/rankorder/2054rank.html
Population Reference Bureau. 2010. http://www.prb.org/datafinder/topic/rankings.aspx?ind=16
"CIA - The World Factbook: Taxa de mortalidade infantil". Arquivado do original em 18 de dezembro de 2012 (dados mais antigos). Recuperado em 15 de maio de 2013
Organização Mundial de Saúde. Planeamento familiar. 2014.
http://www.who.int/topics/family_planning/en/
Kane, Penny; Choi, CY (1999). "A política da família do filho único da China". BMJ: British Medical Journal 319 (7215): 992-994. doi:10.1136/bmj.319.7215.992. PMC 1116810. PMID

10514169
Flor Cruz, Jaime (27 de setembro de 2010). "A China lida com a promessa e os perigos da política do filho único". CNN. Recuperado em 20 de março de 2012
China's Population: The Most Surprising Demographic Crisis", The Economist, 2013
Política Nacional de População da Índia. 2014.
http://www.indiaonlinepages.com/population/indian-population-policy.html
Fabiana Frayssinet. Economia e políticas populacionais andam de mãos dadas na América Latina. 2014.
http://www.ipsnews.net/2013/07/economics-and-population-policies-go-hand-in-hand/
BANCO AFRICANO DE DESENVOLVIMENTO. FUNDO AFRICANO DE DESENVOLVIMENTO. POLÍTICA DE POPULAÇÃO E ESTRATÉGIAS DE IMPLEMENTAÇÃO OESU. 2000. Pp. 9-19
A saúde na agenda de desenvolvimento pós-2015 da ONU. 2013.
http://www.who.int/topics/millennium_development_goals/post2015/en/
Organização Mundial de Saúde. Países. 2014. http://www.who.int/countries/en/
Healthcarestatistics . 2014.
http://epp.eurostat.ec.europa.eu/statistics_explained/index.php/Healthcare_statistics
Jump up CIA-The World Factbook-Rank Order-Expectativa de vida à nascença. 2014.
Hitti, Miranda (28 de fevereiro de 2005). "A expetativa de vida dos EUA é a melhor de todos os tempos, diz o CDC". Medicina. WebMD. Recuperado em 18 de janeiro de 2011
Kalben, Barbara Blatt. "Why Men Die Younger: Causes of Mortality Differences by Sex" (Causas das diferenças de mortalidade por sexo). Society of Actuaries", 2002, p.17
OMS Esperança de vida. OMS. Recuperado em 1 de junho de 2013
CIA - The World Factbook Expectativa de vida. Cia.gov. Recuperado em 2012-03-22
CIA - The World Factbook Expectativa de vida". Cia.gov. Recuperado em 2012-03-22
"Literacia". CIA World Factbook. 2014
StatisticsonLiteracy . UNESCO. 2014.
http://www.unesco.org/new/en/education/themes/education-building-blocks/literacy/resources/statistics/
PNUD. Relatório sobre o desenvolvimento humano .
http://hdr.undp.org/en/media/HDR_2013_EN_TechNotes.pdf
Indicadores Internacionais de Desenvolvimento Humano. PNUD. 2014
http://hdr.undp.org/en/countries
Brian Platt, "Japanese Childhood, Modern Childhood: The Nation-State, the School, and 19th-Century Globalization," Journal of Social History, Summer 2005, Vol. 38 Issue 4, pp. 965-985
http://hdr.undp.org/en/reports/global/hdr2009/
Por Michael B. Sauter e Alexander E. M. Hess. The Most Educated Countries in the World [Os Países Mais Educados do Mundo]. Wall Street. 24 de setembro de 2012.
Banco Mundial. Despesa pública em educação, total (% do PIB). 2013.
http://data.worldbank.org/indicator/SE.XPD.TOTL.GD.ZS
DEFINIÇÃO de "PIB per capita. 2014 "http://www.investopedia.com/terms/p/per-capita- gdp.asp
World Economic Outlook Database, outubro de 2014, Fundo Monetário Internacional. Base de dados actualizada em 7 de outubro de 2014. Acedido em 8 de outubro de 2014
PIB per capita, PPC ($ internacional corrente)", base de dados dos Indicadores de Desenvolvimento

Mundial, Banco Mundial. Base de dados actualizada em 24 de setembro de 2014. Acedido em 26 de setembro de 2014
Manual da População. Population reference Bureau. Sexta edição. 2011. 1875 Connecticut Ave. NW. Suite 520. Washington, DC 20009 EUA
http://www.prb.org/pdf11/prb-population-handbook-2011_age.pdf
Estrutura etária da população. O que são diagramas de estrutura etária? 2014.
http://www.geography.hunter.cuny.edu/~tbw/ncc/Notes/Chapter6.pop/chapter.6.pop.age.structure.outline.html
ESA21. Actividades de ciências ambientais para o século XXI. População: Estrutura etária.
Jani S. Little e Andrei Rogers. Population, Space and Place (População, Espaço e Lugar). Volume 13, Número 1, páginas 23-39. janeiro/fevereiro de 2007.
Departamento de Assuntos Económicos e Sociais das Nações Unidas/Divisão da População. Perspectivas da população mundial: A Revisão de 2004, Volume III: Relatório Analítico
CIA World Factbook - Salvo indicação em contrário, as informações contidas nesta página são exactas à data de 23 de agosto de 2014
O Telegraph. A "pessoa mais velha do mundo" celebra 127º aniversário. 20 de outubro de 2014.
http://www.telegraph.co.uk/news/newstopics/howaboutthat/11069744/Worlds-oldest-person-celebrates-127th-birthday.html
Análise do perfil da China: Tabelas, figuras, mapas. População por idade e sexo, 1950 - 2050; Proporção de idosos, pessoas em idade ativa e crianças.
http://www.china-profile.com/data/ani_pop_1.htm
Index Mundi. Estrutura etária da China. 2014
http://www.indexmundi.com/china/age_structure.html
Dicionário de Negócios. 2014. http://www.businessdictionary.com/definition/economically-active-population.html
Loring Brace, C. 2005. Race is a four letter word" [A raça é uma palavra de quatro letras]. Imprensa da Universidade de Oxford
Lista de Raças Humanas. 2014. http://www.buzzle.com/articles/list-of-human-races.html
Etnia vs. Raça. 2014. http://www.diffen.com/difference/Ethnicity_vs_Race
Anthony D. Smith, "Ethnie and Nation in the Modern World", Millennium, 14:2 (1983), 128-32; PeterAlter, Nationalism (Londres: EdwardArnold, 1989), 17.
Factos e números importantes sobre a população da China. 2014.
http://knowledge.allianz.com/demography/population/7367/key-facts-figures-about-chinas-população
População da Indonésia. 2014.
http://www.indonesia-investments.com/culture/population/item67
Jan Lahmeyer (1996). "As Filipinas: dados demográficos históricos de todo o país". Recuperado em 2003-07-19
Atula Ahuja. A composição étnica, linguística e religiosa da Índia. 2014.
http://www.slideshare.net/atulakapoor/the-ethnic-religious-and-linguistic-composition-of-india
Encyclopedia Britannica Book of the Year 1991, União Soviética, página 720.
CIA - The World Factbook - Listagem de campo - Grupos étnicos". Recuperado em 2008-02-20
Stephen R. Anderson. How Many Languages Are There in the World? 2014. http://www.linguisticsociety.org/content/how-many-languages-are-there-world
Etnólogo Línguas do mundo. 2014.
http://www.ethnologue.com/browse/families
Irene Thompson. Família de línguas indo-europeias. 2013.
http://aboutworldlanguages.com/indo-european-language-family

C. George Boeree. Universidade de Shippensburg. AS FAMÍLIAS LINGUÍSTICAS DO MUNDO. 1987.
http://webspace.ship.edu/ cgboer/languagefamilies.html
Línguas. Apoiar a aprendizagem de línguas e a diversidade linguística. 2014
http://ec.europa.eu/languages/policy/language-policy/official_languages_en.htm
Halliday, M.A.K., Spoken and written language, Deakin University Press, 1985, p.19
Houben, Jan (1996). Ideology and status of Sanskrit : contributions to the history of the Sanskrit language. LeidenNew York: E.J. Brill. p. 11. ISBN 978-90-04-10613-0
DeFrancis, John. 1990. The Chinese Language: Fact and Fantasy. Honolulu: University of Hawaii Press. ISBN 0-8248-1068-6
O que é o alfabeto árabe? 2014.
http://www.myeasyarabic.com/site/what_is_arabic_alphabet.html
Victor Mair, "Caracteres polissilábicos na escrita chinesa", Language Log, 2 de agosto de 2011
Zgenti, Kharitopnashvili (1999). Georgrafia Económica e Social Mundial. Pp. 42-54. Tbilisi, Gerogia (em georgiano)
Ronald G. Roberson, The Eastern Christian Churches: a brief survey, p. 5
The Encyclopedia of Christian Literature, Volume 1 por George Thomas Kurian e James Smith 2010 ISBN 0-8108-6987-X.
Crenças, práticas e culturas islâmicas. Marshall Cavendish. 2010. p. 352. ISBN 0-7614-7926 0. Recuperado em 19 de dezembro de 2011. "Um número de compromisso comum classifica os sunitas em 90 por cento".
Watt, W. Montgomery. "Hidjra". Em P.J. Bearman, Th. Bianquis, C.E. Bosworth, E. van Donzel e W.P. Heinrichs. Encyclopaedia of Islam Online. Brill Academic Publishers. ISSN 15733912.
The Muslim Times. 31 de outubro de 2014. http://www.themuslimtimes.org/2013/02/religion/islams- path-to-africa/attachment/thespreadofislam
Religiões do mundo. Números de adeptos das principais religiões, sua distribuição geográfica , data de fundação e textos sagrados. http://www.religioustolerance.org/worldrel.htm
Karumidze, V. (2004). International Organizations. Quarta edição. Ed. "Tsodna". P. 57. Tbilisi, Geórgia (em georgiano).
"População muçulmana por país". The Future of the Global Muslim Population (O Futuro da População Muçulmana Global). Centro de Investigação Pew. Recuperado em 22 de dezembro de 2011
Prebish, Charles (1993). Dicionário Histórico do Budismo. The Scarecrow Press. ISBN 0-81082698-4
População judaica mundial, 2010. Sergio Della Pergola, Universidade Hebraica de Jerusalém.
Ari Belenkiy. "Uma caraterística única do calendário judaico - Dehiyot". Cultura e Cosmos 6 (2002)3-22
Calendário judaico. novembro de 2014. http://www.chabad.org/calendar/view/month.htm
DIMENSÃO, DISTRIBUIÇÃO E CRESCIMENTO DA POPULAÇÃO.
http://www.un.org/esa/population/publications/WPP2004/WPP2004_Vol3_Final/Chapter1.pdf
População do Reino Unido 2014. http://worldpopulationreview.com/countries/united-kingdom-population/
Japão - População. 2013. http://countryeconomy.com/demography/population/japan
Departamento de Assuntos Económicos e Sociais Divisão da População (2013). "Perspectivas da população mundial". A revisão de 2012. Nações Unidas. Recuperado em 20 de junho de 2013
Worldometers Estatísticas mundiais em tempo real. População do Egito. 2014

http://www.worldometers.info/world-population/egypt-population/
Economia comercial. Densidade populacional (pessoas por quilómetro quadrado) no Egito. 2014. http://www.tradingeconomics.com/egypt/population-density-people-per-sq-km-wb-data.html
Gabinete Central de Estatística: Censo 2010". Badan Pusat Statistik. Recuperado em 17 de janeiro de 2011
Censos 2011: Contagem da população e dos alojamentos". Statistics Canada. 8 de fevereiro de 2012. Recuperado em 8 de fevereiro de 2012.
Beauchesne, Eric (13 de março de 2007). "Nós somos 31.612.897". National Post. Recuperado em 23 de maio de 2011
Migração internacional. Saúde e direitos humanos. Editora: Organização Internacional para as Migrações 17 route des Morillons. 1211 Genebra 19. Suíça. 2013
http://www.ohchr.org/documents/issues/migration/who_iom_unohchrpublication.pdf
Relatório sobre a Migração Internacional 2013. Departamento de Assuntos Económicos e Sociais da ONU. Divisão da População.
http://www.un.org/en/development/desa/population/publications/pdf/migration/migrationreport2013/Full_Document_final.pdf
John Powell (2009). Encyclopedia of North American Immigration [Enciclopédia da Imigração Norte-Americana]. Infobase Publishing. p. 203. ISBN 978-1-4381-1012-7
Reflectindo uma Nação: Stories from the 2011 Census, 2012-2013". Gabinete Australiano de Estatística. 21 de junho de 2012. Recuperado em 25 de junho de 2012
Mehran Kamrava e Zahra Babar. Migrant Labor in the Persian Gulf (Trabalho migrante no Golfo Pérsico). junho de 2012 9781849042109
"Urbanização". Navegador Me SH. Biblioteca Nacional de Medicina. Recuperado em 5 de novembro de 2014. "O processo pelo qual uma sociedade muda de um modo de vida rural para um urbano. Refere-se também ao aumento gradual da proporção de pessoas que vivem em áreas urbanas."
"Vida urbana: Computadores ao ar livre". The Economist. 27 de outubro de 2012. Recuperado em 20 de março de 2013
Barney Cohen. Urbanização nos países em desenvolvimento: Current trends, future projections, and key challenges for sustainability. Comité da População, Conselho Nacional de Investigação, 500 Fifth Street, N.W., Washington, DC 20001, EUA. 2006.
O Observador de Investigação do Banco Mundial. Crescimento através das cidades nos países em desenvolvimento. 2014.
Ação Populacional Internacional. Sex in the City: As necessidades de planeamento familiar dos pobres urbanos. 2014
Banco Mundial. População, Total. 2014.
The World Factbook. CIA. 2014. https://www.cia.gov/library/publications/the-world-factbook/fields/2212.html
Perspectivas Mundiais de Urbanização, a Revisão de 2011 e actualizada com estatísticas nacionais oficiais. Nações Unidas, Departamento de Assuntos Económicos e Sociais
ONU diz que metade da população mundial viverá em zonas urbanas até ao final de 2008". International Herald Tribune. Associated Press. 26 de fevereiro de 2008. Arquivado do original em 9 de fevereiro de 2009
População rural. Grupo do Banco Mundial. 2014. http://data.worldbank.org/indicator/SP.RUR.TOTL
http://www.worldatlas.com/citypops.htm
Maiores cidades do mundo. 2012. http://www.worldatlas.com/citypops.htm
Cidades do Mundo, Parte 1 - Notas de Revisão. 2014. http://joeblakey.com/geography/world-cities-

part- 1-revision-notes/
David Linton. Millionaire Cities Today and Yesterday (Cidades Milionárias Hoje e Ontem). 1958.
Stanley D. Brunn, Jack Williams, Donald J. Zeigler. Cities of the World: World Regional Urban Development. 2003.
Brinkhoff, Thomas. citypopulation.de "The Principal Agglomerations of the World". City Population. Recuperado em 17 de agosto de 2011
Principais aglomerações no mundo. 2014.
http://www.citypopulation.de/world/Agglomerations.html
"Perspectivas de Urbanização Mundial: A Base de Dados da População da Revisão de 2007". Esa.un.org. Recuperado em 2010-07-26
Governo Metropolitano de Tóquio (JPN). Recuperado em 20 de março de 2014
Gottmann, Jean (1989). Desde a Megalópole. The Urban Writings of Jean Gottmann. Baltimore e Londres: The Johns Hopkins University Press. p. 163
Cidades: Capital for the New Megalopolis. Revista Time, 4 de novembro de 1966. Recuperado em 19 de julho de 2010
Brian J. Godfray. Revisitando o Rio de Janeiro e São Paulo. The Geographical Review. Nova Iorque. 1999.
"Os 20 mais altos em 2020: Entrando na Era do Megatall". CTBUH. 8 de dezembro de 2011. Recuperado em 19 de outubro de 2012
"Os edifícios mais altos do mundo | Estatísticas". Emporis. Recuperado em 2014-03-12
http://www.emporis.com/statistics/worlds-tallest-buildings
Missiakoulis, Spyros (2010). "Cecrops, Rei de Atenas: o Primeiro (?) Recenseamento da População Registado na História". International Statistical Review 78 (3): 413-418.
Dollarhide, William (2001). The Census Book: A Genealogists Guide to Federal Census Facts, Schedules and Indexes [O Livro do Censo: Guia do Genealogista para Fatos, Cronogramas e Índices do Censo Federal]. North Salt Lake, Utah: Heritage Quest. p. 7.
"Crescimento exponencial da população". Kivu. 10 de maio de 2012. Recuperado em 22 de julho de 2013
Estatísticas da população mundial. 2014. http://www.worldpopulationstatistics.com/population-of-europe-2014/
Estatísticas da População Mundial. 2014. http://www.worldpopulationstatistics.com/population-of-africa-2014/
Estatísticas da população mundial. 2014. http://www.worldpopulationstatistics.com/population-of-asia- 2014/
Estatísticas da população mundial. 2014.
Países do mundo (classificados por população em 2014) http://www.worldometers.info/world-população/população por país
PNUD. Relatórios de Desenvolvimento Humano. 2011. http://hdr.undp.org/en/content/average-annual- population-growth-rate
"Relógio da População Mundial - Worldometers". Worldometers. info. Recuperado em 12 de abril de 2012
Josef Ehmer, Jens Ehrhardt, Martin Kohli (Eds.): Fertility in the History of the 20th Century: Trends, Theories, Policies, Discourses. Historical Social Research 36 (2), 2011
Uhlenberg P.(Editor), (2009) International Handbook of the Demography of Aging, Nova Iorque: Springer-Verlag, pp. 113-131
Malária Fact sheet Nº 94. OMS. março de 2014. Recuperado em 28 de agosto de 2014

Mapas:

Espalhamento do homo sapiens.svg

Próximo_Leste_em_1300bc_(pt).jpg
http://www.rationalrevolution.net/articles/ten_commandments.htm
http://www2.kenyon.edU/Depts/Religion/F ac/Adler/Asia201/links201.htm
http://users.humboldt.edu/ogayle/hist110/expl.html
http://www.dailymail.co.uk/sciencetech/article-2424361/As-time-goes-The-mesmerising-video-documents-MILLENNIUM-European-history-just-minutes.html
Viajes_de_colon.svg.
http://news.bbc.co.uk/2/hi/science/nature/6170346.stm
http://www.alfavega.ro/en/produse/detalii/693-Great_geographical_discoveries
http://www.diercke.com/kartenansicht.xtp?artId=978-3-14-100790-9&seite=36&id=17469&kartennr=1
http://www.culturalresources.com/MP_Muir24.html
Philips' New Historical Atlas for Students Por Ramsay Muir, M.S., Professor de História Moderna na Universidade de Manchester, Primeira Edição, 1911, George Philip & Son, Ltd., Londres: The Londond Geographical Institute, 32 Fleet St., E.C.
Gabinete de Recenseamento da Aquisição Territorial.jpg
http://imgarcade.com/1/asia-1914/
http://hrsbstaff.ednet.ns.ca/bkhan/images/hgs_images/AficImprlsm.jpg
http://orientalreview.org/wp-content/uploads/2014/05/europe_1919.jpg
http://www.abovetopsecret.com/forum/thread1029969/pg1
http://kids.britannica.com/comptons/art-55219/Many-African-and-Middle-Eastern-countries-ganhou-independência-comecando-em
http://www.ispilledthebeans.com/godsavethequeen/thecommonwealth.htmlhttp://www.internetworldstats.com/stats8.htm
http://www.worldmapsonline.com/classic_colors_world_political_map_wall_mural.htm
http://m.ranker.com/list/countries-ruled-by-monarchy/reference
http://www.50states.com/us.htm
http://musica-numeris.com/travel-map-europe/
http://www.maps-continents.com/south-america-political.htm
http://pixshark.com/north-and-south-america-political-map.htm
http://geology.com/world/africa-satellite-image.shtml
http://www.ezilon.com/maps/asian-continent-maps.html
http://www.worldatlas.com/webimage/countrys/aumaps.htm
http://news.antiwar.com/2012/04/23/israeli-policies-making-two-state-solution-impossible-says-líder palestiniano
http://1389blog.com/2011/09/23/the-dark-side-of-corruption/conflict-map/
http://mapsontheweb.zoom-maps.com/post/114574543300/occupation-zones-in-kosovo
http://greenenergyhomedesign.tk/tag/green-energy/page/237/
https://www.ufz.de/export/data/global/54001_LSA_Map.jpg
http://www.globalchange.umich.edu/globalchange2/current/lectures/land_deg/land_deg.html
http://www.mapsofworld.com/world-freshwater-resources.htm
http://www.theglobaleducationproject.org/ earth/human-conditions.php
http://www.mapsofworld.com/world-natural-forest.htm
http://worldoceanreview.com/en/wor-1/energy/marine-minerals/
http://www.worldbank.org/depweb/english/modules/social/life/map1.html
http://thewholeworldinyourhands.blogspot.com/2010/05/languages-in-world.html
https://www.google.ge/webhp?sourceid=chrome-instant&ion=1&espv=2&ie=UTF-8#q=Religião+direcções+no+Mundo

Percentagem mundial de adeptos por religião.png
The Muslim Times. 31 de outubro de 2014. http://www.themuslimtimes.org/2013/02/religion/islams-path-to-africa/attachment/thespreadofislam
Mapa da densidade populacional mundial.PNG
http://lewishistoricalsociety.com/wiki2011/tiki-read_article.php?articleld=27
http://news.bbc.co.Uk/2/shared/spl/hi/world/04/migration/html/global_picture.stm
Grau de urbanização.png
http://www.washingtonpost.com/blogs/the-fix/wp/2014/02/19/you-might-not-like-big-cities-but-you-need-them/

Tabelas:

V. Maksakovsky. 2009. P.49; 102; 103; 107; 111; 117; 163; 165; 175; 177; 182; 189;191; 193; 196; 197; 199; 208; 209; 236; 241
http://www.listofcountriesoftheworld.com/area-land.html
Departamento de Assuntos Económicos e Sociais da ONU. 2013
http://www.internetworldstats.com/stats8.htm
http://www.answers.com/Q/List_of_federal_countries_in_the_world
M. Zgenti, J. Kharitonashvili. 1999. P. 42-43; 44-46; 50-52; 53-54; .
http://www.worldometers.info/world-population/population-by-country/
http://www.nationsonline.org/oneworld/europe.htm
http://www.worldometers.info/world-population
Timo Paukku. 7. miljardis ihminen, Helsingin Sanomat 5.9.2011 D1 (finlandês)
http://www.coolgeography.co.uk/A-level/AQA/Year%2012/Population/Population%20change/Global_Population_Change.htm
Gabinete de Referência da População. 2011
The World Factbook Expectativa de vida. 2012
CIA World Factbook. 2014
CIA World Factbook - Salvo indicação em contrário, as informações contidas nesta página são exactas à data de 23 de agosto de 2014
ONU, Departamento de Assuntos Económicos e Sociais, Divisão da População (2011). Perspectivas da população mundial: A revisão de 2010
V. Neidze. 2004. P. 45
http://people.umass.edu/nconstan/201/Language%20F amilies%20World%20Map.png
Biblioteca Nacional deMedicina. 2014
http://largeworld.hol.es/what-is-the-largest-city-in-the-world-91/
http://www.worldatlas.com/citypops.htm
https://www.google.ge/webhp?sourceid=chrome-instant&ion=1&espv=2&ie=UTF-8#q=idade+estrutura+diagrama

Printed by Books on Demand GmbH, Norderstedt / Germany